水土保持工程监理

主 编 龙 艺 张 彪 王靖岚 曾 涛
副主编 邹 渝 李学明 白小禄 陈 志

中国水利水电出版社
www.waterpub.com.cn

·北京·

内 容 提 要

本教材是一部适应新时代生态文明建设需求，针对水土保持工程监理工作编写的实务教材。教材内容涵盖了水土保持工程监理的各个方面，包括相关法律法规及技术标准、水土保持工程技术知识、水土保持工程监理资格管理工作、水土保持工程项目监理工作的技术标准和实际操作流程等。

本教材具有较强的实用性和实践性，通过深入剖析水土保持工程及水土保持监理工作的特点，引用最新的法律法规、规章制度、规范性文件和技术标准，为水土保持工程监理人员提供了实用的工作指南。同时，结合生产建设项目水土保持工程的开展情况，详细阐述了水土保持工程监理工作的具体要求和操作方法。

此外，该教材还可作为高等职业教育水利和水土保持专业的教学用书，也可以作为水土保持工程监理工作人员的参考用书。

图书在版编目（CIP）数据

水土保持工程监理 / 龙艺等主编. -- 北京：中国水利水电出版社，2024.5
ISBN 978-7-5226-2057-2

Ⅰ．①水… Ⅱ．①龙… Ⅲ．①水土保持－监理工作
Ⅳ．①S157

中国国家版本馆CIP数据核字(2024)第039320号

书　　名	**水土保持工程监理** SHUITU BAOCHI GONGCHENG JIANLI	
作　　者	主　编　龙　艺　张　彪　王靖岚　曾　涛 副主编　邹　渝　李学明　白小禄　陈　志	
出版发行	中国水利水电出版社 （北京市海淀区玉渊潭南路1号D座　100038） 网址：www. waterpub. com. cn E - mail：sales@mwr. gov. cn 电话：(010) 68545888（营销中心）	
经　　售	北京科水图书销售有限公司 电话：(010) 68545874、63202643 全国各地新华书店和相关出版物销售网点	
排　　版	中国水利水电出版社微机排版中心	
印　　刷	清淞永业（天津）印刷有限公司	
规　　格	184mm×260mm　16开本　14.5印张　344千字	
版　　次	2024年5月第1版　2024年5月第1次印刷	
印　　数	0001—1000册	
定　　价	**49.00元**	

水土保持工程监理

编审委员会

编著单位：四川水利职业技术学院

四川隆祚工程咨询有限公司

主　　编：龙　艺　张　彪　王靖岚　曾　涛

副主编：邹　渝　李学明　白小禄　陈　志

前　言

为了适应新时代新形势下的作为生态文明建设重点之一的水土保持发展的需要，进一步提高水土保持工程监理工程师的知识和业务水平，加强水土保持工程监理队伍的素质教育，按照中国水利工程协会对水利工程监理工程师培训考试教材编制的统一部署，对《水土保持工程监理工程师必读》进行修订，修订后更名为《水土保持工程监理》。

根据《水利部水利工程建设监理规定》（水利部令 28 号）和《水利部关于加强大中型生产建设项目水土保持监理工作的通知》（水保〔2003〕89 号）要求，水土保持投资在 3000 万元以上（含主体工程中已列的水土保持投资）或者水土保持新增投资 200 万元以上（不含主体工程中已列的水土保持投资）的生产建设项目应当开展水土保持监理。《水利部关于印发〈国家水土保持重点建设工程管理办法〉的通知》（水保〔2013〕442 号）规定，由中央财政预算安排的水土保持专项资金实施的国家水土保持重点建设工程应实行监理制。

2010 年 7 月，由水利部建设与管理司和中国水利工程协会编著的《水土保持工程监理工程师必读》，近年来对我国的水土保持监理工作起了很好的指导作用。目前党和国家大力倡导生态文明建设和行政许可制度的大力改革，水土保持地位突显，相应法规制度有较大变化（如 1991 年的《中华人民共和国水土保持法》修订后于 2011 年施行，相应的《水土保持法实施条例》也作了修订，2017 年 9 月国务院取消了各级水行政主管部门实施的生产建设项目水土保持设施验收审批行政许可事项等），水土保持方面的技术标准日趋完善［如《水土保持工程施工监理规范》（SL 523—2011）已颁布实施］。为适应新形势下的水土保持工作，进一步加强和规范水土保持工程建设监理业务，现有的水土保持工程监理工程师培训教材亟需修订，以更好地适用于实际工作。

本教材由四川水利职业技术学院龙艺担任主编，负责编写第四章第一节至第三节内容及统稿；由四川隆祚工程咨询有限公司张彪担任主编，负责编写第四章第八节至第十节内容；由四川水利职业技术学院王靖岚担任主编，负责编写第二章；由四川隆祚工程咨询有限公司曾涛担任主编，负责编写第一章内容；本教材由四川水利职业技术学院邹渝担任副主编，负责编写第三章第一、二节内容；由四川水利职业技术学院李学明担任副主编，负责编写第三章第三、四节内容；由四川隆祚工程咨询有限公司白小禄担任副主编，负责编写第四章第四、五节内容；由四川隆祚工程咨询有限公司陈志担任副主编，负责编写第四章第六、七节内容。

本教材为更好突显水土保持工程及水土保持监理工作的特点，引用最新的法律法规、规章制度、规范性文件和技术标准，结合水土保持生态建设工程和生产建设项目水土保持工程两大类水土保持项目的开展情况，突显实用性和可操作性，对水土保持监理人员更好地开展工作具有一定指导作用。

本教材编写时参考和直接引用了参考文献中的某些内容，在此谨向这些文献的作者致以衷心的感谢。

由于编者水平有限，书中难免有不妥之处，恳请读者批评指正。

编者

2024 年 2 月 27 日

目 录

第一章 水土保持工程相关法规及技术标准

第一节 水土保持法规体系

中华人民共和国成立以来，我国一直致力于法制建设，尤其是改革开放以来，我国的法律体系逐步得到了明显的完善。目前中国特色社会主义法律体系已基本建立健全，为全面推进依法治国，建设社会主义法治国家打下了牢固的制度基础。2000 年颁布实施、2015 年修改的《中华人民共和国立法法》（以下简称《立法法》），使我国的法律、行政法规、地方性法规、自治条例和单行条例，以及国务院部门规章和地方政府规章的制定、修改和废止已逐级规范化、标准化和法制化，同时明确规定宪法具有最高的法律效力，一切法律、行政法规、地方性法规、自治条例和单行条例、规章都不得同宪法相抵触；法律的效力高于行政法规、地方性法规、规章。

水是生命之源，土是生存之本，水土资源是我们赖以生存和发展的基本物质条件，是经济社会发展的基础资源。严重的水土流失将导致耕地减少和土地退化，加剧干旱和洪涝灾害，危及生态、粮食和饮水安全。水土保持是指对自然因素和人为活动造成水土流失所采取的预防和治理措施，属于我国生态文明建设的重要内容之一。改革开放以来，我国水土保持的相关法规体系也逐步得以完善，下面将对涉及水土保持方面的法规作简单叙述和解读，其目的是要求从事水土保持监理工作的人员应了解和掌握水土保持基本的法规要求，为更好从事水土保持监理工作打下良好的法制基础。

一、法律

《立法法》规定，全国人民代表大会和全国人民代表大会常务委员会行使国家立法权，即法律只能由全国人民代表大会和全国人民代表大会常务委员会进行制定、修改，并拥有解释权。法律的发布，无论是全国人民代表大会通过的法律，还是全国人民代表大会常务委员会通过的法律，均由国家主席签署主席令予以公布。

与水土保持监理工作有关的法律主要有《中华人民共和国水法》《中华人民共和国水土保持法》《中华人民共和国防洪法》《中华人民共和国森林法》《中华人民共和国草原法》《中华人民共和国防沙治沙法》《中华人民共和国环境影响评价法》《中华人民共和国招标投标法》《中华人民共和国行政许可法》《中华人民共和国安全生产法》等。其中《中华人民共和国水土保持法》（以下简称《水土保持法》）于 1991 年 6 月 29 日第七届全国人民代表大会常务委员会第二十次会议通过，2010 年 12 月 25 日第十一届全国人民代表大会常务委员会第十八次会议修订，2010 年 12 月 25 日中华人民共和国主席令第三十九号公布，自 2011 年 3 月 1 日起施行。

二、行政法规及地方性法规

《立法法》规定，行政法规是由国务院根据宪法和法律进行制定、修改，并由总理签署国务院令进行公布。省、自治区、直辖市以及设区的市（包括自治州）的人民代表大会及其常务委员会根据本行政区域的具体情况和实际需要，在不同宪法、法律、行政法规等上位法相抵触的前提下，可以制定地方性法规。民族自治地方的人民代表大会有权依照当地民族的政治、经济和文化的特点，制定自治条例和单行条例。

与水土保持监理工作有关的行政法规主要有《中华人民共和国水土保持法实施条例》《建设工程质量管理条例》《建设工程安全生产管理条例》《建设项目环境保护管理条例》《生产安全事故报告和调查处理条例》等。

从全国范围看，因各地水土保持特点和工作重点不同，其从不同侧重角度制定和颁布不同的地方性法规，比如：2014 年 7 月云南省第十二届人民代表大会常务委员会第十次会议审议通过的《云南省水土保持条例》，2014 年 5 月福建省第十二届人民代表大会常务委员会第九次会议审议通过的《福建省水土保持条例》，2015 年 5 月北京市第十四届人民代表大会常务委员会第十九次会议审议通过的《北京市水土保持条例》，2012 年 9 月四川省第十一届人民代表大会常务委员会第三十二次会议修订的《四川省〈中华人民共和国水土保持法〉实施办法》等，各地均针对如何在本行政区域内实施好《水土保持法》，在水土流失重点预防区和重点治理区，营造植物保护带的范围，禁止取土、挖沙、采石的具体范围，水土流失分类治理区域和措施，水土流失调查结果和监测结果公告等方面进行了细化。

三、规章及规范性文件

（一）部门规章

《立法法》规定，国务院各部、委员会、中国人民银行、审计署和具有行政管理职能的直属机构，可以根据法律和国务院的行政法规、决定、命令，在本部门的权限范围内制定规章，这就是部门规章。部门规章规定的事项应当属于执行法律或者国务院的行政法规、决定、命令的事项。部门规章应当经部务会议或者委员会会议决定，由部门首长签署命令予以公布。与水土保持监理工作有关的水利部部门规章主要有以下 10 个：

（1）《水利工程质量监督管理规定》（水建〔1997〕339 号）。

（2）《水利工程建设程序管理暂行规定》（水建〔1998〕16 号，2014 年 8 月 19 日第一次修正，2016 年 8 月 1 日第二次修正，2017 年 12 月第三次修正，2019 年 5 月第四次修正）。

（3）《水利工程建设项目管理规定（试行）》（水建〔1995〕128 号，2014 年 8 月第一次修正，2016 年 8 月第二次修正）。

（4）《水利工程质量事故处理暂行规定》（1999 年 3 月 4 日水利部令第 9 号发布）。

（5）《水土保持生态环境监测网络管理办法》（2000 年 1 月水利部令第 12 号发布，2014

年 8 月 19 日修正）。

（6）《水利工程建设安全生产管理规定》（2005 年 7 月水利部令第 26 号发布，2014 年 8 月第一次修正，2017 年 12 月第二次修正，2019 年 5 月第三次修正）。

（7）《水利工程建设监理规定》（2006 年 12 月水利部令第 28 号发布，2017 年 12 月修正）。

（8）《水利工程建设监理单位资质管理办法》（2006 年 12 月水利部令第 29 号发布，2010 年 5 月第一次修正，2015 年 12 月第二次修正，2017 年 12 月第三次修正，2019 年 5 月第四次修正）。

（9）《水利工程建设项目验收管理规定》（2006 年 12 月水利部令第 30 号发布，2014 年 8 月 19 日第一次修正，2016 年 8 月 1 日第二次修正，2017 年 12 月 22 日第三次修正）。

（10）《水利工程质量检测管理规定》（2008 年 11 月水利部令第 36 号发布，2017 年 12 月第一次修正，2019 年 5 月第二次修正）等。

（二）地方政府规章

《立法法》规定，省、自治区、直辖市和设区的市、自治州的人民政府，可以根据法律、行政法规和本省、自治区、直辖市的地方性法规制定规章，这就是地方政府规章。地方政府规章应当经政府常务会议或者全体会议决定，由省长、自治区主席、市长或者自治州州长签署命令予以公布。与水土保持监理工作有关的地方政府规章有：经 2015 年 2 月 25 日贵州省人民政府第 51 次常务会议通过，2015 年 3 月 13 日贵州省人民政府令第 163 号公布的《贵州省水土保持补偿费征收管理办法》。经 2015 年 11 月 13 日江苏省南京市政府第 76 次常务会议审议通过，2015 年 11 月 17 日南京市市长签发政府令 313 号予以发布的《南京市水土保持办法》，经 2017 年 11 月 2 日辽阳市第十五届人民政府第 63 次常务会议讨论通过，2017 年 11 月 13 日市长签发政府令 143 号予以公布的《辽阳市水土保持管理办法》。

（三）规范性文件

规范性文件属于法律范畴以外的其他具有约束力的非立法性文件，是指除政府规章外，行政机关及法律、法规授权的具有管理公共事务职能的组织（如各行业的国家或地方主管部门），在法定职权范围内依照法定程序制定并公开发布的针对不特定的多数人和特定事项，涉及或者影响公民、法人或者其他组织权利义务，在本行政区域或其管理范围内具有普遍约束力，在一定时间内相对稳定、能够反复适用的行政措施、决定、命令等行政规范文件的总称。一般理解成规范性文件就是由行政机关发布的对某一领域范围内具有普遍约束力的准立法行为。水利部的规范性文件的废止、失效和修改以水利部公告的形式进行发布。与水土保持监理工作有关的水利部及相关部门的规范性文件有以下 19 个：

（1）《关于水土保持补偿费收费标准（试行）的通知》（发改价格〔2014〕886 号）。

（2）《水土保持补偿费征收使用管理办法》（财综〔2014〕8 号）。

（3）《中央财政小型农田水利设施建设和国家水土保持重点建设工程补助专项资金管理办法》（2009 年 11 月财农〔2009〕335 号印发，2012 年 5 月修改）。

（4）《国家农业综合开发部门项目管理办法》（国农办〔2011〕169 号）。

（5）《水利部关于加强大中型生产建设项目水土保持监理工作的通知》（水保〔2003〕

89 号）。

（6）《水利部关于印发〈黄土高原地区水土保持淤地坝工程建设管理暂行办法〉的通知》（水保〔2004〕144 号）。

（7）《水利部关于印发国家水土保持重点建设工程管理办法的通知》（水保〔2013〕442 号）。

（8）《水利部关于贯彻落实〈全国水土保持规划（2015—2030 年）〉的意见》（水保〔2016〕37 号）。

（9）《水利部关于下放部分生产建设项目水土保持方案审批和水土保持设施验收审批权限的通知》（水保〔2016〕310 号）。

（10）《水利部关于加强水土保持工程验收管理的指导意见》（水保〔2016〕245 号）。

（11）《水利部关于加强水土保持监测工作的通知》（水保〔2017〕36 号）。

（12）《水利部关于加快推进水土保持目标责任考核的指导意见》（水保〔2017〕108 号）。

（13）《水利部关于加强事中事后监管规范生产建设项目水土保持设施自主验收的通知》（水保〔2017〕365 号）。

（14）《水利部办公厅关于加强大型生产建设项目水土保持监督检查工作的通知》（办水保〔2004〕97 号）。

（15）《水利部流域管理机构生产建设项目水土保持监督检查办法（试行）》（办水保〔2015〕132 号）。

（16）《水利部生产建设项目水土保持方案变更管理规定（试行）》（办水保〔2016〕65 号）。

（17）《水利部办公厅关于进一步加强流域机构水土保持监督检查工作的通知》（办水保〔2016〕211 号）。

（18）《水利部办公厅关于印发〈生产建设项目水土保持信息化监管技术规定（试行）〉的通知》（办水保〔2018〕17 号）。

（19）《水利部办公厅关于转发〈国家发展改革委 财政部降低水土保持补偿费收费标准〉的通知》（办财务〔2017〕113 号）。

第二节 《水土保持法》及《水土保持法实施条例》解读

一、《水土保持法》

《水土保持法》是人们在预防和治理水土流失活动中所应遵循的法律规范，严重的水土流失会导致区域内的耕地减少、土地退化、加剧旱情和洪涝灾害，也会直接影响水资源的有效开发利用和保护，我国近年来北方沙尘暴频发也与水土流失有很大关系，因此水土保持法的制定和修订是建立良好生态环境的一项重要政策措施。许多国家大多通过立法手段来保证和促进水土保持工作，如美国于 1935 年制定了水土保持法。我国于 1957 年发布了《中华人民共和国水土保持暂行纲要》，1982 年发布了《水土保持工作条例》，这些文件对我国水土保持工作发挥了一定作用。1991 年 6 月 29 日第七届全国人民代表大会常务委员会第二十次会议审议通过的《水土保持法》，使我国水土保持工作有了正式的法律保障，以法律的形式将水土保持的规划、水土流失预防和治理、水土保持监测和监督以及相关法律责任等进行了明确，标志着我国的水土保持工作步入了法制化轨道。该部法律实施后的 20 年期间，对我国预防和治理水土流失，保护和利用水土资源，改善农业生产条件和生态环境，促进我国经济社会可持续发展发挥了重要作用。

伴随我国经济的高速发展，人民生活水平的日益提高，近年来，全面建设小康社会和推进生态文明建设等重大战略的实施，尤其是全面依法治国的需要，迫切要求对《水土保持法》进行修订。2010 年 12 月 25 日第十一届全国人民代表大会常务委员会第十八次会议审议修订了原《水土保持法》，2010 年 12 月 25 日中华人民共和国主席令第三十九号公布，修订后的《水土保持法》自 2011 年 3 月 1 日起施行。修订后的《水土保持法》内容更加丰富，注重以新的发展理念为指导，充分体现了人与自然和谐共生的思想，贴近党和国家近年来关于生态文明建设的大政方针，强化了政府的水土保持责任，提高了水土保持规划的法律地位，突出了预防为主、保护优先的水土保持工作方针，强化了生产建设项目的水土保持方案制度，完善了水土保持投入保障机制，优化了水土保持的技术路线，加强了水土保持的监测和监督管理，并增强了法律责任的操作性和处罚力度。修订后的《水土保持法》共 7 章 60 条，以下将该法的主要条款及其规定内容进行梳理，以促进水土保持监理工程师对相关法律知识的了解和掌握。

（一）总则相关条款

《水土保持法》总则共 9 条，明确规定了立法目的是预防和治理水土流失，保护和合理利用水土资源，减轻水、旱、风沙灾害，改善生态环境，保障经济社会可持续发展。凡在中华人民共和国境内从事水土保持活动的，都应遵守本法。水土保持的工作方针是"预防为主、保护优先、全面规划、综合治理、因地制宜、突出重点、科学管理、注重效益"。

水土保持工作政府责任主体是县级以上人民政府，并明确将水土保持工作纳入本级国民经济和社会发展规划，对水土保持规划确定的任务，安排专项资金，并组织实施。同时，为强化政府水土保持职责，明确了目标责任制和考核奖惩制度，规定了国家在水土流失重点预防区和重点治理区，实行地方各级人民政府水土保持目标责任制和考核奖惩制度，比如安徽省、四川省人民政府分别于 2017 年和 2018 年将各市（州）人民政府水土保持工作纳入了地方政府目标考核，考核结果经省政府审定后，交由干部主管部门和纪检监察机关，作为对各市（州）政府领导班子和领导干部综合考核评价及实行问责的重要参考，也将考核结果优秀的地方作为省级业务主管部门在相关项目和资金安排上予以优先考虑。

关于水土保持管理体制，《水土保持法》规定，国务院水行政主管部门主管全国的水土保持工作。国务院水行政主管部门在国家确定的重要江河、湖泊设立的流域管理机构（以下简称"流域管理机构"），在所管辖范围内依法承担水土保持监督管理职责。县级以上地方人民政府水行政主管部门主管本行政区域的水土保持工作。县级以上人民政府林业、农业、国土资源等有关部门按照各自职责，做好有关的水土流失预防和治理工作。这反映出水土流失防治工作是一项综合性工作，虽然由水行政主管部门主管水土保持工作，但需要林业主管部门做好植树造林和防沙治沙工作，农业主管部门要做好农耕地和草原等水土保持措施，国土资源主管部门要做好滑坡、泥石流等地质灾害防治工作，并做好矿产资源开发过程中的水土保持工作，其他交通、能源等部门也应做好本行业生产建设项目的水土流失防治工作，因此，往往各地均成立了人民政府水土保持办公室，设在本级水行政主管部门，组织协调各相关行业部门，履行政府的水土保持工作职能，也有水土流失预防和治理任务较重的地市区县单独设立了负责水土保持工作的机构，直属于当地人民政府管辖。

另外总则里还对水土保持的宣传教育、科研和技术推广、社会参与及表彰奖励等做了明文规定。

（二）水土保持规划

水土保持规划是国民经济和社会发展规划体系中的重要组成部分，是依法加强水土保持管理的重要依据，是指导水土保持工作的纲领性文件。《中华人民共和国水法》（1988年颁布，2002年修订，2009年修改，2016年修改）中明确规定水土保持规划为水资源规划中的专业规划之一，其编制和批准依照水土保持法的有关规定执行。《水土保持法》在第二章规划中共6条，明确规定了编制水土保持规划的依据和原则，基于水土流失调查及结果公告中对水土流失重点预防区和治理区的划定，水土保持规划的内容（应当包括水土流失状况、水土流失类型区划分、水土流失防治目标、任务和措施等）以及规划的编制、批准和修改程序，同时规定了基础设施建设、矿产资源开发、城镇建设、公共服务设施建设等规划中的水土流失防治对策和措施。

（三）水土保持预防与治理

预防与治理水土流失是基于我国水土流失十分严重的现实国情提出的。水土流失既是资源问题，又是环境问题，既是土地退化和生态恶化的主要形式，也是土地退化和生态恶化程度的集中反映，对经济社会发展的影响是多方面的、全局性的和深远的，甚至是不可逆的。加快水土流失防治进程，维护和改善生态环境，是当前我国生态环境建设的一项重要而紧迫的战略任务。

《水土保持法》在第三章预防中进一步强化了水土保持工作方针中的"预防为主、保护优先"，主要包括各级地方政府预防水土流失的职责，在水土流失严重和生态脆弱地区等特殊区域禁止和限制性规定，生产建设项目水土保持相关工作，共14条。明确规定了加强生态建设预防和减轻水土流失，取土、挖沙、采石等活动的管理及崩塌、滑坡危险区、泥石流易发区的划定，对水土流失严重等地区植被及植物保护带的保护，水土保持设施的管理与维护责任，二十五度坡度以上坡地禁垦、禁垦范围及有关水土保持措施，禁止毁林、毁草开垦和采集发菜等行为，采伐林木的水土保持措施，在五度以上坡地上植树造林及开垦种植农作物的水土保持措施，生产建设项目选线、选址和水土保持方案制度，生产建设项目水土保持"三同时"制度及水土保持设施的验收，生产建设活动弃渣的利用与存放，水土保持方案实施情况的跟踪检查等方面的内容。

针对生态建设项目的水土流失治理，《中华人民共和国防洪法》（1997 年公布，2009 年修改，2015 年修改，2016 年修改）第十八条第二款规定：防治江河洪水，应当保护、扩大流域林草植被，涵养水源，加强流域水土保持综合治理。《水土保持法》在第四章治理中共 10 条，主要对国家水土保持重点工程建设及运行管护，水土保持生态效益补偿制度，生产建设活动的水土流失治理义务及水土保持补偿费的收取、使用和管理，鼓励社会公众参与治理和相应防治责任，水土保持技术路线以及水力、风力、重力侵蚀地区，饮用水源保护区，坡耕地和生产建设活动区的水土流失治理措施体系等做了规定。

（四）水土保持的监测和监督

《水土保持法》在第五章监测和监督中共 7 条，主要规定了水土保持监测工作经费、监测网络建设要求，大中型生产建设项目的水土保持监测工作，水土流失监测的公告，县级以上水行政主管部门及流域管理机构的水土保持监督检查职责和相应措施，监督检查执法行为，不同行政区域之间的水土流失纠纷解决程序等方面的内容。

（五）水土保持的法律责任

《水土保持法》在第六章法律责任中共 12 条，主要规定了监督管理部门不依法履行职责的法律责任，违法取土、挖沙、采石的法律责任，在禁止开垦陡坡地种植农作物或开垦植物保护带的法律责任，毁林、毁草开垦的法律责任，违法采集发菜、铲草皮、挖树兜、滥挖虫草、麻黄的法律责任，采伐林木不依法采取水土保持措施的法律责任，未依法编制、审批、修改水土保持方案及违法开工建设的法律责任，水土保持设施未经验收或验收不合格将生产建设项目投产使用的法律责任，在专门存放地以外区域倾倒废弃物的法律责任，生产建设活动造成的水土流失不进行治理的法律责任，拒不缴纳水土保持补偿费的法律责任，违反本法规定的民事责任、行政责任和刑事责任等内容。

二、《水土保持法实施条例》

《中华人民共和国水土保持法实施条例》按照《立法法》的规定，属于国务院颁发的行政法规，是根据《水土保持法》的规定制定，对其进行细化和进一步明确，以完善水土保持工作在法规层面的制度规定。《中华人民共和国水土保持法实施条例》（以下简称《水土保持法实施条例》）最早是依据 1991 年《水土保持法》制订，1993 年 8 月 1 日中华人民共和国国务院令第 120 号发布，2010 年 12 月 29 日国务院第 138 次常务会议按照修订后的《水土保持法》对《水土保持法实施条例》进行了修改审议，2011 年 1 月 8 日中华人民共和国国务院令第 588 号公布，自公布之日起施行。

修订后的《水土保持法实施条例》主要内容介绍如下：

（一）总则

《水土保持法实施条例》总则主要内容包括：对《水土保持法》关于举报规定的细化，明确了向谁举报，什么情况下可以举报以及举报内容等；在强化政府责任的规定上明确提出实行水土流失防治目标责任制；在细化管理体制的规定方面，明确提出设立水土保持机构以行使《水土保持法》和本条例规定的水行政主管部门对水土保持工作的职权；在资金安排上，明确规定可以安排水土流失地区的部分扶贫资金、以工代赈资金和农业发展基金等资金，用于水土保持；在宣传教育的规定方面，明确规定可根据需要设置水土保持中等专业学校或者在有关院校开设水土保持专业，中小学的有关课程，应当包含水土保持方面的内容；另外，明确规定水土流失重点防治区按国家、省、县三级划分，可分为重点预防保护区、重点监督区和重点治理区，由相应水行政主管部门提出，同级人民政府批准并公告。

（二）预防和治理

《水土保持法实施条例》预防一章主要内容包括：细化明确了对取土、挖砂、采石等活动的管理规定；明确了在生态脆弱的草原地区应推行舍饲，改变野外放牧习惯；明确规定《水土保持法》施行前已在禁止开垦的陡坡地上开垦种植农作物的，逐步退耕，植树种草，或修成梯田，或采取其他水土保持措施；明确规定了开垦荒地必须同时提出防治水土流失的措施，并报批；细化明确了《水土保持法》中林木采伐时防治水土流失措施审批的规定；在生产建设项目的水土保持方案审查提出必须先经水行政主管部门审查同意；依法开办乡镇集体矿山企业和个体申请采矿，必须填写"水土保持方案报告表"，经县级以上地方人民政府水行政主管部门批准后，方可申请办理采矿批准手续；明确了水土保持设施竣工验收，应当有水行政主管部门参加并签署意见。另外，还规定《水土保持法》施行前已建或者在建并造成水土流失的生产建设项目，生产建设单位必须向县级以上地方人民政府水行政主管部门提出水土流失防治措施。

《水土保持法实施条例》治理一章主要是补充细化了《水土保持法》中关于水土流失治理方面的规定，主要内容包括：在禁止开垦坡度以下的坡耕地，集体经济组织及农民在政府的组织下按照水土保持规划，治理水土流失；应当将治理水土流失的责任列入水土流失地区的集体所有土地个人承包的承包合同中；荒山、荒沟、荒丘、荒滩的水土流失，可承包治理（承包合同可有条件转让），也可入股治理；企业事业单位在建设和生产过程中造成水土流失的，应当负责治理，因技术等原因无力自行治理的，可以交纳防治费；对育林基金的提取和使用也做了明确规定；建成的水土保持措施和种植的林草应检查验收，合格的应建档，设立标志，并落实管护责任；另外明确规定任何单位和个人不得破坏或者侵占水土保持设施，企业事业单位在建设和生产过程中损坏水土保持设施的，应当给予补偿。

（三）监督

《水土保持法实施条例》监督一章补充和进一步明确了水土保持监测和监督检查方面的规定，主要内容包括：明确规定了水土保持监测网络的机构，是指全国水土保持监测中心，大江大河流域水土保持中心站，省、自治区、直辖市水土保持监测站以及省、自治区、直辖市重点防治区水土保持监测分站；进一步明确了水土保持监测情况定期公告的内容；明确规定了水土保持监督检查执法时应当持有县级以上人民政府颁发的水土保持监督检查证件。

（四）法律责任

《水土保持法实施条例》法律责任一章，主要内容包括：针对《水土保持法》的法律责任的处罚，进一步细化明确了对各类违法行为的罚款幅度，使得更具操作性；明确规定了请求水行政主管部门处理赔偿责任和赔偿金额纠纷的申请报告应包含的主要内容；另外对于不可抗拒的自然灾害造成水土流失的免责认定进行了规定。

第三节　主要技术标准

技术标准是指重复性的技术事项在一定范围内的统一规定。从技术的类别上看，技术标准包括基础技术标准、产品标准、工艺标准、检测试验方法标准，以及安全、卫生、环保标准等；从标准发布主体看，技术标准包括国际标准、国家标准、行业标准、地方标准、企业标准以及团体标准；从标准效力看，技术标准又包括强制性标准和推荐性标准。

在如今知识经济的时代，纵观全世界，技术标准竞争越来越激烈，谁制定的标准被认可和采纳应用，谁就会从中获得权威性和利益。改革开放以来，我国在技术标准方面发展迅猛，水土保持方面的技术标准，无论是国家标准还是行业标准都有了长足的发展。

一、水土保持相关的国家和行业标准

目前在我国水土保持相关的技术标准主要以国家标准和行业标准为主，包括了水土保持生态建设类和生产建设项目两大类。水土保持监理是对水土保持工程实施施工监理，作为一名合格的水土保持工程监理工程师，不仅要熟悉掌握与监理工作有直接关系的技术标准，还应了解和掌握水土保持其他相关的技术标准。

与水土保持工程监理工作有关的主要技术标准如下：

(1)《生产建设项目水土保持技术规范》(GB 50433—2018)。

(2)《生产建设项目水土流失防治标准》(GB/T 50434—2018)。

(3)《水土保持综合治理技术规范》(GB/T 16453.1～6—2008)。

(4)《水土保持综合治理验收规范》(GB/T 15773—2008)。

(5)《生产建设项目水土保持设施验收技术规程》(GB/T 22490—2016)。

(6)《水利水电工程施工质量检验与评定规程》(SL 176—2007)。

(7)《水土保持监测技术规程》(SL 277—2002)。

(8)《水利工程施工监理规范》(SL 288—2014)。

(9)《水土保持治沟骨干工程技术规范》(SL 289—2003)。

(10)《水土保持工程质量评定规程》(SL 336—2006)。

(11)《水土保持信息管理技术规程》(SL/T 341—2006)。

(12)《生产建设项目水土保持监测与评价标准》(GB/T 51240—2018)。

(13)《水土保持试验规程》(SL 419—2007)。

(14)《水土保持工程施工监理规范》(SL 523—2011)。

(15)《水利水电工程水土保持技术规范》(SL 575—2012)。

(16)《水土保持遥感监测技术规范》(SL 592—2012)。

(17)《水利水电工程单元工程质量验收评定标准——土石方工程》(SL 631—2012)。

（18）《水利水电工程单元工程质量验收评定标准——混凝土工程》（SL 632—2012）。

（19）《水利水电工程单元工程质量验收评定标准——地基处理与基础工程》（SL 633—2012）。

（20）《输变电项目水土保持技术规范》（SL 640—2013）。

（21）《水利水电工程安全管理导则》（SL 721—2015）。

二、水土保持相关的强制性条文

强制性条文是各类工程建设（包括水利、交通、房屋建筑等行业）贯彻落实国务院颁发的行政法规《建设工程质量管理条例》的重要措施，是工程建设强制性技术规定，是参与工程建设各方必须执行的强制性技术要求，是政府对工程建设强制性标准实施监督的技术依据。

强制性条文的内容是直接涉及人的生命财产安全、人身健康、工程安全、环境保护、能源和资源节约及其他公众利益，且必须执行的技术条款。强制性条文自 2000 年实施以来，对提高工程建设质量发挥了积极作用，进一步促进了工程建设标准化体制改革。

随着我国经济社会的不断发展，对水利工程安全要求的不断提高以及水利技术标准制修订工作的不断推进，为进一步提高水利工程建设质量与安全水平，水利部在总结工程建设标准强制性条文工作经验的基础上，根据《中华人民共和国标准化法实施条例》《建设工程质量管理条例》《建设工程勘察设计管理条例》和《建设工程安全生产管理条例》等有关规定，制定的《水利工程建设标准强制性条文管理办法》（以下简称《管理办法》），于 2012 年 12 月 16 日以水国科〔2012〕546 号文件印发实施，现行 2020 年版。《管理办法》规定，水利工程建设项目管理、勘测、设计、施工、监理、检测、运行以及质量监督等工作必须执行强制性条文。在强制性条文实施方面，《管理办法》明确要求强制性条文实施应与管理体系工作相结合，勘测设计单位不得批准不符合强制性条文的勘测、设计成果，项目法人对于工程建设中拟采用的新技术、新工艺、新材料、新装备应按程序履行审批手续，并规定工程建设项目的强制性条文执行情况是验收资料的组成部分。在强制性条文的监督检查方面，《管理办法》规定了各水行政主管部门特别是设计质量监督或设计文件审查机构、安全监督机构、稽察机构在强制性条文监督检查方面的职责，明确了监督检查形式、监督检查内容、监督检查报告等内容，并要求水利工程重大质量与安全事故报告应包括强制性条文执行情况的内容。为强化监督检查，《管理办法》要求实施监督检查的部门应督促被检查单位对涉及强制性条文的问题及时进行整改。

强制性条文的宣贯实施也列入了 2015 年以来每年水利部对全国各地开展水利建设质量考核工作中的考核指标。

《水利工程建设标准强制性条文》先后历经了 2000 年版、2004 年版、2010 年版、2016 年版和 2020 年版。在最新的 2020 年版中，纳入强制性条文的水土保持直接相关的技术标准共 5 本、技术条款共 18 条。《生产建设项目水土保持技术规范》（GB 50433—2018）和《水利水电工程水土保持技术规范》（SL 575—2012）采纳的条文最多，还有《水土保持工程设计规范》（GB 51018—2014）、《水土保持治沟骨干工程技术规范》（SL 289—

2003）和《水坠坝技术规范》（SL 302—2004）等技术标准，涉及了水土流失防治措施、取土（石、料）场选址、弃土（石、渣）场选址以及具体施工技术等方面的规定。另外，强制性条文的施工、劳动安全与卫生、质量检查与验收等方面的条文也与水土保持工程建设有着密切的关联。

第二章 水土保持工程技术知识

第一节 水土保持现状和发展方向

一、水土保持现状

水土流失是指人类对土地的利用，特别是对水土资源不合理的开发和经营，使土壤的覆盖物遭受破坏，裸露的土壤受水力、风力、重力等外营力的破坏，丧失了土地的生产能力。而水土保持是指对自然因素和人为活动造成水土流失所采取的预防和治理措施。

我国国土辽阔，陆地面积约 960 万 km^2，水域面积约 470 万 km^2，是世界第三大国家。我国南北跨度较大（3°N～53°N），大部分地区位于北温带，小部分地区位于热带，最东端位于东经 135°，最西端位于东经 73°。我国位于亚洲东部，太平洋西岸，东部地区在夏季风湿润气流的影响下，降水丰富，有利于农业生产。我国地域广阔，地质地貌非常丰富，有山地、丘陵、平原、高原、盆地、河流、岛屿、湖泊等，其中山地多于平原，山地面积占国土面积的 2/3，山地与丘陵的面积占国土面积的 43%，平原地区只占国土面积的 12%，剩下的是高原和盆地。总体来说，根据我国地貌区域，可以分为三大块：第一大块是海拔 500m 以下的东部季风地区，包括东北、华北和华南地区，这 3 个地区在流水作用下，比较湿润；第二大块是西北干燥地区，海拔多在 1000m 左右，位于以大兴安岭、阴山、贺兰山和昆仑山为线的西北，该大块又是我国的主要黄土地区，是世界上黄土分布最广的地区，该地区山地、丘陵和黄土地形起伏，黄土或松散的风化壳在缺乏植被保护情况下极易发生侵蚀；第三大块主要就是以海拔 4000m 以上的青藏高原为主的冰原冰川地区。

不同的地区，地质地貌、自然环境不同，水土情况自然也不尽相同。我国地域辽阔，地质地貌复杂，自然因素复杂，大部分地区属于季风气候，降水量集中，雨季降水量常达年降水量的 60%～80%，且多暴雨，易于发生水土流失的地质地貌条件和气候条件是造成我国发生水土流失的主要原因。我国水土流失现象一直非常严重，水土流失遍布全国各地，几乎所有省（自治区、直辖市）都不同程度地存在此现象，这不但发生在山区、丘陵区、风沙区，而且平原地区和沿海地区也存在；不仅发生在农村，而且在城市、开发区和交通工矿区也大量产生。据第一次全国水利普查成果，我国现有水土流失面积 294.91 万 km^2，占国土总面积的 30.72%，侵蚀形式多样，类型复杂，水力侵蚀、风力侵蚀、冻融侵蚀及滑坡泥石流等重力侵蚀特点各异，相互交错，成因复杂。同时，大规模生产建设导致的人为水土流失问题仍十分突出。根据统计，中国每年流失的土壤总量达 50 亿 t。长江流域年土壤流失总量为 24 亿 t，其中上游地区年土壤流失总量达 15.6 亿 t，黄河流域、黄土高原地区每年进入黄河的泥沙多达 16 亿 t。

严重的水土流失，是我国生态恶化的集中反映，威胁国家生态安全、饮水安全、防洪安全和粮食安全，制约山丘区经济社会发展，影响我国生态文明建设进程。主要反映在：

（1）耕地减少，土地退化严重。水土流失使土层变薄，土地石化和砂砾化，土地失去农业利用价值，耕地面积减少。水土流失使植被减少，地面覆盖率降低，土壤拦蓄地表径流能力减小，流失后坡地土壤持水力小，一旦遇干旱则农业产量下降，甚至绝收，人畜饮水也出现困难。据 2021 年水利部监测成果统计，中国因水土流失毁掉的耕地达 267 万 hm² 以上，平均每年 5 万 hm² 以上，因水土流失造成退化、沙化、碱化草地约 100 万 km²，占中国草原总面积的 50%。进入 20 世纪 90 年代，沙化土地每年扩展 2460km²。

（2）泥沙淤积加剧了洪涝灾害，水土流失加剧了干旱的发展，影响水资源的有效利用。由于大量泥沙下泄淤积江河湖库，降低了水利设施的调蓄功能和天然河道的泄洪能力，加剧了下游的洪涝灾害，大量的泥沙淤积使黄河河床每年抬高 9cm 左右，形成名副其实的"地上悬河"，增加了防洪的难度。每年长江发生全流域的特大洪水的成因之一就是中上游地区水土流失严重、生态环境恶化，加速了地面径流的汇集过程。黄河流域 50% 以上的雨水资源消耗于水土流失和无效蒸发。为减轻泥沙淤积造成的库容损失，部分黄河干流水库不得不采用蓄清排浑的方式运行，使大量宝贵的水资源随着泥沙下泄，黄河下游每年需用 200 亿 m³ 左右的水冲沙入海，以降低河床。

二、水土流失成因及影响因素

造成水土流失的原因很多，但归纳起来无外乎自然因素和人为因素两个方面。自然因素是水土流失的潜在因素，主要是指降水、风力对土壤的破坏，主要的影响因素包括地形、地貌、气候、土壤、植被等，是水土流失的客观条件。人为因素则是引起水土流失的主导因素，主要是指人类对土地不合理的掠夺性开发利用，破坏了地面植被和稳定的地形，以致造成严重的水土流失，如乱砍滥伐、毁林开荒、顺坡耕作、草原超载过牧，以及修路、开矿、采石、建厂，随意倾倒废土、矿渣等不合理的人类活动，是水土流失产生的根本原因。

根据产生水土流失的"动力"不同进行分类，分布最广泛的水土流失可分为水力侵蚀、重力侵蚀和风力侵蚀三种类型。

（1）水力侵蚀是指土壤及其母质在降雨、径流等水体作用下，发生解体、剥蚀、搬运和沉积的过程，包括面蚀、沟蚀等。水力侵蚀分布最广泛，在山区、丘陵区和一切有坡度的地面，暴雨时都会产生水力侵蚀。它的特点是以地面的水为动力冲走土壤。例如：黄河流域植被较差的黄土地区。

（2）重力侵蚀是指土壤及其母质或基岩在重力作用下，发生位移和堆积的过程，包括崩塌、泄流和滑坡等形式。重力侵蚀主要分布在山区、丘陵区的沟壑和陡坡上。

（3）风力侵蚀是指风力作用于地面而引起土粒、沙粒飞扬、跳跃、滚动和堆积的过程。沙尘暴是风力侵蚀的一种极端表现形式。风力侵蚀主要分布在中国西北（如河西走廊、黄土高原）、华北和东北的沙漠、沙地和丘陵盖沙地区，其次是东南沿海沙地，再次是河南、安徽、江苏几省的"黄泛区"（历史上由于黄河决口改道带出泥沙形成）。它的特点是由于风力扬起沙粒，离开原来的位置，随风飘浮到另外的地方降落。

另外水土流失还可以分为重力侵蚀、泥石流侵蚀、冻融侵蚀、冰川侵蚀、混合侵蚀、化学侵蚀和植物侵蚀。

三、水土保持发展方向

伴随我国经济高速发展，国民经济能力有了大幅度增长，但以生态破坏为代价的付出越来越明显，这将不利于长久的可持续发展。党和国家已高度关注生态环境的保护工作，陆续出台了若干关于生态保护的重大决定，对生态环境的治理和保护做出了全面的规划和部署。

中国特色社会主义进入新时代，我国社会主要矛盾已经转化，满足人民日益增长的美好生活需要是我们工作的出发点和落脚点。党的二十大报告指出，要推进美丽中国建设，坚持山水林田湖草沙一体化保护和系统治理；同时二十大报告还指出，要提升生态系统多样性、稳定性、持续性，加快实施重要生态系统保护和修复重大工程。在国家建设和人民需求的双重激励下，我国水土保持事业被提升到了前所未有的高度。

陆续出台的《全国主体功能区规划》（2010年12月国务院印发）、《全国国土规划纲要（2016～2030年）》（2017年1月国务院印发）、《全国"十三五"生态环境保护规划》（2016年11月国务院印发）、《全国"十三五"脱贫攻坚规划》（2016年11月国务院印发）、《全国水土保持规划（2015～2030年）》（2015年10月国务院批复）、《水土保持"十四五"实施方案》、《关于加强新时代水土保持工作的意见》（2023年第2号国务院公报）等重大纲领性文件，均为水土保持发展提供了强有力的政策支撑。

总体来讲，我国水土保持发展有以下几方面的工作：

（1）综合治理水土流失。导致水土流失的因素非常多，既有地质地貌本身特点的影响，又有自然界不可避免的外力作用，此外，人类的一些生产活动，也会破坏植被，导致水土流失，这些因素决定了水土保持工作是一项综合性很强的系统性工作，涉及的学科多，如土壤、地质、林业、水利、农业等，同时还要依靠各个部门的共同努力。水土保持不仅是国土资源或环保部门的工作，也要有财政、水利、农业、交通、建设等部门的协调配合，此外还需要广大人民群众的积极响应。

同时，我国建立健全了水土保持生态效益补偿机制，提高了水土流失重点预防区和重点治理区的补偿标准，从资金上确保了水土保持工作的有效开展。2016年4月《国务院办公厅关于健全生态保护补偿机制的意见》（国办发〔2016〕31号）中分领域重点任务指出："在江河源头区、集中式饮用水水源地、重要河流敏感河段和水生态修复治理区、水产种植资源保护区、水土流失重点预防区和重点治理区、大江大河重要蓄滞洪区以及具有重要饮用水源或重要生态功能的湖泊，全面开展生态保护补偿，适当提高补偿标准。加大水土保持生态效益补偿资金筹集力度。"

（2）控制人为水土流失。自然因素造成的水土流失不可避免，但是可以尽量减少人为原因导致的水土流失。目前导致水土流失的人为活动主要有开矿、过度放牧、大兴土木，毁林垦田等。针对这些现象，国家要制定相应的法规政策，予以制止。比如严格控制同一地区的矿场密度，开发的矿场超过一定数量后就不允许再开发；规范牧民放牧的时间，合理利用草原，实行轮流放牧的制度，将草原划分成若干区段，按一定的时间和顺序轮回放牧和休养生息，使草原有一个修正恢复的过程；对于山地等非平原地带积极推进梯田、无土栽培技术，鼓励农民退耕还林，并给予一定的经济补偿；严格控制商业用地、工业用地的审核，在发展工业的同时注意环境保护，将人为因素造成的水土流失降低到最低。

（3）水土保持科学研究及人才培养。水土保持要讲究科学性。加强对水土保持的研究，组织专家和学者在水土流失的防治工作上进行攻关，并尽快将科研成果应用在生产实践上，加强技术推广。目前，我国在水土流失基础研究和技术开发方面明显落后于生产实践的需求，急需加强水土流失规律、水土流失监测预报、水土保持治理开发、水土保持效益评估、水土保持生态建设模式等方面的研究。

水土保持科学技术人才是水土保持事业发展的根本保障。科学技术的研究与推广应用都离不开水土保持科学技术人才。水土保持需要大力培养水土保持方面的各级人才，在注重对大专院校和科技机构的高级人才培养的同时，也要为水土保持的一线工作培养初级、中级实践型人才，同时，加强对农民的技术培训，指导其在日常耕作中开展水土保持工作。

（4）水土保持基础性工作。加强水土保持监测工作，为水土保持工作打下坚实的基础。目前我国在监测方面还比较薄弱，应积极学习国外的先进经验和技术，适当增加水土保持监测站点，定期公告全国水土流失情况，也有利于甄别水土保持方法应用的正误。2021年12月水利部印发《水土保持"十四五"实施方案》，2022年10月水利部印发《全国水土流失动态监测实施方案（2023—2027年）》，这对加强水土保持监测监管工作起到了重要的支持和指导作用，水土保持监测监管工作进入了规划引领的新阶段。

（一）全国主体功能区规划的介绍

2010年12月，《国务院关于印发全国主体功能区规划的通知》（国发〔2010〕46号）中将水土保持型作为全国限制开发区域（重点生态功能区）的四种类型（水源涵养型、水土保持型、防风固沙型和生物多样性维护型）之一，主要指土壤侵蚀性高、水土流失严重、需要保持水土功能的区域，包括黄土高原丘陵沟壑水土保持生态功能区、大别山水土保持生态功能区、桂黔滇喀斯特石漠化防治生态功能区、三峡库区水土保持生态功能区，见表1-1。同时，指出该类型区域内的发展方向是，大力推行节水灌溉和雨水集蓄利用，发展旱作节水农业；限制陡坡垦殖和超载过牧；加强小流域综合治理，实行封山禁牧，恢复退化植被；加强对能源和矿产资源开发及建设项目的监管，加大矿山环境整治修复力度，最大限度地减少人为因素造成新的水土流失；拓宽农民增收渠道，解决农民长远生计，巩固水土流失治理、退耕还林、退牧还草成果。

表 1-1 国家重点生态功能区发展方向表（水土保持类型部分）

区域	类型	综合评价	发展方向
黄土高原丘陵沟壑水土保持生态功能区	水土保持	黄土堆积深厚、范围广大，土地沙漠化敏感程度高，对黄河中下游生态安全具有重要作用。目前坡面土壤侵蚀和沟道侵蚀严重，侵蚀产沙易淤积河道、水库	控制开发强度，以小流域为单元综合治理水土流失，建设淤地坝
大别山水土保持生态功能区	水土保持	淮河中游、长江下游的重要水源补给区，土壤侵蚀敏感程度高。目前山地生态系统退化，水土流失加剧，加大了中下游洪涝灾害发生率	实施生态移民，降低人口密度，恢复植被
桂黔滇喀斯特石漠化防治生态功能区	水土保持	属于以岩溶环境为主的特殊生态系统，生态脆弱性极高，土壤一旦流失，生态恢复难度极大。目前生态系统退化问题突出，植被覆盖率低，石漠化面积加大	封山育林育草，种草养畜，实施生态移民，改变耕作方式
三峡库区水土保持生态功能区	水土保持	我国最大的水利枢纽工程库区，具有重要的洪水调蓄功能，水环境质量对长江中下游生产生活有重大影响。目前森林植被破坏严重，水土保持功能减弱，土壤侵蚀量和入库泥沙量增大	巩固移民成果，植树造林，恢复植被，涵养水源，保护生物多样性

（二）全国国土规划纲要（2016—2030 年）的介绍

2017 年 1 月 3 日，《国务院关于印发〈全国国土规划纲要（2016—2030 年）〉的通知》（国发〔2017〕3 号）中要求构建"五类三级"国土全域保护格局，以资源环境承载力评价为基础，依据主体功能定位，按照环境质量、人居生态、自然生态、水资源和耕地资源 5 大类资源环境主题，区分保护、维护、修复 3 个级别，将陆域国土划分为 16 类保护地区，实施全域分类保护。其中水土保持保护区属于自然生态主题，主要保护范围是桂黔滇石漠化地区、黄土高原、大别山山区、三峡库区、太行山地、川滇干热河谷等地区，保护措施是加强水土流失预防，限制陡坡垦殖和超载过牧，加强小流域综合治理，加大石漠化治理和矿山环境整治修复力度。《全国国土规划纲要（2016—2030 年）》（以下简称《纲要》）在强调自然生态保护中，要求黄土高原、东北漫川漫岗区、大别山山区、桂黔滇岩溶地区、三峡库区、丹江口库区等水土保持生态功能区，加大水土流失综合治理力度，禁止陡坡垦殖和超载过牧，注重自然修复恢复植被。《纲要》在加强重点生态功能区综合整治中，要求增强水土保持能力，加强水土流失预防与综合治理，在黄土高原、东北黑土区、西南岩溶区实施以小流域为单元的综合整治，对坡耕地相对集中区、侵蚀沟及崩岗相对密集区实施专项综合整治，最大限度地控制水土流失。结合推进桂黔滇喀斯特石漠化片区区域发展与扶贫攻坚，实施石漠化综合整治工程，恢复重建岩溶地区生态系统，控制水土流失，遏制石漠化扩展态势。《纲要》在增强防灾减灾能力之构建国土生态安全屏障中，要求在黄土高原和太行山区等地，加强森林、草原等天然植被保护与恢复，增强水土保持功能；在秦巴山地、岷山、横断山区，加强森林资源与野生动植物物种资源保护，增强水源涵养功能；在三峡库区，加强森林、草原等天然植被保护与恢复，增强水土保持与水源涵养功能；在西南岩溶地区，开展石漠化治理，增强水土保持与水源涵养功能；在长江中下游地区，加强湖泊湿地恢复，增强洪水调蓄功能；在南岭山地、武夷山区，加强森林资源保护与恢复，增强水土保持与水源涵养功能。

（三）全国水土保持规划（2015—2030 年）的介绍

《全国水土保持规划（2015—2030 年）》是为全面推进新时期我国水土保持工作，依据《中华人民共和国水土保持法》，在系统总结我国水土保持经验和成效，深入分析我国水土流失现状的基础上，水利部会同发展改革委、财政部、国土资源部、环境保护部、农业部、林业局等部门组织编制的规划。《全国水土保持规划（2015—2030 年）》（国函〔2015〕160 号）（以下简称《规划》）经国务院 2015 年 10 月 4 日批复同意，水利部、国家发展改革委、财政部、国土资源部、环境保护部、农业部、国家林业局于 2015 年 12 月 15 日以水规计〔2015〕507 号文联合印发起实行。之后水利部发文《关于贯彻落实〈全国水土保持规划（2015—2030 年）〉的意见》（水保〔2016〕37 号）指出，《规划》是新中国成立以来首部在国家层面上由国务院批复的水土保持综合性规划，《规划》的批复实施是我国水土流失防治工作的重要里程碑，标志着我国水土保持工作进入了规划引领、科学防治的新阶段。

国务院批复要求：认真落实党中央、国务院关于生态文明建设的决策部署，树立尊重自然、顺应自然、保护自然的理念，坚持预防为主、保护优先，全面规划、因地制宜，注重自然恢复，突出综合治理，强化监督管理，创新体制机制，充分发挥水土保持的生态、经济和社会效益，实现水土资源可持续利用，为保护和改善生态环境、加快生态文明建设、推动经济社会持续健康发展提供重要支撑。通过《规划》实施，到 2020 年，基本建成水土流失综合防治体系，全国新增水土流失治理面积 32 万 km^2，年均减少土壤流失量 8 亿 t；到 2030 年，建成水土流失综合防治体系，全国新增水土流失治理面积 94 万 km^2，年均减少土壤流失量 15 亿 t。要以全国水土保持区划为基础，全面实施预防保护，重点加强江河源头区、重要水源地和水蚀风蚀交错区水土流失预防，充分发挥自然修复作用；以小流域为单元开展综合治理，加强重点区域、坡耕地和侵蚀沟水土流失治理。要强化水土保持监督管理，完善水土保持监测体系，推进信息化建设，进一步提升科技水平，不断提高水土流失防治效果。将水土保持知识纳入国民教育体系，强化宣传引导，加强社会监督，增强全民水土保持意识，有效控制人为水土流失。由此可以看出，《全国水土保持规划（2015—2030 年）》及国务院的批复已明确了伴随我国全面建成小康社会并迈向现代化强国时期，水土保持工作的主要方向、发展目标以及任务内容。

（四）《"十四五"生态保护监管规划》的介绍

为深入贯彻习近平生态文明思想，全面落实党中央、国务院"十四五"生态环境保护总体决策部署，深入推进"十四五"全国生态保护监管工作，生态环境部编制了《"十四五"生态保护监管规划》。

《规划》以建立健全生态保护监管体系为主线，提升生态保护监管协同能力和基础保障能力，有序推进生态保护监管体系和监管能力现代化，守住自然生态安全边界，持续提升生态系统质量和稳定性，筑牢美丽中国根基。

《规划》明确了"十四五"生态保护监管的重点任务：到 2025 年，建立较为完善的生态保护监管政策制度和法规标准体系，初步建立全国生态监测监督评估网络，对重点区域开展常态化遥感监测。生态保护修复监督评估制度进一步健全，自然保护地、生态保护红线监管能力和生物多样性保护水平进一步提高，"绿盾"自然保护地强化监督专项行动范围全覆盖，自然保护地不合理开发活动基本得到遏制。国家生态保护红线监管平台上线运行，实现国家和地方互联互通。"53111"生态保护监管体系初见成效，基本形成与生态保护修复监管相匹配的指导、协调和监督体系，生态系统质量和稳定性得到提升，生态文明示范建设在引领区域生态环境保护和高质量发展中发挥更大作用。

第二节　水土保持生态建设项目

一、水土保持生态建设项目的目标与任务

《水土保持法》指出水土保持工作实质就是预防和治理水土流失，保护和合理利用水土资源，减轻水、旱、风沙灾害，改善生态环境，保障经济社会可持续发展。水土保持工作实行预防为主、保护优先、全面规划、综合治理、因地制宜、突出重点、科学管理、注重效益的方针。

（一）水土保持生态建设项目的目标

（1）水土流失状况持续改善。水土流失面积强度双下降，水土保持质量效益双提升，重点地区水土流失状况显著改善。

（2）监督管理全面加强。基本构建权责明晰、协同高效、严格规范、执行有力的水土保持监管体系，实现水土保持监管制度化、规范化、常态化，人为水土流失得到有效控制。

（3）综合治理效益全面提升。水土流失综合治理科学推进，重点工程治理质量和效益达到更高水平。

（4）监测和信息化达到更高水平。监测站网布局进一步优化，动态监测更加科学精准，监测支撑能力明显提高。卫星遥感、无人机、人工智能等新技术应用全面强化，智慧水保建设有效推进。

（5）改革创新取得更大突破。部门协同、上下联动的水土流失综合防治体制机制有效建立，地方政府目标责任考核评估进一步强化，协同监管制度更加健全，社会服务能力持续增强，市场和社会力量参与水土流失治理机制更加完善，水土保持发展活力明显增强。

（二）水土保持生态建设项目的任务

建立以大流域重点治理为依托、以小流域为单元、以村户为基础、以经济效益为中心，以预防为主的综合防治的中国特色水土保持生态建设格局。

二、生态建设项目的规划与设计

在经济建设中，为了更好地利用和保护水土资源，首先必须开展区域（县、乡、村等）水土流失调查，分析水土流失状况，编制区域水土保持规划，确定水土保持重点

设计。

（一）生态建设项目的水土保持规划思路

水土保持规划应当在水土流失调查结果及水土流失重点预防区和重点治理区划定的基础上，遵循统筹协调、分类指导的原则编制。对水土流失潜在危险较大的区域，应当划定为水土流失重点预防区；对水土流失严重的区域，应当划定为水土流失重点治理区。水土保持规划应当与土地利用总体规划、水资源规划、城乡规划和环境保护规划等相协调，并在规划报请审批前征求本级人民政府水行政主管部门的意见。

1. 水土流失调查

水土流失调查的任务是查明规划单元的土地资源状况、产生水土流失的自然因素和社会因素，以及水土流失类型、强度、分布、鉴定其潜在危险，查明水土保持现状及社会经济状况，为合理评价、开发利用、保护水土资源和编制水土保持规划提供依据。

（1）小流域地貌调查。进行小流域地貌调查，首先要搜集当地的地形图、地貌图、坡度组成图及文字资料，在此基础上，经过必要的实地调查分析，对小流域的流域面积、海拔高程、流域长度、流域宽度、河床平均比降、流域形状、地貌类型、地面坡度和沟壑密度及其所处的经纬度进行综合描述。

（2）水土流失影响因子调查。水土流失影响因子调查主要包括：

1）降雨、水文特征和风力调查：降雨量、水位、流量、含沙量特征数据。

2）土壤性状调查：土壤质地、土壤含水量、土壤渗透性、土壤抗冲蚀性、土壤养分含量分级、土壤酸碱度指标。

3）植被调查：植被覆盖率、郁闭度。

4）土地资源调查：区分农地、林地、草地、荒地、水域、其他用地、难利用地的土地类型，评价土地资源等级。

5）社会经济情况调查：调查区域内基本情况、经济状况、燃料问题、农业耕作制度、当地优良树种、牧业生产状况等。

（3）水土流失面积调查。水土流失面积调查主要分为片蚀调查、沟蚀调查、崩塌滑坡调查三类。

水土流失面积的计算可根据《土壤侵蚀分类分级标准》（SL 190—2007），结合实地调查在地形图上勾绘出微度、轻度、强度、极强度和剧烈侵蚀的图斑，求和轻度以上侵蚀面积即为水土流失面积。

（4）土壤侵蚀量调查。土壤侵蚀量调查主要分为面蚀侵蚀量、沟谷侵蚀量及坡耕地土壤侵蚀量调查。

上述侵蚀量可利用植物根部土壤流失痕迹、原有建筑、水利水保工程调查、沟谷断面变化、坡耕地土壤沙质化速度等指标推算侵蚀量。

（5）水土流失危害调查。水土流失危害分为直接危害和间接危害。

直接危害调查内容包括土壤流失量、土壤损失养分、水分流失量、农业生产减产损失、水利设施淤积影响等。间接危害调查内容包括对下游防洪、城镇安全、污染等。

2. 水土保持重点防治分区

在综合调查的基础上，根据水土流失的类型、强度和主要治理方向，在一定区域范围内（如国家、省、县或流域）进行水土保持重点防治分区，确定规划范围内的水土保持重点预防保护区、重点治理区，提出分区的防治对策和主要措施，并论述各区的位置、范围、面积、水土流失现状等。

（1）重点预防保护区。对大面积的森林、草原和连片已治理的地区，列为重点预防保护区，制定和实施防治破坏林草植被的规划及管护措施。重点预防保护区分为国家、省、县三级。重点预防保护区应对预防保护的内容、面积进行详细调查，对主要树种、森林覆盖率、林草覆盖率等指标进行普查并填表登记。

（2）重点治理区。将水土流失严重，对国民经济与河流生态环境、水资源利用有较大影响的地区列为重点治理区。

（二）生态建设项目的水土保持重点设计

生态建设项目水土保持主要目标是防治坡地侵蚀、减少水土流失，结合我国生态建设项目水土保持实际情况，重点设计应放在以下方面。

1.调控坡面径流

坡面的土壤侵蚀主要是径流冲刷所造成的，在采取生物、农耕、工程等拦蓄降水措施的同时，建立排洪防冲渠系，以形成坡面径流拦蓄调控水系。如结合植树种草在山坡上部建蓄水池拦蓄径流；坡耕地四周挖背沟、边沟；沉沙凼为沟、池的配套工程；沿山建设排洪沟。

2.小流域综合治理

小流域是指流域面积为 $5\sim30km^2$ 的自然闭合集水区。小流域是江河的最小单元，是中、大流域泥沙来源地，既是治理的自然单元，又是开发的经济单元。

其综合治理要求主要包括：以小流域为单元，按照山、水、田、林、路统一规划，以工程、林草和保土耕作三大治理措施优化配置的原则，经过综合治理，形成多目标、多功能的小流域综合防护体系。

其综合治理原则主要包括：因地制宜、因害设防、综合治理；防治结合；治理开发一体化；突出重点、选好突破口；规模化治理、区域化布局；治管结合；顺序治理。

三、生态建设项目水土保持措施

（一）按实施侧重点分类

1.预防措施

禁止在崩塌、滑坡危险区和泥石流易发区从事取土、挖砂、采石等可能造成水土流失的活动。

在侵蚀沟的沟坡和沟岸、河流的两岸以及湖泊和水库的周边，土地所有权人、使用权人或者有关管理单位应当营造植物保护带。禁止开垦、开发植物保护带。

禁止在25°以上陡坡地开垦种植农作物。在25°以上陡坡地种植经济林的，应当科学选择树种，合理确定规模，采取水土保持措施，防止造成水土流失。

禁止在水土流失重点预防区和重点治理区铲草皮、挖树兜或者滥挖虫草、甘草、麻黄等。

林木采伐应当采用合理方式，严格控制采伐；对水源涵养林、水土保持林、防风固沙林等防护林只能进行抚育和更新性质的采伐；对采伐区和集材道应当采取防止水土流失的措施，并在采伐后及时更新造林。

2. 治理措施

国家加强水土流失重点预防区和重点治理区的坡耕地改梯田、淤地坝等水土保持重点工程建设，加大生态修复力度。

国家加强江河源头区、饮用水水源保护区和水源涵养区水土流失的预防和治理工作，多渠道筹集资金，将水土保持生态效益补偿纳入国家建立的生态效益补偿制度。

在水力侵蚀地区，地方各级人民政府及其有关部门应当组织单位和个人，以天然沟壑及其两侧山坡地形成的小流域为单元，因地制宜地采取工程措施、植物措施和保护性耕作等措施，进行坡耕地和沟道水土流失综合治理。

在风力侵蚀地区，地方各级人民政府及其有关部门应当组织单位和个人，因地制宜地采取轮封轮牧、植树种草、设置人工沙障和网格林带等措施，建立防风固沙防护体系。

在重力侵蚀地区，地方各级人民政府及其有关部门应当组织单位和个人，采取监测、径流排导、削坡减载、支挡固坡、修建拦挡工程等措施，建立监测、预报、预警体系。

在饮用水水源保护区，地方各级人民政府及其有关部门应当组织单位和个人，采取预防保护、自然修复和综合治理措施，配套建设植物过滤带，积极推广沼气，开展清洁小流域建设，严格控制化肥和农药的使用，减少水土流失引起的面源污染，保护饮用水水源。

已在禁止开垦的陡坡地上开垦种植农作物的，应当按照国家有关规定退耕，植树种草；耕地短缺、退耕确有困难的，应当修建梯田或者采取其他水土保持措施。

在禁止开垦坡度以下的坡耕地上开垦种植农作物的，应当根据不同情况，采取修建梯田、坡面水系整治、蓄水保土耕作或者退耕等措施。

（二）按目的（或效果）分类

1. 增加地面覆盖措施

包括农作物、林、牧草的枝叶及其枯落物的覆盖，免耕法、少耕法所保留的作物残茬，人工利用各种秸秆以及工业产品等物所作的覆盖等。

2. 增加地面糙率措施

包括农地的等高耕作，林草地下面的枯落物等都起到增加地面糙率、减缓水流速率、减少冲刷的作用，同时也增加了入渗，相应地减少了径流，进一步起到防治侵蚀的作用。

3. 增加土壤水分入渗速度及持水能力的措施

深耕、自然免耕法、底层耕松法、钻破底层、增加有机质、多施农家肥、改良土壤增加团粒结构等措施，都能增加土壤水分入渗速度和持水能力。

4. 缩短坡长措施

包括各种形式的地埂、截流沟或地中的沟垄和梯田（土）建设等。

5. 减缓地面坡度措施

各种形式的梯地，如水平梯地、隔坡梯地、反坡梯地、渐变梯地、水平阶等，都能减缓地面坡度。

6. 调控坡面径流措施

各种沿山沟、背沟、边沟、引洪沟、排洪沟、蓄水沟、沉沙池等，能拦蓄坡面径流。

7. 滞蓄水工程措施

蓄水池、水窖、山茅坑等都能滞蓄山丘坡面径流。

8. 导排水沟中的消能防冲清淤措施

沟谷中采取的各种不同防冲措施，如草皮覆盖，黏土、砖、石砌护，以及溢流分水、涵管、消力池、渡槽、谷坊、沟头防护等。

（三）按技术类型分类

1. 水土保持植物措施体系

水土保持植物措施体系包括水土保持林、草建设，植物篱建设和封禁治理等。在轻度流失区和部分中度流失区，主要是封禁治理，在封禁的同时，进行补植林草。对较为严重的中度和强度以上流失区，先种草类和灌木，增加覆盖，逐步改善流失地区土壤的物理、化学性状，改善植物的立地条件，当适宜栽种乔木林和经济林时，可优先安排经济林和用材林。

封禁治理要根据当地人口密度、人均山地多少、薪柴是否缺乏、牲畜头数等因素来确定每年封禁治理的面积，规划轮封轮放的地点、面积和时间。

2. 水土保持工程措施体系

水土保持工程措施体系包括坡面工程和沟道工程。坡面工程有梯田、造林整地工程、崩岗治理工程、水窖、坡面水系工程等；沟道工程有淤地坝、拦沙坝、谷坊、塘坝等。

水土保持工程措施一定要因害设防，合理进行规划。较大的工程项目，还要有单项工程设计，按工程规模确定审批权限。

3. 水土保持耕作措施体系

水土保持耕作措施体系是指在坡耕地上实行蓄水保土耕作法，如通常所推行的等高种植、带状种植、水平沟种植、间种、套种、草田轮作、免耕深耕等耕作法。

四、生态建设项目水土保持监测

水土保持监测就是为了掌握水土流失现状及发展趋势进行的监视和测量。通过按照统一的方法和规范，对水土流失各要素进行连续和定期监测，并对所取得的数据进行综合分析，以掌握水土流失动态，得出有关水土保持状况的信息，为防治水土流失提供决策依据，为制定和执行水土保持法规、规划、标准提供依据，为水土保持科学研究提供大量的科学数据。

（一）水土保持监测的主要任务

掌握某一地区水土流失动态；研究预防和治理工作的水土保持功能、生态环境效益和综合经济效益；按照国家规定要求，用先进、科学的方法进行动态监测，并对发展趋势进行预测预报。

1. 重点预防保护区水土保持监测的主要任务

（1）明确预防保护区的分布、面积（包括泥石流区），掌握区域的变化情况。

（2）了解植被覆盖度、治理度的变化；对水土保持功能、生态效益、经济效益的消长情况及水土流失发展趋势进行预测预报。

2. 重点治理区水土保持监测的主要任务

（1）掌握重点治理区的分布、面积、水土流失强度及治理成果。

（2）了解治理区水土保持综合效益，对重点治理区治理前后的水沙变化及各项措施的发展状况及其功能进行预报。

（二）水土保持监测的工作内容

监测工作是为预防和治理工作服务，要有效防治水土流失，就必须分析、查明水土流失的特点、成因、流失量、危害情况、分布状况、变化情况及其对环境产生影响的过程，只有这样才能有针对性地采取防治措施。根据这一目的，水土保持监测的主要内容应包括环境因素、土壤侵蚀规律、水土流失动态、水土流失危害、水土保持措施的功能及其效益等诸方面的变化情况及量化监测。

1. 环境因素

环境监测包括自然环境、社会环境和环境容量的监测。

自然环境的监测包括地质地貌、土壤、植被、小气候、地下水以及风化作用等。地质地貌监测主要是监测流水作用和人类生产、建设活动所引起的微地形变化。土壤监测主要是土壤的种类、分布、面积、机械组成、养分、理化性状及土壤环境等因素的变化。植被监测主要是掌握植被的类型、分布、面积及消长等情况的变化。气候监测主要是收集气温、积温、日照、辐射、蒸发、降水及灾害气候资料，了解气候的变化情况。

社会环境的监测主要是监测人口的变化与分布，人为活动对水土保持工作和投资环境、市场经济的影响，社会投入治理水土流失的劳动力、组织形式、管理分工和水平等。

环境容量的监测主要是了解自然环境与人类生产活动能力、人口增长、生产生活物资量的变化关系等。

2. 侵蚀因子监测

水土流失的外营力主要是水力、风力和重力，且大部分地区以水力侵蚀为主。我国北部风沙区以风力侵蚀为主，特殊地区有重力侵蚀，如泥石流、崩岗、崩塌等，高寒地区有冻融侵蚀。

水力侵蚀的监测是监测年降水量、汛期降雨、降水量的年际和年内不同时段的时空变化。掌握地表径流对土壤的剥蚀、输送等定量关系。

风力侵蚀的监测是对风速、沙漠面积的动态变化及沙丘移动速度的监测。

重力侵蚀的监测主要针对泥石流、崩岗、崩塌现象发生发展过程、危害的监测及预警预报。

3. 水土流失动态监测

水土流失动态监测是在环境因素和侵蚀因子不断变化的前提下，对不同外界条件下的水土流失形式及变化趋势进行监测。大体分为沟蚀监测、面蚀监测、小流域或河道水文要素监测等。

流失量包括土壤、土壤养分、径流和水资源流失量。流失过程是指土壤侵蚀机理、流失量的输送及沉积的量变关系。

在小流域或河道水文要素监测过程中，除进行降水量、水位、流量等测验外，应注意人为活动对河道悬移质含量、泥沙颗粒、水质等带来的影响。

4. 水土流失危害监测

水土流失危害监测是监测水土流失的发生与发展对自然环境和社会经济环境的危害。

对自然环境的危害包括土壤层减薄，土壤物质循环失调、水环境恶化、植被群落退化、动植物种群减少，生态环境的变化及由此加剧干旱缺水、土地沙漠化、干热风、病虫害、狂风暴雨、洪涝、冰雹、沙暴等灾害。

对社会经济环境的危害是指由于土壤侵蚀、输送、沉积而造成的资源短缺、土地退化、耕地减少、农业减产、人口与土地矛盾激化和灌溉、防洪效益降低，以及对交通、航运、发电等事业产生的严重影响，对人民生命财产的严重威胁和造成的经济损失等。

5. 水土保持效益监测

水土保持效益监测是指对重点预防保护区、重点监督区和重点治理区实施生物措施、工程措施、耕作措施和预防保护措施后所产生的经济效益、社会效益和生态效益的消长过程进行监测。

水土保持经济效益监测主要按照经济效益计算的需要，监测不同条件下各项措施的实际投入、产出、产品产量的变化，土地生产率和劳动生产力的提高程度，减少水土流失情况及当地群众脱贫致富收入增加状况等。

水土保持社会效益及生态效益监测是监测水土保持工作开展以后的社会效益及生态环境变化情况。主要监测削洪减灾、地表植被的变化、土地利用率的增长、人均劳动生产率的增长、侵蚀土地治理面积的增长、土地利用结构比例的变化、风沙危害减轻程度，以及大气降尘量的减轻程度等。社会效益监测，还应监测治理前后农村基本情况、生产基本条件、生产情况、产业结构和生产总规模、收入分配和效益、群众生活条件和生活水平的提高情况等。

（三）水土保持监测的方法

根据目前的科学技术和开展监测工作的目的要求，监测方法大体分为遥感监测、对比监测和定点监测与抽样测试相结合三种。

1. 遥感监测

遥感监测属宏观监测方式，是采取常规监测手段与现代监测技术相结合的监测方法，目前技术上处于领先地位。该方法是选择数个具有代表性的小区，利用现代化遥测技术对其进行水土流失自动监测，自动记录数据信息、分析水土流失分布、强度变化和植被变化，反映治理面积及保存率等。与人工监测结果比较，遥感监测可大面积、周期性地取得可靠数据，并作出预测分析。结合遥感监测，建立适合我国水土流失情况的水土保持地理信息系统（GIS）和相应的数据库、图形库、图像库，在计算机系统支持下，结合现代的通信网络，对获得的监测信息进行储存、分析和处理，从而提供各类水土保持信息。

2. 对比监测

对比监测是在一定的区域内，配置不同的水土保持治理措施，利用不同时段的监测结果，求得水土流失变化情况。如对生产建设区，建设前后不同时段的水土流失情况进行对比监测；对小流域采用不同治理措施的效益对比监测；监测同一小区不同坡度、降雨、径流条件下，水土流失量的变化情况等。有条件的地方可在生产建设项目区内选择自然条件相似的开矿与未开矿、治理与未治理对比小流域，布设雨量观测点和沟口测流测沙断面，对比观测开矿新增水土流失量和治理措施的水土保持作用等情况。

3. 定点监测与抽样测试相结合

定点监测是水土保持监测的一种最基本的方法，应用极为普遍。在各个不同类型区选择有一定代表性的小区，建立定点监测站进行监测，并辅助抽样调查，用数字的方法对获得的数据分析处理，可推算大范围同类型区的监测成果。抽样调查适合大范围、难度较大项目指标的监测，专业性较强。如重点预防保护区的植被度、植被结构变化及岩石风化量等；重点监督区人为造成新的水土流失量，对环境的影响等；重点治理区措施的达标率、保存率、土地结构变化等。通过抽样选点调查，以局部推断整体，从而进行预测预报。抽样点要有区域代表性。

第三节　生产建设项目水土保持工程

生产建设项目水土保持工程从建设布局形式划分为线型生产建设项目和点型生产建设项目。线型生产建设项目是指布局跨度较大、呈线状分布的公路、铁路、管道、输电线路、渠道等生产建设项目；点型生产建设项目是指布局相对集中、呈点状分布的矿山、电厂、水利枢纽等生产建设项目。

生产建设项目水土保持工程从水土保持施工持续影响划分为建设类项目和建设生产类项目。建设类项目是指基本建设竣工后，在运营期基本没有开挖、取土（石、料）、弃土（石、渣）等生产活动的公路、铁路、机场、水工程、港口、码头、水电站、核电站、输变电工程、通信工程、管道工程、城镇新区等生产建设项目；建设生产类项目是指基本建设竣工后在运营期仍存在开挖地表、取土（石、料）、弃土（石、渣）等生产活动的燃煤电站、建材、矿产和石油天然气开采及冶炼等生产建设项目。

一、生产建设项目水土保持的目标与任务

生产建设项目不可避免地会带来人为新增水土流失的隐患，生产建设项目水土保持工作重点是控制不合理的人为活动。

生产建设项目水土保持的目标：生产建设项目的水土流失防治应重视调查研究、鼓励采用新技术、新工艺和新材料，做到因地制宜，综合防治，实用美观。

生产建设项目水土保持的任务：预防、控制和治理生产建设活动导致的水土流失，减轻对生态环境可能产生的负面影响，防治水土流失危害。

二、生产建设项目水土保持方案及措施

根据《水土保持法》规定，在我国进行的各种可能造成水土流失的生产建设项目，都

必须编制水土保持方案，并与主体工程同时设计、同时施工、同时验收。

（一）目标

水土保持方案是生产建设项目总体设计的重要组成部分，是设计和实施水土保持措施的技术依据。矿业开采、工矿企业建设、交通运输、水工程建设、电力建设、荒地开垦、林木采伐及城镇建设等一切可能引起水土流失的生产建设项目，都要进行水土保持方案的编制。按《水土保持法》要求，开工前需要编报水土保持方案。

生产建设项目的水土流失防治责任范围，一般应包括以下两个方面：

（1）项目建设区：指生产建设单位的征地范围、租地范围和土地使用管辖范围。

（2）直接影响区：指项目建设区以外由于生产建设活动而造成的水土流失及其直接危害的范围。

生产建设项目应做好以下几方面的水土流失防治工作：

（1）对征用、管辖、租用土地范围的原有水土流失进行防治。

（2）在生产建设过程中必须采取措施保护水土资源，并尽量减少对植被的破坏，对原地貌、水系的扰动和损毁。

（3）废弃土（石、渣）、尾矿渣（砂）等固体物必须有专门存放场地，并采取拦挡治理措施。

（4）施工过程中必须采取水土保持临时防护措施。

（5）采挖、排弃渣、填方等施工迹地必须进行护坡和土地整治，采取水土保持措施，恢复其利用功能。

生产建设项目水土保持方案编制的目标，就是使新增的水土流失及土地沙化得到有效控制，项目区内原有的水土流失得到基本治理，工程安全得到保障，泄入下游河道的泥沙显著减少，生态环境明显改善。

（二）水土保持方案书的主要内容

根据《生产建设项目水土保持技术规范》（GB 50433—2018），水土保持方案报告书内容规定如下：

（1）综合说明。应简要说明：项目简况，编制依据，设计水平年，水土流失防治责任范围，水土流失防治目标，项目水土保持评价结论，水土流失预测结果，水土保持措施布设成果，水土保持监测方案，水土保持投资及效益分析成果等。

（2）项目概况。应简要介绍：项目组成及工程布置，施工组织，工程占地，土石方平衡，拆迁（移民）安置与专项设施改（迁）建，施工进度，自然概况等。

（3）项目水土保持评价。应简要介绍：主体工程选址（线）水土保持评价，建设方案评价，主体工程设计中水土保持措施界定等。

（4）水土流失分析与预测。应简要介绍：水土流失现状、水土流失影响因素分析，土壤流失量预测，水土流失危害分析，指导性意见等。

（5）水土保持措施。应简要介绍：防治区划分，措施总体布设，分区措施布设，施工要求等。

（6）水土保持监测。应简要介绍：监测的范围和时段，内容和方法，点位布设，实施条件和成果等。

(7) 水土保持投资估算及效益分析。应简要介绍：投资估算，效益分析等。

(8) 水土保持管理。应简要介绍：组织管理，后续设计，水土保持监测，水土保持监理，水土保持施工，水土保持设施验收等。

(9) 附件、附表、附图。附件应包括项目立项的有关文件和其他有关文件；附表应包括防治责任范围表，防治标准指标计算表，单价分析表等；附图应包括项目所在地的地理位置图、项目区水系图、项目区土壤侵蚀强度分布图、项目总体布置图、分区防治措施总体布局图（含监测点位）、水土保持典型措施布设图等。

三、生产建设项目水土保持监测

生产建设项目水土保持监测应按照国家现行标准《水土保持监测技术规程》（SL 277—2002）的规定进行。在水土保持方案中，应确定监测的内容、项目、方法、时段、频次。初步确定定点监测点位，估算所需的人工和物耗。能够指导监测机构编制监测实施计划，落实监测的具体工作。监测成果应能全面反映生产建设项目水土流失及其防治情况。

（一）水土保持监测的应遵循的原则

(1) 建设性项目设置临时水土保持监测点，生产性项目设置临时水土保持监测点和固定水土保持监测点。

(2) 水土保持监测点布设密度和监测项目的控制面积，应根据防治责任范围的面积确定。

(3) 水土保持监测点的观测设施、观测方法、观测频次等应根据水土流失情况确定，监测方案应进行论证，批准后方可实施。

(4) 水土保持监测费用应纳入水土保持方案，基建期监测费用应由基建费用列支，生产期监测费用应由生产费用列支。

(5) 大中型生产建设项目水土保持监测应有相对固定的观测点位和监测设施，做到地面监测与调查监测相结合；小型生产建设项目应以调查监测为主。地面监测可采用小区观测法、简易水土流失观测场法、控制站观测法。各类生产建设项目的临时转运土石料场或施工过程中土质开挖面、堆垫面的水蚀，可采用侵蚀沟体积量测法测定。

（二）水土保持监测的工作内容

通过设立典型观测断面、观测点、观测基准等，对生产建设项目在生产建设和运行初期的水土流失及其防治效果进行监测。

1. 项目建设区水土流失因子监测项目

(1) 地形、地貌和水系的变化情况。

(2) 建设项目占用地面积、扰动地表面积。

(3) 项目挖填方数量及面积，弃土（石、渣）量及堆放面积。

(4) 项目区林草覆盖度。

2. 水土流失状况监测项目

(1) 水土流失面积变化情况。

（2）水土流失量变化情况。

（3）水土流失程度变化情况。

（4）对下游和周边地区造成的危害及其趋势。

3. 水土流失防治效果监测项目

（1）防治措施的数量和质量。

（2）林草措施成活率、保存率、生长情况及覆盖度。

（3）防护工程的稳定性、完好程度和运行情况。

（4）各项防治措施的拦渣保土效果。

（三）水土保持监测的监测时段与方法

生产性项目监测时段分为施工期和生产运行期，建设性项目监测时段分为施工期和林草恢复期。生产建设项目水土流失监测宜采用地面观测法和调查监测法。

1. 地面观测法

（1）小区观测。适用于扰动面、弃土弃渣等形成的水土流失坡面的监测，不适用于纯弃石组成的堆积物的监测。

（2）控制站监测。适用于地貌扰动程度大，弃土弃渣基本集中在一个或几个流域（或集水区）范围内的生产建设项目。

（3）简易水土流失观测场。适用于项目区内分散的土状堆积物及不便于设置小区或控制站的土状堆积物的水土流失观测。

（4）简易坡面量测法。适用于暂不扰动的临时土质开挖面、土或土石混合或粒径较小的石砾堆垫坡面的水土流失量的测定。

（5）风蚀量监测。适用于风蚀区、水蚀与风蚀交错区生产建设项目的风力侵蚀监测。

（6）重力侵蚀监测。针对生产建设项目造成的或可能造成的重力侵蚀。

2. 调查监测法

调查监测法可分为普查调查、典型调查与抽样调查。普查调查适用于面积较小的面上监测项目的调查；典型调查适用于滑坡、崩塌、泥石流等的调查；抽样调查适用于范围较大的面上监测项目。

第三章 水土保持工程监理资格管理工作

第一节 水土保持监理单位资质管理

水利工程建设监理单位是我国推行建设监理制度之后兴起的一种企业。它的主要责任是向工程项目法人提供高质量、高智能的监理服务，受项目法人委托对建设项目的投资、进度、质量和安全依据合同进行监督管理。本节主要结合《水利工程建设监理单位资质管理办法》（2006 年 12 月 18 日水利部令第 29 号发布，根据 2010 年 5 月 14 日水利部令第 40号《水利部关于修改〈水利工程建设监理单位资质管理办法〉的决定》第一次修订，根据 2015 年 12 月 16 日水利部令第 47 号《水利部关于废止和修改部分规章的决定》第二次修订，根据 2017 年 12 月 22 日水利部令第 49 号《水利部关于废止和修改部分规章的决定》第三次修订，2019 年 5 月 10 日《水利部关于修改部分规章的决定》第四次修正），介绍水土保持监理单位的概念、资质管理、经营准则等方面的相关内容。

一、水土保持工程监理单位的概念

水土保持工程监理单位是指取得水土保持监理资质等级证书、具有企业法人资格、专门从事水土保持工程建设监理的单位。监理单位必须具有自己的名称、组织机构和场所，有与承担监理业务相适应的经济、法律、技术及管理人员，完善的组织章程和管理制度，并应具有一定数量的资金和设施。符合条件的单位经工商注册取得营业执照后，按照《水利工程建设监理单位资质管理办法》申请取得水土保持监理资质等级证书，并在其资质等级许可的范围内承担工程监理业务。水土保持工程监理单位的资质等级反映了该监理单位从事水土保持工程监理业务的资格和能力，是国家对水土保持工程监理市场准入管理的重要手段。

水土保持工程监理的行为主体是具有水土保持相应资质的工程建设监理单位，区别于水行政主管部门监督管理的特点是不具备行政强制性。

水土保持工程监理的实施需要建设单位委托和授权，并在规定范围内行使管理权。建设监理的产生源于市场经济条件下社会的需求，始于建设单位的委托和授权，而建设监理发展成为一项制度，是根据这样的客观实际建立的。通过建设单位委托和授权方式来实施建设监理是建设监理与政府对工程建设所进行的行政性监督管理的重要区别。这种方式也决定了在实施工程建设监理的项目中，建设单位与监理单位的关系是委托与被委托关系，授权与被授权的关系；决定了它们之间是合同关系，是需求与供给关系，是一种委托与服务的关系。这种委托和授权方式说明，在实施建设监理的过程中，监理单位的权利主要是由作为建设项目管理主体的建设单位通过授权转移过来的。在水土保持工程项目建设过程中，建设单位始终是以建设项目管理主体身份掌握着工程项目建设的决策权，并承担项目建设风险。

水土保持工程监理单位要严格履行监理合同，为建设单位提供优质的监理服务，而且应严格按合同对项目的质量目标、进度目标、投资目标进行有效控制。质量控制是指在力求实现工程建设项目总目标的过程中，为满足项目总体质量要求所开展的有关监督管理活动。进度控制是指在实现建设项目总目标的过程中，为使工程建设的实际进度符合项目计划进度的要求，使项目按计划要求的时间完成而开展的有关监督管理活动。投资控制的任务主要是在施工阶段，按照合同严格计量与支付管理和变更管理，进行工程进度款签证、变更审核和控制索赔，在工程完工阶段审核工程结算。资金控制并不是单一目标的控制，应当认识到，资金控制是与质量控制和进度控制同时进行的，它是针对整个项目目标系统所实施的控制活动的一个组成部分，在实施资金控制的同时需要兼顾质量目标和进度目标。

二、水土保持工程监理单位的经营活动准则

水土保持工程监理单位从事监理活动，应当遵循"守法、诚信、公正、科学"的准则。

（一）守法

守法，这是任何一个具有民事行为能力的单位或个人最起码的行为准则，对于监理单位企业法人来说，守法，就是要依法经营。

（1）水土保持工程监理单位只能在核定的业务范围内开展经营活动。这里所说的核定的业务范围，是指监理单位资质证书中填写的、经建设监理资质管理部门审查确认的经营业务范围。核定的业务范围有两层内容：一是监理业务的性质；二是监理业务的等级。监理业务的性质是指可以监理什么专业的工程，如以水工建筑、测量、地质等专业人员为主组成的水利工程建设监理单位，则只能监理水利工程施工监理，而不能监理水土保持工程施工监理。监理业务的等级是指要按照核定的监理资质等级承接监理业务，如取得水土保持工程施工监理甲级资质的监理单位可以承担各等级水土保持工程的施工监理业务；而取得水土保持工程施工监理丙级资质的监理单位，只可以承担Ⅲ等以下各等级水土保持工程的施工监理业务。

（2）水土保持工程监理单位不得伪造、涂改、出租、出借、转让、出卖《水土保持工程监理单位资质等级证书》。

（3）水土保持工程建设监理合同一经双方当事人依法签订，即具有法律约束力，监理单位应按照合同的规定认真履行，不得无故或故意违背自己的承诺。

（4）水土保持工程监理单位离开原住所承接监理业务，要自觉遵守当地人民政府颁发的监理法规和有关规定，并要主动向监理工程所在地的省、自治区、直辖市建设行政主管部门备案登记，接受其指导和监督管理。

（5）水土保持工程监理单位应遵守国家关于企业法人的其他法律、法规的规定，包括

行政、经济和技术等方面。

（二）诚信

诚信，简单地讲，就是忠诚老实、讲信用。为人处事都要讲诚信，这是做人的基本品德，也是考核企业信誉的核心内容。水土保持工程监理单位向项目法人提供的是技术咨询服务，按照市场经济的观念，水土保持工程监理单位主要是依靠自己的智力。

每个监理单位，甚至每一个监理人员能否做到诚信，都会对这一事业造成一定的影响，尤其会对监理单位、对监理人员自己的声誉带来很大影响。所以说，诚信是监理单位经营活动基本准则的重要内容之一。

（三）公正

公正，主要是指监理单位在处理项目法人与承包人之间的矛盾和纠纷时，要做到"一碗水端平"，是谁的责任，就由谁承担；该维护谁的权益，就维护谁的权益。决不能因为监理单位受项目法人的委托，就偏袒项目法人。一般来说，监理单位维护项目法人的合法权益容易做到，而维护承包人的利益比较难。要真正做到公正地处理问题也不容易。水土保持工程监理单位要做到公正，必须要做到以下几点：

（1）要培养良好的职业道德，不为私利而违心地处理问题。

（2）要坚持实事求是的原则，不唯上级或项目法人的意见是从。

（3）要提高综合分析问题的能力，不为局部问题或表面现象而模糊自己的"视听"。

（4）要不断提高自己的专业技术能力，尤其是要尽快提高综合理解、熟练运用工程建设有关合同条款的能力，以便以合同条款为依据，恰当地协调、处理问题。

（四）科学

科学，是指监理单位的监理活动要依据科学的方案，运用科学的手段，采取科学的方法，水土保持工程项目监理结束后，还要进行科学的总结。总之，监理工作的核心问题是"预控"，必须要有科学的思想、科学的方法。凡是处理业务要有可靠的依据和凭证；判断问题，要用数据说活。监理机构实施监理要制订科学的计划，要采用科学的手段和科学的方法。只有这样，才能提供高智能的、科学的服务，才能符合建设监理事业发展的规律。

三、水土保持工程监理单位资质、等级和条件

（一）水土保持工程监理单位的资质概念

水土保持工程监理单位的资质主要体现在监理能力和监理效果两方面。所谓监理能力，是指所能监理的水土保持工程建设项目的类别和等级。监理效果是指对水土保持工程建设项目实施监理后，在工程资金控制、进度控制、质量控制、安全控制等方面所取得的成果。水土保持工程监理单位的监理能力和监理效果主要取决于监理人员素质、专业配套能力、监理经历以及管理水平等。

1. 监理人员素质

监理单位的产品是高智能、高质量的技术服务。监理单位的工作性质决定了监理单位的人员素质要求。一名监理人员如果没有较高的专业技术水平，就难以胜任监理工作，就不可能提供高质量的监理服务。因此，监理单位的人员具有较好的素质是非常重要的，也

是监理单位在监理市场上立于不败之地的根本保证。

建设监理是一项管理与技术有机结合的活动，在科学发达的今天，监理人员必须能够运用先进的技术和科学的管理方法开展监理工作。

2. 专业配套能力

一个监理单位，按照其从事的监理业务范围的要求，配备的专业监理人员是否齐全，在很大程度上取决于它的监理能力的大小强弱。专业监理人员配备齐全，每个监理人员的素质又好，那么，这个监理单位的整体素质就高。如果一个监理单位在某一方面缺少专业监理人员，或者某一方面的专业监理人员素质很低，那么，这个监理单位就不能从事相应的监理业务。

3. 监理经历

监理经历是指监理单位成立之后，从事监理工作的历程，也可以说成取得的监理业绩。一般情况下，监理单位从事监理业务的年限越长，监理的项目就可能越多，监理成效会越大，监理的经验越丰富。因此，监理经历是确定监理单位资质的重要因素之一。

4. 管理水平

管理是一门科学。对于监理企业来说，管理包括组织管理、人事管理、财务管理、设备管理、生产经营管理、合同管理、档案文书管理等诸多方面的内容。一个管理水平高的监理企业，既要有一个好的领导班子，又要有严格的管理制度，才能达到人尽其才、物尽其用、成效突出的目标，监理企业才具有蓬勃发展的巨大动力。

（二）水土保持工程监理单位资质等级和条件

按《水利工程建设监理单位资质管理办法》第六条规定，水利工程建设监理单位的资质等级分为监理单位资质分为水利工程施工监理、水土保持工程施工监理、机电及金属结构设备制造监理和水利工程建设环境保护监理四个专业。其中，水利工程施工监理专业资质和水土保持工程施工监理专业资质分为甲级、乙级和丙级三个等级，机电及金属结构设备制造监理专业资质分为甲级、乙级两个等级，水利工程建设环境保护监理专业资质暂不分级。

《水利工程建设监理单位资质管理办法》对各专业资质条件做了具体规定，下面主要介绍水土保持工程施工监理专业资质条件。

1. 甲级监理单位资质条件

（1）具有健全的组织机构、完善的组织章程和管理制度。技术负责人具有高级专业技术职称，并取得监理工程师资格证书。

（2）专业技术人员。监理工程师不少于25人，其中具有高级专业技术职称的人员不少于5人，造价工程师不少于3人。

（3）具有五年以上水利工程建设监理经历，且近三年监理业绩为：应当承担过2项Ⅱ等水土保持工程的施工监理业务；该专业资质许可的监理范围内的近三年累计合同额不少于350万元。

（4）能运用先进的技术和科学的管理方法完成建设监理任务。

2. 乙级监理单位资质条件

（1）具有健全的组织机构、完善的组织章程和管理制度。技术负责人具有高级专业技术职称，并取得监理工程师资格证书。

（2）专业技术人员。监理工程师不少于15人，其中具有高级专业技术职称的人员不少于3人，造价工程师不少于2人。

（3）具有三年以上水利工程建设监理经历，且近三年监理业绩为：应当承担过4项Ⅲ等水土保持工程的施工监理业务；该专业资质许可的监理范围内的近三年累计合同额不少于200万元。

（4）能运用先进的技术和科学的管理方法完成建设监理任务。

3. 丙级监理单位资质条件

（1）具有健全的组织机构、完善的组织章程和管理制度。技术负责人具有高级专业技术职称，并取得监理工程师资格证书。

（2）专业技术人员。监理工程师不少于10人，其中具有高级专业技术职称的人员不少于3人，造价工程师不少于1人。

（3）能运用先进技术和科学管理方法完成建设监理任务。

申请重新认定、延续或者核定丙级监理单位资质，还须专业资质许可的监理范围内的近三年年均监理合同额不少于30万元。

需要注意的是，上述监理工程师的监理专业必须为水土保持工程专业资质要求的相关专业；具有两个以上不同类别监理专业的监理工程师，监理单位申请不同专业资质等级时可分别计算人数。

四、水土保持工程施工监理单位业务范围

《水利工程建设监理单位资质管理办法》第七条规定了水利工程施工监理、水土保持工程施工监理、机电及金属结构设备制造监理、水利工程建设环境保护监理各专业资质等级可以承担的业务范围。在此只介绍水土保持工程施工监理专业资质范围。

（一）各等级监理专业资质范围

甲级可以承担各等级水土保持工程的施工监理业务。

乙级可以承担Ⅱ等以下各等级水土保持工程的施工监理业务。

丙级可以承担Ⅲ等水土保持工程的施工监理业务。

同时具备水利工程施工监理专业资质和乙级以上水土保持工程施工监理专业资质的，方可承担淤地坝中的骨干坝施工监理业务。

（二）适用《水利工程建设监理资质管理办法》的水土保持工程等级划分标准

Ⅰ等：500km^{2}以上的水土保持综合治理项目；总库容100万m^{3}以上、小于500万m^{3}的沟道治理工程；征占地面积500hm^{2}以上的生产建设项目的水土保持工程。

Ⅱ等：150km^{2}以上、小于500km^{2}的水土保持综合治理项目；总库容50万m^{3}以上、小于100万m^{3}的沟道治理工程；征占地面积50hm^{2}以上、小于500hm^{2}的生产建设项目的水土保持工程。

Ⅲ等：小于150km^{2}的水土保持综合治理项目；总库容小于50万m^{3}的沟道治理工程；征占地面积小于50hm^{2}的生产建设项目的水土保持工程。

五、水土保持工程监理单位资质的申请、受理和认定

按照《水利工程建设监理单位资质管理办法》第五条的规定，水利部负责监理单位资质的认定与管理工作。水利部所属流域管理机构（以下简称"流域管理机构"）和省、自治区、直辖市人民政府水行政主管部门依照管理权限，负责有关的监理单位资质申请材料的接收、转报以及相关管理工作。第八条规定，申请监理单位资质，应当具备"水利工程建设监理单位资质等级标准"规定的资质条件。监理单位资质一般按照专业逐级申请。申请人可以申请一个或者两个以上专业资质。第九条规定，监理单位资质每年集中认定一次，受理时间由水利部提前三个月向社会公告。监理单位分立后申请重新认定监理单位资质以及监理单位申请资质证书变更或者资质延续的，不适用前款规定。

按照《水利工程建设监理单位资质管理办法》第十条的规定，申请人应当向其注册地的省、自治区、直辖市人民政府水行政主管部门提交申请材料。但是，水利部直属单位独资或者控股成立的企业申请监理单位资质的，应当向水利部提交申请材料；流域管理机构直属单位独资或者控股成立的企业申请监理单位资质的，应当向该流域管理机构提交申请材料。省、自治区、直辖市人民政府水行政主管部门和流域管理机构应当自收到申请材料之日起 20 个工作日内提出意见，并连同申请材料转报水利部。水利部按照《中华人民共和国行政许可法》第三十二条的规定办理受理手续。

按照第十一条规定，首次申请监理单位资质，申请人应当提交以下材料：

（1）《水利工程建设监理单位资质等级申请表》。

（2）企业章程。

（3）法定代表人身份证明。

（4）《水利工程建设监理单位资质等级申请表》中所列监理工程师、造价工程师的资格证书和申请人同意注册证明文件（已在其他单位注册的，还需提供原注册单位同意变更注册的证明），以及上述人员的劳动合同和社会保险凭证。

申请晋升、重新认定、延续监理单位资质等级的，除提交前款规定的材料外，还应当提交以下材料：

（1）原《水利工程建设监理单位资质等级证书》（副本）。

（2）《水利工程建设监理单位资质等级申请表》中所列监理工程师的注册证书。

（3）近三年承担的水利工程建设监理合同书，以及已完工程的建设单位评价意见。

申请人应当如实提交有关材料和反映真实情况，并对申请材料的真实性负责。

按照第十二条规定，水利部应当自受理申请之日起 20 个工作日内作出认定或者不予认定的决定；20 个工作日内不能作出决定的，经本机关负责人批准，可以延长 10 个工作日。决定予以认定的，应当在 10 个工作日内颁发《水利工程建设监理单位资质等级证书》；不予认定的，应当书面通知申请人并说明理由。

按照第十三条规定，水利部在作出决定前，应当组织对申请材料进行评审，并将评审结果在水利部网站公示，公示时间不少于 7 日。水利部应当制作《水行政许可除外时间告知书》，将评审和公示时间告知申请人。

按照第十四条规定，《水利工程建设监理单位资质等级证书》包括正本一份、副本四份，正本和副本具有同等法律效力，有效期为 5 年。

按照第十五条规定，资质等级证书有效期内，监理单位的名称、地址、法定代表人等工商注册事项发生变更的，应当在变更后 30 个工作日内向水利部提交水利工程监理单位资质等级证书变更申请并附工商注册事项变更的证明材料，办理资质等级证书变更手续。水利部自收到变更申请材料之日起 3 个工作日内办理变更手续。

按照第十六条规定，监理单位发生合并、重组、分立的，可以确定由一家单位承继原单位资质，该单位应当自合并、重组、分立之日起 30 个工作日内，按照本办法第十条、第十一条的规定，提交有关申请材料以及合并、重组、分立决议和监理业绩分割协议。经审核，注册人员等事项满足资质标准要求的，直接进行证书变更。重组、分立后其他单位申请获得水利工程建设监理单位资质的，按照首次申请办理。

按照第十七条规定，资质等级证书有效期届满，需要延续的，监理单位应当在有效期届满 30 个工作日前，按照《水利工程建设监理单位资质管理办法》第十条、第十一条规定，向水利部提出延续资质等级的申请。水利部在资质等级证书有效期届满前，作出是否准予延续的决定。

按照第十八条规定，水利部应当将资质等级证书的发放、变更、延续等情况及时通知有关省、自治区、直辖市人民政府水行政主管部门或者流域管理机构，并定期在水利部网站公告。

按照第二十四条规定，《水利工程建设监理单位资质等级证书》由水利部统一印制。

六、水土保持监理单位监督管理

水利部建立监理单位资质监督检查制度，对监理单位资质实行动态管理。水利部履行监督检查职责时，有关单位和人员应当客观、如实反映情况，提供相关材料。从 2015 年起水利部统一设立了"全国水利建设市场信用信息平台"，依据《企业信息公示暂行条例》（国务院令第 654 号）、《水利部　国家发展和改革委员会关于加快水利建设市场信用体系建设的实施意见》（水建管〔2014〕323 号），制定出台了《水利建设市场主体信用评价管理暂行办法》（水建管〔2015〕377 号），开展了对水利建设市场主体的信用信息统一管理，规范水利建设市场主体信用评价工作，推进水利建设市场信用体系建设，保障水利建设质量与安全，这里的建设市场主体就包括水土保持监理单位。

县级以上地方人民政府水行政主管部门和流域管理机构发现监理单位资质条件不符合相应资质等级标准的，应当向水利部报告，水利部按照本办法核定其资质等级。

违反《水利工程建设监理单位资质管理办法》应当给予处罚的，依照《中华人民共和国行政许可法》《建设工程质量管理条例》《水利工程建设监理规定》的有关规定执行。

监理单位被吊销资质等级证书的，三年内不得重新申请；因违法违规行为被降低资质等级的，两年内不得申请晋升资质等级；受到其他行政处罚，受到通报批评、情节严重，被计入不良行为档案，或者在审计、监察、稽察、检查中发现存在严重问题的，一年内不得申请晋升资质等级。法律法规另有规定的，从其规定。

第二节 水土保持监理人员资格管理

一、监理人员的概念

水土保持监理人员是经全国水利工程建设监理工程师资格统一考试合格，取得水土保持专业《全国水利工程建设监理工程师资格证书》且从事水土保持工程专业监理业务的人员。水土保持工程监理工程师是岗位职务，并非国家现有专业技术职称的一个类别，是水土保持工程专业建设监理的执业资格。监理工程师的这一特点，决定了水土保持工程监理工程师并非终身职务。只有具备资格从事水土保持工程专业监理业务的人员，才能成为水土保持工程监理工程师。

从 2015 年起水利建设管理资质进行了改革，2015 年 7 月水利部向各流域机构，各省、自治区、直辖市水利（水务）厅（局），各计划单列市水利（水务）局，新疆生产建设兵团水利局，各有关单位印发《水利部关于取消水利工程建设监理工程师造价工程师质量检测员等人员注册管理的通知》（水建管〔2015〕267 号），通知主要内容有以下几点：

（1）三类人员的注册管理取消后，注册证书及印章同时作废。各流域机构和各级水行政主管部门在资质审批、日常监督检查、水利工程建设项目招投标活动等工作过程中涉及三类人员的部分，以三类人员在全国水利建设市场信用信息平台公布的资格证书、劳动合同、社会保险等信息为准，不应再要求市场主体提供注册证书及印章，或要求其在有关技术文件上加盖注册执业印章。

（2）各水利建设市场主体要根据《水利部国家发展和改革委员会关于加快水利建设市场信用体系建设的实施意见》（水建管〔2014〕323 号）要求，及时登录信息平台，点击"人员信息报送"自主填报单位信息和本单位三类人员个人信息，并对信用信息的真实性、及时性负责。除涉及国家机密、商业秘密、个人隐私等信息外，有关信息将向社会公开，接受社会监督。

受聘于一家单位执业的三类人员，与用人单位签订劳动合同并及时按规定缴纳社会保险后方可登录信息平台填报信息。社会保险由用人单位缴纳，应包含养老、医疗、失业、工伤等法律法规规定应缴纳的险种。三类人员执业情况发生变动的，用人单位和个人应在解除或签订劳动合同后的 15 个工作日内登录信息平台完成信用信息变更。

（3）各流域机构和各级水行政主管部门应加强对三类人员执业情况的监督检查，发现三类人员不具备执业条件、市场主体未及时按要求进行信息登记、提交材料与信息平台登录信息或实际情况不符的，应责令其立即进行整改；对违反国家法律法规、构成不良行为后果的，在进行相应处罚的同时，给予通报批评并计入不良行为记录。

2016 年 12 月 1 日，国务院印发《关于取消一批职业资格许可和认定事项的决定》（国发〔2016〕68 号），再次公布取消 114 项职业资格许可和认定事项，其中包括"水利工程建设监理人员资格"，将该项资格纳入监理工程师职业资格统一实施。

2017 年 9 月 5 日水利部办公厅再次向各流域机构，各省、自治区、直辖市水利（水务）厅（局），各计划单列市水利（水务）局，新疆生产建设兵团水利局，各有关单位下发了《关于加强水利工程建设监理工程师造价工程师质量检测员管理的通知》（办建管〔2017〕139 号），通知内容如下：

根据《国务院关于取消一批职业资格许可和认定事项的决定》和人力资源社会保障部公示的国家职业资格目录清单，水利工程建设监理工程师、水利工程造价工程师以及水利工程质量检测员（以下简称三类人员）纳入国家职业资格制度体系，实施统一管理。鉴于三类人员与水利工程建设质量和人民群众生命财产安全密切相关，在实施统一管理的新制度出台之前的过渡期，为确保水利工程建设质量和安全，保持从业人员队伍稳定，根据国家"放管服"改革精神，按照人力资源社会保障部《关于印发进一步减少和规范职业资格许可和认定事项改革方案的通知》（人社部发〔2017〕2 号）和《关于集中治理职业资格证书挂靠行为的通知》有关要求，现就过渡期三类人员管理有关事项通知如下：

（1）国务院取消部分职业资格许可认定事项前取得的水利工程建设监理工程师资格证书、水利工程造价工程师资格证书以及水利工程质量检测员资格证书，在实施统一管理新制度出台之前继续有效，新制度出台后，执行新制度。

（2）取消水利工程建设总监理工程师职业资格。各监理单位可根据工作需要自行聘任满足工作要求的监理工程师担任总监理工程师。总监理工程师人数不再作为水利工程建设监理单位资质认定条件之一。

（3）取消水利工程建设监理员职业资格。监理单位可根据工作需要自行聘任具有工程类相关专业学习和工作经历的人员担任监理员。

（4）三类人员应受聘于一家单位执业，用人单位应与其签订劳动合同并及时缴纳养老、医疗、失业、工伤等法律法规规定缴纳的社会保险。

（5）在资质审批、招投标和监督检查等工作过程中，需查验三类人员的资格证书、劳动合同、社会保险等资料时，各水利建设市场主体应如实提供。各流域机构和各级水行政主管部门应加强对三类人员执业情况的监督检查，发现三类人员不具备执业条件或存在职业资格证书挂靠行为、市场主体提交材料与实际情况不符等有关情形的，应责令其立即进行整改；对违反国家法律法规和水利部有关规定、构成不良行为后果的，在进行相应处罚的同时，计入不良行为记录。

（6）《水利部办公厅关于取消水利工程建设监理工程师造价工程师质量检测员注册管理后加强后续管理工作的通知》（办建管〔2015〕201 号）自本通知印发之日起废止。我部既往有关文件要求与本通知精神不一致的，按本通知执行。

国家对监理工程师等职业资格管理的多次改革，目的是持续激发市场和社会活力、促进就业创业。这是职业资格制度改革的治本之策，是促进职业资格健康有序发展的基本保障。是深化"放管服"改革、职业资格制度改革的重大成果，初步形成了我国职业资格框架体系，初步实现了职业资格清理由"治标"到"治本"的关键性转变，对于提高职业资格设置管理的科学化、规范化水平，持续激发市场主体创造活力，推进供给侧结构性改革具有重要意义。

二、水土保持工程建设监理人员的资格管理

(一)资格管理制度

按照 2017 年 12 月水利部 49 号令，2006 年颁发的《水利工程建设监理规定》(水利部 28 号令)，2017 年 12 月修正，第十条第一款"监理单位应当聘用具有相应资格的监理人员从事水利工程建设监理业务。监理人员包括总监理工程师、监理工程师和监理员。监理人员资格应当按照行业自律管理的规定取得。"修改为："监理单位应当聘用一定数量的监理人员从事水利工程建设监理业务。监理人员包括总监理工程师、监理工程师和监理员。总监理工程师、监理工程师应当具有监理工程师职业资格，总监理工程师还应当具有工程类高级专业技术职称。"

目前，水利工程建设监理工程师仍按照《水利工程建设监理人员资格管理办法》(中水协〔2007〕3 号)的规定，取得相应的资格(岗位)证书。水土保持工程监理人员资格管理工作内容包括监理人员资格考试、考核、审批、培训和监督检查等。中国水利工程协会负责全国水利工程建设监理人员资格管理工作。按照水利部办公厅《关于加强水利工程建设监理工程师造价工程师质量检测员管理的通知》(办建管〔2017〕139 号)的规定，已取消水利工程建设总监理工程师和监理员的职业资格。因此，以下仅对监理工程师的资格管理进行阐述。

监理工程师的监理专业分为水利工程施工、水土保持工程施工、机电及金属结构设备制造、水利工程建设环境保护 4 类。其中，水利工程施工类设水工建筑、机电设备安装、金属结构设备安装、地质勘察、工程测量 5 个专业，水土保持工程施工类设水土保持 1 个专业，机电及金属结构设备制造类设机电设备制造、金属结构设备制造 2 个专业，水利工程建设环境保护类设环境保护 1 个专业。

(二)监理工程师资格考试

取得水土保持工程监理工程师资格，须经中国水利工程协会组织的资格考试合格，并颁发《全国水利工程建设监理工程师资格证书》。

申请监理工程师资格考试者，应同时具备以下条件：

(1)取得工程类中级专业技术职务任职资格，或者具有工程类相关专业学习和工作经历(大专毕业且工作 8 年以上、本科毕业且工作 5 年以上、硕士研究生毕业且工作 3 年以上)。

(2)年龄不超过 60 周岁。

(3)有一定的专业技术水平、组织协调能力和管理能力。

申请监理工程师资格考试，应当向中国水利工程协会申报，并提交以下材料：

(1)《水利工程建设监理工程师资格考试申请表》。

(2)身份证、学历证书或专业技术职务任职资格证书。

中国水利工程协会对申请材料组织审查，对审查合格者准予参加考试。中国水利工程协会向考生公布考试结果，公示合格者名单，向考试合格者颁发《全国水利工程建设监理工程师资格证书》。对监理工程师考试结果公示有异议的，可向中国水利工程协会申诉或

举报。

中国水利工程协会负责监理人员有关培训管理工作，统一颁发培训合格证书。

（三）水土保持工程监理人员资格管理

取得《全国水利工程建设监理工程师资格证书》，未按照《水利工程建设监理工程师注册管理办法》进行注册的，在 3 年内至少参加一次由中国水利工程协会组织的教育培训，以保持其资格的有效性。

监理人员资格申请人应对其提交申请材料内容的真实性负责，禁止提供虚假材料或以欺骗等不正当手段取得相应的资格（岗位）证书。

监理人员资格（岗位）证书应当由本人保管。任何单位和个人不得涂改、伪造、出借、倒卖、转让监理人员资格（岗位）证书，不得非法扣压、没收监理人员资格（岗位）证书。

资格管理人员在进行监理人员资格管理过程中，应遵守下列规定：

（1）不得违反监理人员资格管理有关规定。

（2）不得滥用职权、玩忽职守、徇私舞弊。

（3）应当依法维护监理人员的知情权、申诉权和诉讼权。

（4）不得索取、接受监理单位或监理人员的财物或其他好处。

（四）证书的保管

水土保持工程监理人员资格（岗位）证书应当由本人保管。任何单位和个人不得涂改、伪造、出借、倒卖、转让监理人员资格（岗位）证书，不得非法扣压、没收监理人员资格（岗位）证书。

（五）水土保持工程监理人员资格的撤销与注销

1. 资格的撤销

有下列情形之一的，中国水利工程协会撤销已批准的监理人员资格：

（1）违反《水利工程建设监理工程师注册管理办法》规定程序批准的。

（2）不具备《水利工程建设监理工程师注册管理办法》规定条件批准的。

（3）有关单位超越职权范围批准的。

（4）以欺骗等不正当手段取得资格的。

（5）严重违反行业自律规定的。

（6）应当撤销的其他情形。

2. 资格的注销

取得监理人员资格后有下列情形之一的，中国水利工程协会注销其相应的资格（岗位）证书。

（1）完全丧失民事行为能力的。

（2）死亡或者依法宣告死亡的。

（3）超过本办法规定的监理人员年龄限制的。

（4）超过资格（岗位）证书有效期而未延续的。

（5）监理人员资格批准决定被依法撤销、撤回或资格（岗位）证书被依法吊销的。

（6）应当注销的其他情形。

（六）证书的补发

水土保持工程监理人员遗失资格（岗位）证书，应当在资格审批单位指定的媒体声明后，向资格审批单位申请补发相应的资格（岗位）证书。

（七）罚则

《水利工程建设监理人员资格管理办法》对监理人员资格处罚的有关规定：

（1）申请监理人员资格时，隐瞒有关情况或者提供虚假材料申请资格的，不予受理或者不予认定，并给予警告，且1年内不得重新申请。

（2）以欺骗等不正当手段取得监理人员资格（岗位）证书的，吊销相应的资格（岗位）证书。3年内不得重新申请。

（3）监理人员涂改、倒卖、出租、出借、伪造资格（岗位）证书，或者以其他形式非法转让资格（岗位）证书的，吊销相应的资格（岗位）证书。

（4）监理人员从事工程建设监理活动，有下列行为之一，情节严重的，吊销相应的资格（岗位）证书：

1）利用执（从）业上的便利，索取或收受项目法人、被监理单位以及建筑材料、建筑构配件和设备供应单位财物的。

2）与被监理单位以及建筑材料、建筑构配件和设备供应单位串通，谋取不正当利益或损害他人利益的。

3）将质量不合格的建设工程、建筑材料、建筑构配件和设备按照合格签字的。

4）泄露执（从）业中应当保守的秘密的。

5）从事工程建设监理活动中，不严格履行监理职责，造成重大损失的。

监理工程师从事工程建设监理活动，因违规被水行政主管部门处以吊销注册证书的，吊销相应的资格证书。

监理人员因过错造成质量事故的，责令停止执（从）业1年；造成重大质量事故的，吊销相应的资格（岗位）证书，5年内不得重新申请；情节特别恶劣的，终身不得申请。

监理人员未执行法律、法规和工程建设强制性条文且情节严重的，吊销相应的资格（岗位）证书，5年内不得重新申请；造成重大安全事故的，终身不得申请。

资格管理工作人员在管理监理人员的资格活动中玩忽职守、滥用职权、徇私舞弊的，按行业自律有关规定给予处罚；构成犯罪的，依法追究刑事责任。

监理人员被吊销相应的资格（岗位）证书，除已明确规定外，3年内不得重新申请。

当事人对处罚决定不服的，可以向中国水利工程协会申请复议或向有关主管部门申诉。

规定的吊销资格（岗位）证书的处罚，由中国水利工程协会作出。

三、水土保持工程监理工程师注册管理

根据《水利部关于取消水利工程建设监理工程师造价工程师质量检测员等人员注册管理的通知》（水建管〔2015〕267号）规定，自2015年7月起，水利工程建设监理工程师、

造价工程师、质量检测员三类人员的注册管理取消，注册证书及印章同时作废。

第三节　水土保持工程监理招投标管理

一、招标投标制度

（一）我国招标投标制度建设

招标投标制是市场经济体制下建设市场买卖双方的一种主要的竞争性交易方式。20世纪80年代以来，我国在工程建设领域逐步推行招标投标制，对创造公平竞争的市场环境，保障资金的有效使用，起到了积极的作用。但是，在招标投标活动中也存在下列突出问题：推行招标投标的力度不够，不少单位不愿意招标或想方设法规避招标；招标投标程序不规范，做法不统一，漏洞较多，不少项目有招标之名而无招标之实；招标投标中的不正当交易和腐败现象比较严重，吃回扣、钱权交易等违法犯罪行为时有发生；政企不分，对招标投标活动的行政干预过多；行政监督体制不顺，职责不清，在一定程度上助长了地方保护主义和部门保护主义等。因此，迫切需要依法规范招标投标活动，第八届全国人民代表大会常务委员会和第九届全国人民代表大会常务委员会均将招标投标法列入一类立法规划。《中华人民共和国招标投标法》（以下简称《招标投标法》）从1994年6月开始起草，到1999年8月30日第九届全国人民代表大会常务委员会第十一次会议审议通过，并已于2000年1月1日起实施，1999年8月30日第九届全国人民代表大会常务委员会第十一次会议通过，2017年12月27日第十二届全国人民代表大会常务委员会第三十一次会议《关于修改〈中华人民共和国招标投标法〉、〈中华人民共和国计量法〉的决定》予以修正。国务院又颁发了行政法规《中华人民共和国招标投标法实施条例》（2011年12月20日中华人民共和国国务院令第613号公布　根据2017年3月1日《国务院关于修改和废止部分行政法规的决定》修订）。《招标投标法》和《中华人民共和国招标投标法实施条例》的颁布实施，对规范招标投标行为，保护国家利益、社会公共利益和招标投标活动当事人的合法权益，提高经济效益，保证项目质量，具有重要的意义。

为加强水利工程建设项目招标投标工作的管理，规范招标投标活动，根据《招标投标法》和国家有关规定，结合水利工程建设的特点，水利部于2001年10月29日制定并发布了《水利工程建设项目招标投标管理规定》（水利部令第14号），自2002年1月1日施行。本规定适用于水利工程建设项目的勘察设计、施工、监理以及与水利工程建设有关的重要设备、材料采购等的招标投标活动。

为了进一步规范水利工程建设监理市场秩序，促进水利工程建设项目施工监理招标投标活动依法、科学、有序地进行，充分体现公开、公平、公正和诚实信用的原则，维护招标人、投标人双方的合法权益，指导水利工程施工监理招标活动开展，水利部建设与管理司依据《招标投标法》等法律法规、《水利工程建设项目招标投标管理规定》及水利工程建设监理有关规定，结合水利工程建设监理实际，于2002年12月25日印发了《水利工程建设项目监理招标投标管理办法》（水建管〔2002〕587号），并于2007年5月9日印发了《水利工程施工监理招标文件示范文本》（水建管〔2007〕165 号），并于 2009 年 12 月 21 日印发了《关于印发加强水利工程建设招标投标、建设实施和质量安全管理工作指导意见的通知》（水建管〔2009〕618 号）。

（二）招标的范围

《招标投标法》规定，符合下列具体范围并达到规模标准之一的水利工程建设项目必须进行招标。具体范围如下：

（1）关系社会公共利益、公共安全的防洪、排涝、灌溉、水力发电、引（供）水、滩涂治理、水土保持、水资源保护等水利工程建设项目。

（2）使用国有资金投资或者国家融资的水利工程建设项目。

（3）使用国际组织或者外国政府贷款、援助资金的水利工程建设项目。

（三）规模标准（按照《必须招标的工程项目》进行修改）

（1）施工单项合同估算价在 200 万元人民币以上的。

（2）重要设备、材料等货物的采购，单项合同估算价在 100 万元人民币以上的。

（3）勘察设计、监理等服务的采购，单项合同估算价在 50 万元人民币以上的。

（4）项目总投资额在 3000 万元人民币以上，但分标单项合同估算价低于本项第 1、2、3 目规定的标准的项目原则上都必须招标。

《水利工程建设监理规定》第三条规定：按照本规定必须实施建设监理的水利工程建设项目，即总投资 200 万元以上且符合下列条件之一的水利工程建设项目，必须实行建设监理：

（1）关系社会公共利益或者公共安全的。

（2）使用国有资金投资或者国家融资的。

（3）使用外国政府或者国际组织贷款、援助资金的建设项目。

铁路、公路、城镇建设、矿山、电力、石油天然气、建材等生产建设项目的配套水土保持工程，符合前款规定条件的，应当按照本规定开展水土保持工程施工监理。其他水利工程建设项目可以参照本规定执行。第五条规定：水土保持工程建设项目法人应当按照水利工程建设项目招标投标管理规定，确定具有相应资质的水土保持工程监理单位，并报项目主管部门备案。项目法人和监理单位应当依法签订监理合同。

《水利工程建设项目监理招标投标管理办法》规定：国家和水利部对项目技术复杂或者有特殊要求的水利工程建设项目监理另有规定的，从其规定。项目监理招标一般不宜分标。如若分标，各监理标的监理合同估算价应当在 50 万元人民币以上。项目监理分标的，应当利于管理和竞争，利于保证监理工作的连续性和相对独立性，避免相互交叉和干扰，造成监理责任不清。

招标投标活动应当遵循公开、公平、公正和诚实信用的原则。建设项目的招标工作由招标人负责，任何单位和个人不得以任何方式非法干涉招标投标活动。

（四）水利工程建设项目招标投标行政监督与管理

《水利工程建设项目招标投标管理规定》（水利部第 14 号令）规定：

（1）水利部是全国水利工程建设项目招标投标活动的行政监督与管理部门，其主要职责是：

1）负责组织、指导、监督全国水利行业贯彻执行国家有关招标投标的法律、法规、规章和政策。

2）依据国家有关招标投标法律、法规和政策，制定水利工程建设项目招标投标的管理规定和办法。

3）受理有关水利工程建设项目招标投标活动的投诉，依法查处招标投标活动中的违法违规行为。

4）对水利工程建设项目招标代理活动进行监督。

5）对水利工程建设项目评标专家资格进行监督与管理。

6）负责国家重点水利项目和流域管理机构主要负责人兼任项目法人代表的中央项目的招标投标活动的行政监督。

（2）流域管理机构受水利部委托，对除上文"（1）中第6）项"规定以外的中央项目的招标投标活动进行行政监督。

（3）省、自治区、直辖市人民政府水行政主管部门是本行政区域内地方水利工程建设项目招标投标活动的行政监督与管理部门，其主要职责是：

1）贯彻执行有关招标投标的法律、法规、规章和政策。

2）依照有关法律、法规和规章，制定地方水利工程建设项目招标投标的管理办法。

3）受理管理权限范围内的水利工程建设项目招标投标活动的投诉，依法查处招标投标活动中的违法违规行为。

4）对本行政区域内地方水利工程建设项目招标代理活动进行监督。

5）组建并管理省级水利工程建设项目评标专家库。

6）负责本行政区域内除上文"（1）中第6）项"规定以外的地方项目的招标投标活动的行政监督。

（4）水行政主管部门依法对水利工程建设项目的招标投标活动进行行政监督，内容包括：

1）接受招标人招标前提交备案的招标报告。

2）可派员监督开标、评标、定标等活动。对发现的招标投标活动的违法违规行为，应当立即责令改正，必要时可做出包括暂停开标或评标以及宣布开标、评标结果无效的决定，对违法的中标结果予以否决。

3）接受招标人提交备案的招标投标情况书面总结报告。

（五）水利工程建设项目监理招标

1．招标人

招标人是指依照《招标投标法》规定提出招标项目，进行招标的法人或者其他组织。

2．招标方式

招标分为公开招标和邀请招标两种。公开招标是指招标人以招标公告的方式邀请不特定的法人或者其他组织投标。邀请招标是指招标人以投标邀请书的方式邀请特定的法人或者其他组织投标。国务院发展计划部门确定的国家重点项目和省、自治区、直辖市人民政府确定的地方重点项目不适宜公开招标的，经国务院发展计划部门或者省、自治区、直辖市人民政府批准，可以进行邀请招标。

《水利工程建设项目招标投标管理规定》第十条规定：依法必须招标的项目中，国家重点水利项目、地方重点水利项目及全部使用国有资金投资或者国有资金投资占控股或者主导地位的项目应当公开招标，但有下列情况之一的，按第十一条的规定经批准后可采用邀请招标：

（1）属于项目总投资额在3000万元人民币以上，但分标单项合同估算价低于规模标准第1、2、3目规定的标准的项目。

（2）项目技术复杂，有特殊要求或涉及专利权保护，受自然资源或环境限制，新技术或技术规格事先难以确定的项目。

（3）应急度汛项目。

（4）其他特殊项目。

采用邀请招标的，招标前招标人必须履行下列批准手续：

（1）国家重点水利项目经水利部初审后，报国家发展计划委员会批准；其他中央项目报水利部或其委托的流域管理机构批准。

（2）地方重点水利项目经省、自治区、直辖市人民政府水行政主管部门会同同级发展计划行政主管部门审核后，报本级人民政府批准；其他地方项目报省、自治区、直辖市人民政府水行政主管部门批准。

《水利工程建设项目招标投标管理规定》第十二条规定：

（1）涉及国家安全、国家秘密的项目。

（2）应急防汛、抗旱、抢险、救灾等项目。

（3）项目中经批准使用农民投工、投劳施工的部分（不包括该部分中勘察设计、监理和重要设备、材料采购）。

（4）不具备招标条件的公益性水利工程建设项目的项目建议书和可行性研究报告。

（5）采用特定专利技术或特有技术的。

（6）其他特殊项目。可不进行招标，但须经项目主管部门批准。

3.自行招标与招标代理

（1）招标人自行招标。《招标投标法》规定：招标人具有编制招标文件和组织评标能力的，可以自行办理招标事宜，任何单位和个人不得强制其委托招标代理机构办理招标事宜。依法必须进行招标的项目招标人自行办理招标事宜的应当向有关行政监督部门备案。

《水利工程建设项目招标投标管理规定》第十三条规定：当招标人具备以下条件时，按有关规定和管理权限经核准可自行办理招标事宜：

1）具有项目法人资格（或法人资格）。

2）具有与招标项目规模和复杂程度相适应的工程技术、概预算、财务和工程管理等方面专业技术力量。

3）具有编制招标文件和组织评标的能力。

4）具有从事同类工程建设项目招标的经验。

5）设有专门的招标机构或者拥有3名以上专职招标业务人员。

6）熟悉和掌握招标投标法律、法规、规章。

《水利工程建设项目招标投标管理规定》第十四条规定：当招标人不具备上述条件时，应当委托符合相应条件的招标代理机构办理招标事宜。

《水利工程建设项目招标投标管理规定》第十五条规定：招标人申请自行办理招标事宜时，应当报送以下书面材料：

1）项目法人营业执照、法人证书或者项目法人组建文件。

2）与招标项目相适应的专业技术力量情况。

3）内设的招标机构或者专职招标业务人员的基本情况。

4）拟使用的评标专家库情况。

5）以往编制的同类工程建设项目招标文件和评标报告，以及招标业绩的证明材料。

6）其他材料。

（2）招标代理。依照《招标投标法》第十二条至第十五条规定，招标人有权自行选择招标代理机构委托其办理招标事宜，任何单位和个人不得以任何方式为招标人指定招标代理机构。招标代理机构是依法设立从事招标代理业务并提供相关服务的社会中介组织。

招标代理机构应当具备下列条件：

1）有从事招标代理业务的营业场所和相应资金。

2）有能够编制招标文件和组织评标的相应专业力量。

3）有符合《招标投标法》第三十七条第3款规定条件可以作为评标委员会成员人选的技术经济等方面的专家库。

从事工程建设项目招标代理业务的招标代理机构，其资格由国务院或者省、自治区、直辖市人民政府的建设行政主管部门认定。具体办法由国务院建设行政主管部门会同国务院有关部门制定。从事其他招标代理业务的招标代理机构，其资格认定的主管部门由国务院规定。

招标代理机构与行政机关和其他国家机关不得存在隶属关系或者其他利益关系。招标代理机构应当在招标人委托的范围内办理招标事宜，并遵守《招标投标法》关于招标人的规定。

二、水土保持工程监理招投标流程

（一）水土保持工程建设项目监理招标应当具备的条件

（1）水土保持工程项目可行性研究报告或者初步设计已经批复。

（2）水土保持工程监理所需资金已经落实。

（3）水土保持工程项目已列入年度计划。

水土保持工程项目监理招标宜在相应的工程勘察、设计、施工、设备和材料招标活动开始前完成。

（二）水土保持工程监理招标工作程序

招标工作一般按下列程序进行：

（1）招标前，按项目管理权限向水行政主管部门提交招标报告备案。报告具体内容应当包括：招标已具备的条件、招标方式、分标方案、招标计划安排、投标人资质（资格）条件、评标方法、评标委员会组建方案以及开标、评标的工作具体安排等。

（2）编制水土保持监理招标文件；招标人应当根据国家有关规定，结合项目特点和需要编制水土保持监理招标文件。

（3）发布招标信息（招标公告或投标邀请书）。招标公告或者投标邀请书应当至少载明下列内容：

1）招标人、招标代理公司的名称、地址、联系方式等基本信息。

2）水土保特工程监理项目的名称、规模、资金来源等。

3）水土保持工程监理项目的工作内容、基本要求、实施地点、服务期等。

4）获取招标文件或者资格预审文件的方式：时间、地点、所需提交的资料、按规定应当收取的报名费等。

5）对投标人的资格要求：资质、业绩等。

（4）发售资格预审文件。

（5）按规定日期接受潜在投标人编制的资格预审文件。

（6）组织对潜在投标人资格预审文件进行审核（招标人应当对投标人进行资格审查，并提出资格审查报告，经参审人员签字后存档备查。在一个项目中，招标人应当以相同条件对所有潜在投标人的资格进行审查，不得以任何理由限制或者排斥部分潜在投标人）。

（7）向资格预审合格的潜在投标人发售招标文件。

（8）组织购买招标文件的潜在投标人现场踏勘。

（9）接受投标人对招标文件有关问题要求澄清的函件，对问题进行澄清，并书面通知所有潜在投标人（招标人对已发出的招标文件进行必要澄清或者修改的，应当在招标文件要求提交投标文件截止日期至少15日前，以书面形式通知所有投标人。该澄清或者修改的内容为招标文件的组成部分）。

（10）组织成立评标委员会，并在中标结果确定前保密。

（11）在规定时间和地点，接受符合招标文件要求的投标文件（投标人在递交投标文件的同时，应当递交投标保证金。招标人与中标人签订合同后5个工作日内，应当退还投标保证金）。

（12）组织开标评标会。

（13）在评标委员会推荐的中标候选人中，确定中标人。

（14）向水行政主管部门提交招标投标情况的书面总结报告。

（15）发中标通知书，并将中标结果通知所有投标人。

（16）进行合同谈判，并与中标人订立书面合同。

采用公开招标方式的项目，招标人应当在国家发展计划委员会指定的媒介发布招标公告，其中大型水利工程建设项目以及国家重点项目、中央项目、地方重点项目同时还应当在《中国水利报》发布招标公告，公告正式媒介发布至发售资格预审文件（或招标文件）的时间间隔一般不少于10日。招标人应当对招标公告的真实性负责。招标公告不得限制潜在投标人的数量。

采用邀请招标方式的，招标人应当向 3 个以上有投标资格的法人或其他组织发出投标邀请书。投标人少于 3 个的，招标人应当依照本规定重新招标。

水土保持工程项目监理招标投标活动应当遵循公开、公平、公正和诚实信用的原则。项目监理招标工作由招标人负责，任何单位和个人不得以任何方式非法干涉项目监理招标投标活动。

招标人采用公开招标方式的，应当发布招标公告。依法必须进行招标的项目的招标公告，应当通过国家指定的报刊、信息网络或者其他媒介发布。招标人采用邀请招标方式的，应当向 3 个以上具备承担招标项目的能力、资信良好的特定的法人或者其他组织发出投标邀请书。招标公告或投标邀请书应当载明招标人的名称和地址，招标项目的性质，数量、实施地点和时间以及获取招标文件的办法等事项。

招标人可以根据招标项目本身的要求，在招标公告或者投标邀请书中，要求潜在投标人提供有关资质证明文件和业绩情况，并对潜在投标人进行资格审查；国家对投标人的资格条件有规定的，依照其规定。

招标人应当对投标人进行资格审查。资格审查分为资格预审和资格后审。资格预审，是指在投标前对潜在投标人进行的资格审查。资格后审，是指在开标后，招标人对投标人进行资格审查，提出资格审查报告，经参审人员签字由招标人存档备查，同时交评标委员会参考。进行资格预审的，一般不再进行资格后审，但招标文件另有规定的除外。

资格预审一般按照下列原则进行：

（1）招标人组建的资格预审工作组负责资格预审。

（2）资格预审工作组按照资格预审文件中规定的资格评审条件，对所有潜在投标人提交的资格预审文件进行评审。

（3）资格预审完成后，资格预审工作组应提交由资格预审工作组成员签字的资格预审报告，并由招标人存档备查。

（4）经资格预审后，招标人应当向资格预审合格的潜在投标人发出资格预审合格通知书，告知获取招标文件的时间、地点和方法，并同时向资格预审不合格的潜在投标人告知资格预审结果。

资格审查应主要审查潜在投标人或者投标人是否符合下列条件：

（1）具有独立合同签署及履行的权利。

（2）具有履行合同的能力，包括专业、技术资格和能力，资金、设备和其他物质设施能力，管理能力，类似工程经验、信誉状况等。

（3）没有处于被责令停业，投标资格被取消，财产被接管、冻结等。

（4）在最近 3 年内没有骗取中标和严重违约及重大质量问题。

资格审查时，招标人不得以不合理的条件限制、排斥潜在投标人或者投标人，不得对潜在投标人或者投标人实行歧视待遇。任何单位和个人不得以行政手段或者其他不合理方式限制投标人的数量。

（三）水土保持工程施工监理招标投标管理

水土保持工程建设项目法人通过招标的方式选择水土保持工程监理单位委托监理业

务，水土保持工程监理单位通过投标承接水土保持工程施工监理业务，这是在市场经济体制下，比较普遍的形式。这也表明水土保持工程监理单位通过投标竞争的形式取得监理业务是方向，是发展的大趋势，是一种普遍的企业行为。

此外，也蕴含着在特定的条件下，水土保持工程建设项目法人可以不采用招标的形式而把监理业务直接委托给水土保持工程监理单位。在不宜公开招标的机密工程或没有投标竞争对手的情况下，或者是工程规模比较小、比较单一的水土保持工程监理业务，或者是对原水土保持工程监理单位的续用等情况下，水土保持工程建设项目法人都可以直接委托水土保持工程监理单位。

无论是通过投标承揽监理业务，还是由项目法人直接委托取得监理业务，都有一个共同的前提，即水土保持工程监理单位的资质能力和社会信誉得到水土保持工程项目法人的认可。

水土保持工程监理单位在建设市场中开展经营活动，也必须遵守这个规律。另外，自由竞争也是市场经济的基本规律之一。水土保持工程监理单位必须参与市场竞争，通过竞争承揽业务，在竞争中求生存、求发展。

水土保持工程监理单位承揽水土保持工程监理业务的表现形式有两种：一是通过投标竞争取得监理业务；二是由项目法人直接委托取得监理业务。按照市场经济体制的观点，水土保持工程监理单位愿意接受哪家项目法人的监理委托是监理单位的权利。在遵守有关法律、法规和政策的条件下，项目法人可以自由选择监理单位，可以从自己的需要出发自由确定委托事宜；同样，监理单位可以自行决定拒绝或接受委托的监理任务。交易自由是市场经济的基本准则，自由竞争是市场经济的基本规律。因此，水土保持工程监理单位必须积极参与市场竞争，通过竞争承揽监理业务，在竞争中生存与发展。项目法人必须严格按照国家的法律、法规的规定委托建设监理业务。

（四）招标文件的编制

招标人应当根据招标项目的特点和需要编制招标文件。招标文件应当包括招标项目的技术要求、对投标人资格审查的标准、投标报价要求和评标标准等所有实质性要求和条件，以及拟签订合同的主要条款。国家对招标项目的技术、标准有规定的，招标人应当按照其规定在招标文件中提出相应要求。招标项目需要划分标段、确定工期的，招标人应当合理划分标段、确定工期，并在招标文件中载明。

招标文件不得要求或者标明特定的生产供应者以及含有倾向或者排斥潜在投标人的其他内容。招标人不得向他人透露已获取招标文件的潜在投标人的名称、数量以及可能影响公平竞争的有关招标投标的其他情况。招标人设有标底的，标底必须保密。招标人根据招标项目的具体情况可以组织潜在投标人踏勘项目现场。

招标人对已发出的招标文件进行必要澄清或者修改的，应当在招标文件要求提交投标文件截止日期至少15日前，以书面形式通知所有投标人。该澄清或者修改的内容为招标文件的组成部分。

依法必须进行招标的项目，自招标文件开始发出之日起至投标人提交投标文件截止之日止，最短不应当少于20日。

根据《政府采购货物和服务招标投标管理办法》第三十六条的规定，招标采购单位规定的投标保证金数额，不得超过采购项目概算的百分之一。《中华人民共和国招标投标法实施条例》第二十六条明确了招标人在招标文件中要求投标人提交投标保证金的，投标保证金不得超过招标项目估算价的2%。投标保证金有效期应当与投标有效期一致。

招标文件中应当明确投标保证金金额，一般可按以下标准控制：

（1）合同估算价10000万元人民币以上，投标保证金金额不超过合同估算价的千分之五。

（2）合同估算价3000万～10000万元人民币之间，投标保证金金额不超过合同估算价的千分之六。

（3）合同估算价3000万元人民币以下，投标保证金金额不超过合同估算价的千分之七，但最低不得少于1万元人民币。〔水利部发水利工程建设项目招标投标管理规定（2001年10月29日水利部令第14号发布）〕

补充说明：

2016年10月26日《四川省水利厅关于清理规范水利工程建设领域保证金的通知（川水函〔2016〕1385号）》投标保证金不得超过招标标段估算价的2%，且最高不得超过80万元（施工），履约保证金不得超过中标合同金额的10%。工程质保金预留比例不得超过工程价款结算总额的5%，在工程项目完工验收前，已缴纳履约保证金的，不得同时预留工程质保金。

水土保持工程监理招标文件在监理招标中起着重要的作用：一方面，它是水土保持工程监理单位进行监理投标的重要依据；另一方面，其主要内容将成为组成监理合同的重要文件。因此，要求水土保持工程监理招标文件全面、准确、具体，不得含糊不清，不得相互矛盾，不得存在歧义。招标文件应当包括下列内容：

（1）投标邀请书。

（2）投标人须知及须知前附表。投标人须知应当包括招标项目概况，监理范围、内容和监理服务期，招标人提供的现场工作及生活条件（包括交通、通信、住宿等）和试验检测条件，对投标人和现场监理人员的要求，投标人应当提供的有关资格和资信证明文件，投标文件的编制要求，提交投标文件的方式、地点和截止时间，开标日程安排，投标有效期等。

（3）书面合同书格式。依法必须招标项目的监理合同书应当使用《水利工程施工监理合同示范文本》（GF－2007－0211），其他项目可参照使用。

（4）投标报价书、投标保证金和授权委托书、协议书和履约保函的格式。

（5）必要的设计文件、图纸和有关资料。

（6）投标报价要求及其计算方式。

（7）评标标准与方法。

（8）投标文件格式。

（9）其他辅助资料。

（五）招标人注意的几个问题

（1）依法必须进行招标的项目，自招标文件开始发出之日起至投标人提交投标文件截止之日止，最短不得少于 20 日。

（2）招标文件一经发出，招标内容一般不得修改。如招标人对已发出的招标文件进行必要的修改和澄清的，应当于提交投标文件截止日期 15 日前书面通知所有潜在投标人。该修改和澄清的内容为招标文件的组成部分。

（3）投标人少于 3 个的，招标人应当依法重新招标。

（4）招标文件中应当明确投标保证金金额及履约保证金的金额（应明确金额、支付方式、截止时间）。

（5）要求编制投标文件的时间。招标人应当确定投标人编制投标文件所需要的合理时间，依法必须进行招标的项目，自招标文件开始发出之时起至投标人提交投标文件截止之日止，最短不得少于 20 日。

（六）投标

投标人是指响应招标，参加投标竞争的法人或者其他组织。依招标法允许个人参加投标的，投标的个人适用《招标投标法》有关投标人的规定。

1. 水土保持工程监理项目投标人必须具备的条件

水土保持工程监理项目投标人必须具有水利部颁发的《水利工程建设监理单位资质等级证书（水土保持工程施工监理专业）》，并具备下列条件：

（1）满足招标文件要求的投标人资条件（包括资质等级、类似项目的监理经验与业绩、财务状况等）。

（2）与招标项目要求相适应的人力、物力和财力。

（3）两个以上法人或者其他组织可以组成一个联合体，以一个投标人的身份共同投标。联合体各方均应具备承担招标项目的相应能力，国家有关规定或者招标文件对投标人资格条件有规定的，联合体各方均应当具备规定的相应资格条件，并满足国家有关规定及招标文件对投标人资格条件的要求。由同一专业的单位组成的联合体，按照资质等级较低的单位确定资质等级。联合体各方应当签订共同投标协议，明确约定各方拟承担的工作和责任，并将共同投标协议连同投标文件一并提交招标人。联合体中标的，联合体各方应当共同与招标人签订合同，就中标项目向招标人承担连带责任。招标人不得强制投标人组成联合体共同投标，不得限制投标人之间的竞争。

（4）其他条件。招标代理机构代理项目监理招标时，该代理机构不得参加或代理该项目监理的投标。

2. 编制投标文件

投标人应当按照招标文件的要求编写投标文件，并在招标文件规定的投标截止时间之前密封送达招标人。在投标截止时间之前，投标人可以撤回已递交的投标文件或进行更正和补充，但应当符合招标文件的要求。

水土保持工程监理投标文件是项目法人选择监理单位的重要依据。因此，要求投标文件既要在内容上和形式上符合监理招标文件的实质性要求和条件，又要在技术方案和投入的资源等方面极好地满足所委托的监理任务的要求，并且监理酬金报价合理。同时，应能通过监理投标文件反映出投标的监理单位在经历与业绩上、技术与管理水平上、资源与资信能力上足以胜任所委托的监理工作，并具有良好的合同信誉。

投标人应当按照招标文件的要求编制投标文件。投标文件一般包括下列内容：

（1）投标报价书。

（2）投标保证金缴纳证明材料。

（3）法定代表人身份证明或委托投标时，法定代表人签署的授权委托书。

（4）投标人营业执照、资质证书以及其他有效证明文件的复印件。

（5）监理大纲。监理大纲的主要内容应当包括工程概况、监理范围、监理目标、监理措施、对工程的理解、项目监理机构组成、监理人员等。

（6）项目监理机构组成情况。包括项目总监理工程师、主要监理人员简历及个人证明材料，包括业绩、身份证、学历证书、职称证书、总监理工程师岗位证书、监理工程师资格证书、社保购买证明等资料。

（7）拟用于本工程的设施设备、仪器。

（8）近3～5年完成的类似工程业绩证明材料（中标通知书、合同、完工证明材料等）、有关方面对投标人的评价意见以及获奖证明。

（9）投标人近3年财务状况。

（10）投标报价的计算和说明。

（11）招标文件要求的其他内容。

3. 投标人注意的几个问题

（1）投标人应当在招标文件要求提交投标文件的截止时间前，按要求将投标文件送达投标地点。招标人收到投标文件后，应当签收保存，不得开启。投标人少于3个的，招标人应当依照《招标投标法》重新招标。在招标文件要求提交投标文件的截止时间后送达的投标文件，招标人应当拒收。

（2）投标人在招标文件要求提交投标文件截止时间之前，可以书面方式对投标文件进行修改、补充或者撤回，但应当符合招标文件的要求。补充修改的内容为投标文件的组成部分。

（3）两个以上水土保持工程监理单位可以组成一个联合体，以一个投标人的身份投标。联合体各方签订共同投标协议后，不得再以自己名义单独投标，也不得组成新的联合体或参加其他联合体在同一项目中的投标。

（4）联合体参加资格预审并获通过的，其组成的任何变化都必须在提交投标文件截止之日前征得招标人的同意。如果变化后的联合体削弱了竞争，含有事先未经过资格预审或者资格预审不合格的法人，或者使联合体的资质降到资格预审文件中规定的最低标准下，招标人有权拒绝。

（5）联合体各方必须指定牵头人，授权其代表所有联合体成员负责投标和合同实施阶段的主办、协调工作，并应当向招标人提交由所有联合体成员法定代表人签署的授权书。应当以联合体中牵头人的名义提交投标保证金。

（6）投标人应当对递交的资质（资格）预审文件及投标文件中有关资料的真实性负责。

4.投标人的禁止行为

（1）投标人不得相互串通投标报价，不得排挤其他投标人的公平竞争，损害招标人或者其他投标人的合法权益。

（2）投标人不得与招标人串通投标，损害国家利益、社会公共利益或者他人的合法权益。

（3）禁止投标人以向招标人或者评标委员会成员行贿的手段谋取中标。

（4）投标人不得以低于成本的报价竞标，也不得以他人名义投标或者以其他方式弄虚作假，骗取中标。

（七）开标、评标、中标及签订合同

1.开标

《招标投标法》第四章开标规定开标应当在招标文件确定的提交投标文件截止时间的同一时间公开进行，开标地点应当为招标文件中预先确定的地点。开标由招标人主持，邀请所有投标人参加。开标时，由投标人或者其推选的代表检查投标文件的密封情况，也可以由招标人委托的公证机构检查并公证；经确认无误后，由工作人员当众拆封，宣读投标人名称、投标价格和投标文件的其他主要内容。招标人在招标文件要求提交投标文件的截止时间前收到的所有投标文件，开标时都应当当众予以拆封、宣读。开标过程应当记录并存档备查。

《水利工程建设项目招标投标管理规定》第三十九条规定，开标一般按以下程序进行：

（1）主持人在招标文件确定的时间停止接收投标文件，开始开标。

（2）宣布开标人员名单。

（3）确认投标人法定代表人或授权代表人是否在场。

（4）宣布投标文件开启顺序。

（5）依开标顺序，先检查投标文件密封是否完好，再启封投标文件。

（6）宣布投标要素，并做记录，同时由投标人代表签字确认。

（7）对上述工作进行记录，存档备查。

2.评标

《中华人民共和国招标投标法》第五章评标规定评标由招标人依法组建的评标委员会负责。

依法必须进行招标的项目，其评标委员会由招标人的代表和有关技术、经济等方面的专家组成，成员人数为5人以上单数，其中技术经济等方面的专家不得少于成员总数的2/3［《水利工程建设项目招标投标管理规定》第四十条规定：评标工作由评标委员会负责。评标委员会由招标人的代表和有关技术、经济、合同管理等方面的专家组成，成员人数为七人以上单数，其中专家（不含招标人代表人数）不得少于成员总数的2/3］。评标专家应当从事相关领域工作满8年并具有高级职称或者具有同等专业水平。由招标人从国务院有关部门或者省、自治区、直辖市人民政府有关部门提供的专家名册或者招标代理机构的专家库内的相关专业的专家名单中确定；一般招标项目可以采取随机抽取方式，特殊招标项目可以由招标人直接确定。

《评标委员会和评标方法暂行规定》（国家发展计划委员会、国家经济贸易委员会、建设部、铁道部、交通部、信息产业部、水利部令第 12 号根据 2013 年 3 月 11 日《关于废止和修改部分招标投标规章和规范性文件的决定》2013 年第 23 号令修正）第十一条规定：评标专家应符合下列条件：

（1）从事相关专业领域工作满 8 年并具有高级职称或者同等专业水平。

（2）熟悉有关招标投标的法律法规，并具有与招标项目相关的实践经验。

（3）能够认真、公正、诚实、廉洁地履行职责。

有下列情形之一的，不得担任评标委员会成员：

（1）投标人或者投标主要负责人的近亲属。

（2）项目主管部门或者行政监督部门的人员。

（3）与投标人有经济利益关系，可能影响对投标公正评审的。

（4）曾因在招标、评标以及其他与招标投标有关活动中从事违法行为而受过行政处罚或刑事处罚的。

评标委员会成员有前款规定情形之一的，应当主动提出回避。已经进入的应当更换。评标委员会成员的名单在中标结果确定前应当保密。

招标人应当采取必要的措施，保证评标在严格保密的情况下进行。任何单位和个人不得非法干预，影响评标的过程和结果。评标委员会可以要求投标人对投标文件中含义不明确的内容做必要的澄清或者说明，但是澄清或者说明不得超出投标文件的范围或者改变投标文件的实质性内容。

评标委员会应当按照招标文件确定的评标标准和方法，对投标文件进行评审和比较；设有标底的，应当参考标底。评标委员会完成评标后，应当向招标人提出书面评标报告，并推荐合格的中标候选人。

评标委员会成员应当客观、公正地履行职务，遵守职业道德，对所提出的评审意见承担个人责任。评标委员会成员不得私自接触投标人，不得收受投标人的财物或者其他好处。评标委员会成员不得透露对投标文件的评审和比较中标候选人的推荐情况以及与评标有关的其他情况。

评标委员会经评审，认为所有投标都不符合招标文件要求的，可以否决所有投标。依法必须进行招标的项目的所有授标被否决的，招标人应当依照本法重新招标。

3. 推荐中标候选人与定标

评标委员会完成评标后，应当向招标人提出书面评标报告，并抄送有关行政监督部门。评标报告应当如实记载以下内容：

（1）基本情况和数据表。

（2）评标委员会成员名单。

（3）开标记录。

（4）符合要求的投标一览表。

（5）否决投标的情况说明。

（6）评标标准、评标方法或者评标因素一览表。

（7）经评审的价格或者评分比较一览表。

（8）经评审的投标人排序。

（9）推荐的中标候选人名单与签订合同前要处理的事宜。

（10）澄清、说明、补正事项纪要。

评标报告由评标委员会全体成员签字。对评标结论持有异议的评标委员会成员可以书面方式阐述其不同意见和理由。评标委员会成员拒绝在评标报告上签字且不陈述其不同意见和理由的，视为同意评标结论。评标委员会应当对此作出书面说明并记录在案。

4. 中标

《中华人民共和国招标投标法》第四十条规定，招标人根据评标委员会提出的书面评标报告和推荐的中标候选人确定中标人。招标人也可以授权评标委员会直接确定中标人。国务院对特定招标项目的评标有特别规定的，从其规定。

第四十一条规定，中标人的投标应当符合下列条件之一：

（1）能够最大限度地满足招标文件中规定的各项综合评价标准。

（2）能够满足招标文件的实质性要求，并且经评审的投标价格最低；但是投标价格低于成本的除外。

第四十二条规定，评标委员会经评审，认为所有投标都不符合招标文件要求的，可以否决所有投标。依法必须进行招标的项目的所有投标被否决的，招标人应当依照本法重新招标。

第四十三条规定，在确定中标人前，招标人不得与投标人就投标价格、投标方案等实质性内容进行谈判。

第四十四条规定，评标委员会成员应当客观、公正地履行职务，遵守职业道德，对所提出的评审意见承担个人责任。评标委员会成员不得私下接触投标人，不得收受投标人的财物或者其他好处。评标委员会成员和参与评标的有关工作人员不得透露对投标文件的评审和比较、中标候选人的推荐情况以及与评标有关的其他情况。

第四十五条规定，中标人确定后，招标人应当向中标人发出中标通知书，并同时将中标结果通知所有未中标的投标人。中标通知书对招标人和中标人具有法律效力。中标通知书发出后，招标人改变中标结果的，或者中标人放弃中标项目的，应当依法承担法律责任。

5. 签订合同

《中华人民共和国招标投标法》第四十六条规定，招标人和中标人应当自中标通知书发出之日起三十日内，按照招标文件和中标人的投标文件订立书面合同。招标人和中标人不得再行订立背离合同实质性内容的其他协议。招标文件要求中标人提交履约保证金的，中标人应当提交。

第四十七条规定，依法必须进行招标的项目，招标人应当自确定中标人之日起十五日内，向有关行政监督部门提交招标投标情况的书面报告。

第四十八条规定，中标人应当按照合同约定履行义务，完成中标项目。中标人不得向他人转让中标项目，也不得将中标项目肢解后分别向他人转让。中标人按照合同约定或者经招标人同意，可以将中标项目的部分非主体、非关键性工作分包给他人完成。接受分包的人应当具备相应的资格条件，并不得再次分包。中标人应当就分包项目向招标人负责，接受分包的人就分包项目承担连带责任。

第四节　水土保持监理合同示范文本

随着《建设工程质量管理条例》（国务院令第 279 号）、《建设工程安全生产管理条例》（国务院令第 393 号）、《水利工程建设监理规定》（水利部令第 28 号）、《水利工程建设监理单位资质管理办法》（水利部令第 29 号）等法规的相继颁布实施，以及水利工程建设项目投融资渠道日益多元化，监理单位的职责定位和合同双方权利、义务均发生了较大变化，水利部与原国家工商行政管理局联合印发的《水利工程建设监理合同示范文本》（GF - 2000 - 0211），已不能适应当前及今后水利工程建设监理的实际要求。对此，为有效规范水利工程建设监理市场秩序，维护监理合同双方的合法权益，保障水利工程建设监理健康发展，两部委有关主管部门通过近两年的共同努力，对原监理合同示范文本进行了全面修订，并将名称改为《水利工程施工监理合同示范文本》（GF - 2007 - 0211），由两部委联合印发。

《水利工程施工监理合同示范文本》（GF - 2007 - 0211）自 2007 年 6 月 1 日起施行，由水利部负责解释。原《水利工程建设监理合同示范文本》（GF - 2000 - 0211）同时废止。《水利工程施工监理合同示范文本》（GF - 2007 - 0211）说明中规定："《水利工程建设监理规定》（水利部令第 28 号）规定必须实行施工监理的水利工程建设项目（不包括水土保持工程），必须使用《水利工程施工监理合同示范文本》，其他可参照使用。"水土保持工程没有强制性要求按照《示范文本》执行，但可以参照使用。

合同文本着重规范了委托人与监理人的权利与义务和合同双方纠纷处置方式，进一步明确了监理单位在质量、进度、投资和安全生产目标控制的职责，将有利于理顺项目法人与监理单位之间的关系，充分发挥监理单位的主观能动作用，促进提高水利工程建设管理水平。《水利工程施工监理合同示范文本》包括：水利工程施工监理合同书、通用合同条款、专用合同条款和附件 4 部分。"水利工程施工监理合同书"应由委托人与监理人平等协商一致后签署；"通用合同条款"与"专用合同条款"是一个有机整体，两部分必须共同使用，"通用合同条款"必须全文引用，不得修改，"专用合同条款"是针对具体工程项目特定条件对"通用合同条款"的补充和具体说明，应根据工程监理实际情况进行修改和补充，当两者有矛盾时，应以"专用合同条款"为准；"附件"所列监理服务的工作内容及相关要求，供委托人和监理人签订合同时参考。

一、水土保持工程施工监理合同书

水土保持工程施工监理合同书是监理合同的重要组成部分，主要明确合同当事人的名称和住所、工程概况、监理范围、监理服务内容和期限、监理服务酬金、监理合同的组成文件及解释顺序、合同生效、合同书的签字盖章等内容。

需要特别注意的是，合同书里明确规定了监理合同的组成文件及解释顺序为：

（1）监理合同书（含补充协议）。

（2）中标通知书。

（3）投标报价书。

（4）专用合同条款。

（5）通用合同条款。

（6）监理大纲。

（7）双方确认需进入合同的其他文件。

二、通用合同条款主要内容

通用合同条款由词语含义及适用语言、监理依据、通知和联系、委托人的权利、监理人的权利、委托人的义务、监理人的义务、监理服务酬金、合同变更与终止、违约责任、争议的解决等 12 部分组成，共 45 条。

（一）词语含义

合同条款中的词语是根据合同的特殊需要而定义的，它可能不同于其他文件、词典或其他合同文件中的定义或解释。通用合同条款主要对以下 11 个词语赋予了特定的含义。

（1）委托人指承担工程建设项目直接建设管理责任，委托监理业务的法人或其合法继承人。

（2）监理人指受委托人委托，提供监理服务的法人或其合法继承人。

（3）承包人指与委托人（发包人）签订了施工合同，承担工程施工的法人或其合法继承人。

（4）监理机构指监理人派驻工程现场直接开展监理业务的组织，由总监理工程师、监理工程师和监理员以及其他人员组成。

（5）监理项目指委托人委托监理人实施建设监理的工程建设项目。

（6）服务指监理人根据监理合同约定所承担的各项工作，包括正常服务和附加服务。

（7）正常服务指监理人按照合同约定的监理范围、内容和期限所提供的服务。

（8）附加服务指监理人为委托人提供正常服务以外的服务。

（9）服务酬金指本合同中监理人完成"正常服务""附加服务"应得到的正常服务酬金和附加服务酬金。

（10）"天"指日历天。

（11）"现场"指监理项目实施的场所。

需要强调的是，在水利工程施工监理合同中，除上下文另有规定外，这些词语只能按特定的含义去理解，不能任意地按习惯含义理解和解释。

（二）适用语言

在合同履行中，有时可能由于人员、技术资料等原因涉及多种语言文字，特别是涉外建设项目的监理合同，如世界银行贷款项目、外商投资项目等都会遇到外国语言文字。因此，合同中必须定义适用的语言文字。通用合同条款明确规定了本合同适用的语言文字为汉语文字是必要的。

（三）监理依据

在监理合同中，涉及两方面的法律法规依据问题：一是适用于本合同的法律、法规和规章。原则上讲，合同必须合法，法律、法规和规章对合同具有调整作用和约束力，但是，在合同实践中，由于经常涉及法律、法规和规章等适用的地域、层次、行业行政管理不同等问题，因此，必须在合同中明确规定适用于本合同的法律、法规和规章。二是监理合同是委托服务合同，在合同中必须明确规定开展监理的依据是什么。通用合同条款中明确规定：监理的依据是有关工程建设的法律、法规、规章和规范性文件；工程建设强制性条文、有关技术标准；经批准的工程建设项目设计文件及其相关文件；监理合同、施工合同等文件。

（四）通知和联系

在监理合同实施中，对于监理合同中未授权监理人的重大问题的决定，监理人应及时提交委托人批准。为了保证监理工作的衔接性和提高工作效率，保证现场管理命令源的唯一性，避免"政出多门"产生的矛盾，并明确承包人只应从监理机构处取得工程建设的通知、指令、变更等各种工程实施命令。在通用合同条款中规定了以下三个方面：

（1）委托人应指定一名联系人，负责与监理机构联系。更换联系人时，应提前通知监理人。

（2）在监理合同实施过程中，双方的联系均应以书面函件为准。在不做出紧急处理即可能导致安全、质量事故的情况下，可先以口头形式通知，并在 48 小时内补做书面通知。

（3）委托人对委托监理范围内工程项目实施的意见和决策，应通过监理机构下达，法律、法规另有规定的除外。

（五）委托人的权利

在监理合同中，明确委托人和监理人的权利和义务是非常必要的，如果合同中没有明确当事人的权利和义务就不能称其为合同。通用合同条款规定了委托人享有如下权利：

（1）对监理工作进行监督、检查，并提出撤换不能胜任监理工作人员的建议或要求。

（2）对工程建设中质量、安全、投资、进度方面的重大问题的决策权。

（3）核定监理人签发的工程计量、付款凭证。

（4）要求监理人提交监理月报、监理专题报告、监理工作报告和监理工作总结报告。

（5）当监理人发生本合同专用合同条款约定的情形时，委托人有权解除本合同。

（六）监理人的权利

在监理合同中，明确了委托人的权利，同时也必须明确监理人的权利。通用合同条款规定，委托人赋予监理人如下权利：

（1）审查承包人拟选择的分包项目和分包人，报委托人批准。

（2）审查承包人提交的施工组织设计、安全技术措施及专项施工方案等各类文件。

（3）核查并签发施工图纸。

（4）签发合同项目开工令、暂停施工指示，但应事先征得委托人同意；签发进场通知、复工通知。

（5）审核和签发工程计量、付款凭证。

（6）核查承包人现场工作人员数量及相应岗位资格，有权要求承包人撤换不称职的现场工作人员。

（7）发现承包人使用的施工设备影响工程质量或进度时，有权要求承包人增加或更换施工设备。

（8）当委托人发生本合同专用合同条款约定的情形时，有权解除本合同。

（9）专用合同条款约定的其他权利。

（七）委托人的义务

在监理合同中，委托人既享有合同权利，就必须承担合同义务，权利和义务是对等的。通用合同条款规定，委托人的义务主要有：

（1）工程建设外部环境的协调工作。

（2）按专用合同条款约定的时间、数量、方式，免费向监理机构提供开展监理服务的有关本工程建设的资料。

（3）在专用合同条款约定的时间内，就监理机构书面提交并要求作出决定的问题作出书面决定，并及时送达监理机构。超过约定时间，监理机构未收到发包人的书面决定，且委托人未说明理由，监理机构可认为委托人对其提出的事宜已无不同意见，无须再作确认。

（4）与承包人签订的施工合同中明确其赋予监理人的权限，并在工程开工前将监理单位、总监理工程师通知承包人。

（5）提供监理人员在现场必要的工作和生活条件，具体内容在专用合同条款中明确。如果不能提供上述条件的，应按实际发生费用给予监理人补偿。

（6）按本合同约定及时、足额支付监理服务酬金。

（7）为监理机构指定具有检验、试验资质的机构并承担检验、试验相关费用。

（8）维护监理机构工作的独立性，不干涉监理机构正常开展监理业务，不擅自作出有悖于监理机构在合同授权范围内所作出的指示的决定；未经监理机构签字确认，不得支付工程款。

（9）为监理人员投保人身意外伤害险和第三者责任险。如要求监理人自己投保，则应同意监理人将投保的费用计入报价中。

（10）将投保工程险的保险合同提供给监理人作为工程合同管理的一部分。

（11）未经监理人同意，不将监理人用于本工程监理服务的任何文件直接或间接用于其他工程建设之中。

（八）监理人的义务

在监理合同中，明确了委托人的义务，也要明确监理人的义务。因此，通用合同条款规定监理人的义务为

（1）本着"守法、诚信、公正、科学"的原则，按专用合同条款约定的监理服务内容为委托人提供优质服务。

（2）在专用合同条款约定的时间内组建监理机构，并进驻现场。及时将监理规划、监

理机构及其主要人员名单提交委托人，将监理机构及其人员名单、监理工程师和监理员的授权范围通知承包人；实施期间有变化的，应当及时通知承包人。更换总监理工程师和其他主要监理人员应征得委托人同意。

（3）发现设计文件不符合有关规定或合同约定时，应向委托人报告。

（4）核验建筑材料、建筑构配件和设备质量，检查、检验并确认工程的施工质量；检查施工安全生产情况。发现存在质量、安全事故隐患，或发生质量、安全事故，应按有关规定及时采取相应的监理措施。

（5）监督、检查工程施工进度。

（6）按照委托人签订的工程保险合同，做好施工现场工程保险合同的管理。协助委托人向保险公司及时提供一切必要的材料和证据。

（7）协调施工合同各方之间的关系。

（8）按照施工作业程序，采取旁站、巡视、跟踪检测和平行检测等方法实施监理。需要旁站的重要部位和关键工序在专用合同条款中约定。

（9）及时做好工程施工过程各种监理信息的收集、整理和归档，并保证现场记录、试验、检验、检查等资料的完整和真实。

（10）编制《监理日志》，并向委托人提交监理月报、监理专题报告、监理工作报告和监理工作总结报告。

（11）按有关规定参加工程验收，做好相关配合工作。委托人委托监理人主持的分部工程验收由专用条款约定。

（12）妥善做好委托人所提供的工程建设文件资料的保存、回收及保密工作。在本合同期限内或专用合同条款约定的合同终止后的一定期限内，未征得委托人同意，不得公开涉及委托人的专利、专有技术或其他需保密的资料，不得泄露与本合同业务有关的技术、商务等秘密。

（九）监理服务酬金

监理服务酬金是监理人依法享有的主要权利。只要监理人全面履行了合同约定的义务，就应当获得合同约定的监理服务酬金。在通用合同条款中做了如下规定：

（1）监理正常服务酬金的支付时间和支付方式在专用合同条款中约定。

（2）除不可抗力外，有下列情形之一且由此引起监理工作量增加或服务期限延长，均应视为监理机构的附加服务，监理人应得到监理附加服务酬金。

1）由于委托人、第三方责任、设计变更及不良地质条件等非监理人原因致使正常的监理服务受到阻碍或延误。

2）在本合同履行过程中，委托人要求监理机构完成监理合同约定范围和内容以外的服务。

3）由于非监理人原因暂停或终止监理业务时，其善后工作或恢复执行监理业务的工作。

监理人完成附加服务应得到的酬金，按专用合同条款约定的方法或监理补充协议计取和支付。

（3）国家有关法律、法规、规章和监理酬金标准发生变化时，应按有关规定调整监理服务酬金。

（4）委托人对监理人申请支付的监理酬金项目及金额有异议时，应当在收到监理人支付申请书后 7 天内向监理人发出异议通知，由双方协商解决。7 天内未发出异议通知，则按通用合同条款有关条款（九）（1）、（九）（2）、（九）（3）的约定支付。

（十）合同变更与终止

在监理合同实施过程中，由于自然、社会、法规变化等各种原因有可能导致合同发生变更或者终止，因此，通用合同条款对合同变更与终止作了如下规定：

（1）因工程建设计划调整、较大的工程设计变更、不良地质条件等非监理人原因致使本合同约定的服务范围、内容和服务形式发生较大变化时，双方对监理服务酬金计取、监理服务期限等有关合同条款应当充分协商，签订监理补充协议。

（2）当发生法律或本合同约定的解除合同的情形时，有权解除合同的一方要求解除合同的，应书面通知对方；若通知送达后 28 天内未收到对方的答复，可发出终止监理合同的通知，本合同即行终止。因解除合同遭受损失的，除依法可以免除责任的外，应由责任方赔偿损失。

（3）在监理服务期内，由于国家政策致使工程建设计划重大调整，或不可抗力致使不能履行时，双方协商解决因合同终止所产生的遗留问题。

（4）本合同在监理期限届满并结清监理服务酬金后即终止。

（十一）违约责任

违约责任是合同当事人不履行或不完全履行合同约定的义务应当向对方当事人承担的一种民事法律责任。在监理合同依法订立后，委托人和监理人均应按合同约定全面正确地履行合同约定的义务。任何一方不履行或者不完全履行合同约定的义务，均应当承担相应的违约责任。通用合同条款对委托人和监理人双方的违约责任规定如下：

（1）委托人未履行合同条款（七）（1）、（七）（2）、（七）（5）、（七）（6）、（七）（7）、（七）（8）、（七）（9）、（七）（10）约定的义务和责任，除按专用合同条款的约定向监理人支付违约金外，还应继续履行合同约定的义务和责任。

（2）委托人未按合同条款（九）（1）、（九）（2）、（九）（3）约定支付监理服务酬金，除按专用合同条款约定向监理人支付逾期付款违约金外，还应继续履行合同约定的支付义务。

（3）监理人未履行合同条款（八）（2）、（八）（4）、（八）（5）、（八）（6）、（八）（8）、（八）（9）、（八）（10）、（八）（11）、（八）（12）约定的义务和责任，除按专用合同条款约定向委托人支付违约金外，还应继续履行合同约定的义务和责任。

通常情况下，当委托人违约时，监理人应及时向委托人发出通知。委托人收到通知后在约定的时间（一般为 28 天）内仍未采取措施改正，则监理人可以暂停工作；监理工作暂停后委托人在约定的时间内仍未采取有效措施纠正其违约行为，监理人可以通知发包人解除合同，由此增加的费用和停工责任由发包人承担。当监理人违约时，委托人也应及时向监理人发出通知。监理人收到通知后在约定的时间（一般为 28 天）内仍未采取措施改正，则委托人也可以暂停支付监理酬金；暂停支付监理酬金后监理人在约定的时间内仍未采取有效措施纠正其违约行为，委托人也可以通知监理人解除合同，由此增加的费用和责任由监理人承担。

（十二）争议的解决

在合同履行过程中，由于服务质量、监理酬金、附加服务、合同变更、违约等原因引发合同争议，一般情况下采取协商解决、调解解决、仲裁或诉讼解决等方式。"通用合同条款"规定：

（1）本合同发生争议，由当事人双方协商解决；也可由工程项目主管部门或合同争议调解机构调解；协商或调解未果时，经当事人双方同意可由仲裁机构仲裁；或向人民法院起诉。争议调解机构、仲裁机构在专用合同条款中约定。

（2）在争议协商、调解、仲裁或起诉过程中，双方仍应继续履行本合同约定的责任和义务。

另外，在通用条款最后一条第四十五条规定，委托人可以对监理人提出并落实的合理化建议给予奖励。奖励办法在专用合同条款中约定。

三、专用合同条款的主要内容

"专用合同条款"是针对具体工程项目特定条件对"通用合同条款"的补充和具体说明。《水利工程施工监理合同示范文本》（GF－2007－0211）的专用合同条款主要包括的内容有：合同约定的监理依据；当监理人（或委托人）发生什么具体情形时，委托人（或监理人）有权解除合同；委托人为了更好地发挥监理的作用而赋予监理人的其他权利（比如：签发工程移交证书、签发保修责任终止证书等）；委托人向监理机构免费提供的资料清单；委托人无偿向监理机构提供的工作、生活条件的清单；委托人对监理机构书面提交并要求作出决定的事宜作出书面决定并送达的时限；参照附件确定的监理服务内容；监理机构组建和进场时间；旁站监理的工程重要部位和关键工序的具体明确；委托人委托监理人主持的分部工程验收清单；监理人不得泄露与本合同业务有关的技术、商务等秘密的时限；监理服务酬金的支付方法；监理附加服务酬金的计取和支付方法；对于违约金的进一步约定；合同争议的调解机构和仲裁机构的明确；委托人对监理人提出并落实的合理化建议的具体奖励办法；等等。

四、合同附件

合同附件主要明确监理人在设计、采购和施工方面提供服务的具体内容，是由双方协商确定，《水利工程施工监理合同示范文本》（GF－2007－0211）所列为参考。

（一）设计方面

（1）核查并签发施工图，发现问题向委托人反映，重大问题向委托人做专题报告。

（2）主持或与委托人联合主持设计技术交底会议，编写会议纪要。

（3）协助委托人会同设计人对重大技术问题和优化设计进行专题讨论。

（4）审核承包人对施工图的意见和建议，协助委托人会同设计人进行研究。

（5）其他相关业务。

（二）采购方面

（1）协助委托人进行采购招标。

（2）协助委托人对进场的永久工程设备进行质量检验与到货验收。

（3）其他相关业务。

（三）施工方面

（1）协助委托人进行工程施工招标和签订工程施工合同。

（2）全面管理工程施工合同，审查承包人选择的分包单位，并报委托人批准。

（3）督促委托人按工程施工合同的约定，落实必须提供的施工条件；检查承包人的开工准备工作。

（4）审核按工程施工合同文件约定应由承包人提交的设计文件。

（5）审查承包人提交的施工组织设计、施工进度计划、施工措施计划；审核工艺试验成果等。

（6）进度控制。协助委托人编制控制性总进度计划，审批承包人编制的进度计划；检查实施情况，督促承包人采取措施，实现合同工期目标。当实施进度发生较大偏差时，要求承包人调整进度计划；向委托人提出调整控制性进度计划的建议意见。

（7）施工质量控制。审查承包人的质量保证体系和措施；审查承包人的实验室条件；依据工程施工合同文件、设计文件、技术标准，对施工全过程进行检查，对重要部位、关键工序进行旁站监理；按照有关规定，对承包人进场的工程设备、建筑材料、建筑构配件、中间产品进行跟踪检测和平行检测，复核承包人自评的工程质量等级；审核承包人提出的工程质量缺陷处理方案，参与调查质量事故。

（8）资金控制。协助委托人编制付款计划；审查承包人提交的资金流计划；核定承包人完成的工程量，审核承包人提交的支付申请，签发付款凭证；受理索赔申请，提出处理建议意见；处理工程变更。

（9）施工安全控制。审查承包人提出的安全技术措施、专项施工方案，并检查实施情况；检查防洪度汛措施落实情况；参与安全事故调查。

（10）协调施工合同各方之间的关系。

（11）按有关规定参加工程验收，负责完成监理资料的汇总、整理，协助委托人检查承包人的合同执行情况；做好验收的各项准备工作或者配合工作，提供工程监理资料，提交监理工作报告。

（12）档案管理。做好施工现场的监理记录与信息反馈，做好监理文档管理工作，合同期限届满时按照档案管理要求整理、归档并移交委托人。

（13）监督承包人执行保修期工作计划，检查和验收尾工项目，对已移交工程中出现的质量缺陷等调查原因并提出处理意见。

（14）按照委托人签订的工程保险合同，做好施工现场工程保险合同的管理。协助委托人向保险公司及时提供一切必要的材料和证据。

（15）其他相关工作。

第五节　水土保持工程监理服务收费

一、监理服务收费的相关规定

建设工程监理与相关服务是指监理人接受发包人的委托，提供建设工程施工阶段的质量、进度、费用控制管理和安全生产监督管理、合同、信息等方面协调管理服务，以及勘察、设计、保修等阶段的相关服务。为规范建设工程监理及相关服务收费行为，维护委托双方合法权益，促进工程监理行业健康发展，国家发展和改革委员会、建设部组织国务院有关部门和有关组织，制定了《建设工程监理与相关服务收费管理规定》，自 2007 年 5 月1 日起执行。2007 年 5 月 10 日，水利部办公厅以通知的形式（办建管函〔2007〕267 号）转发了《国家发展改革委、建设部关于印发〈建设工程监理与相关服务收费管理规定〉的通知》（发改价格〔2007〕670 号）。要求部直属各单位、各省、自治区、直辖市水利（水务）厅（局），各计划单列市水利（水务）局，新疆生产建设兵团水利局，各单位认真贯彻执行。该规定自颁发以来很好地发挥了指导各行业监理服务收费工作的指导作用，也是从事各行业监理工作的人员最为熟悉的规定。

2015 年 2 月 11 日，为贯彻落实党的十八届三中全会精神，按照国务院部署，充分发挥市场在资源配置中的决定性作用，国家发展改革委发布《关于进一步放开建设项目服务价格的通知》（发改价格〔2015〕299 号），在已放开非政府投资及非政府委托的建设项目专业服务价格的基础上，全面放开以下实行政府指导价管理的建设项目专业服务价格，实行市场调节价。具体包括：政府投资和政府委托的建设项目前期工作咨询费、工程勘察设计费、招标代理费、工程监理费、环境影响咨询费。2014 年 7 月国家发展改革委已发文放开了非政府投资项目的上述建设项目服务价格，此次进一步放开价格后，我国建设项目服务价格将完全由市场竞争决定。

《关于进一步放开建设项目服务价格的通知》（发改价格〔2015〕299 号）指出：

工程监理费，是指工程监理机构接受委托，提供建设工程施工阶段的质量、进度、费用控制管理和安全生产监督管理、合同、信息等方面协调管理等服务收取的费用。

服务价格实行市场调节价后，经营者应严格遵守《价格法》《关于商品和服务实行明码标价的规定》等法律法规规定，告知委托人有关服务项目、服务内容、服务质量，以及服务价格等，并在相关服务合同中约定。经营者提供的服务，应当符合国家和行业有关标准规范，满足合同约定的服务内容和质量等要求。不得违反标准规范规定或合同约定，通过降低服务质量、减少服务内容等手段进行恶性竞争，扰乱正常市场秩序。

各有关行业主管部门要加强对本行业相关经营主体服务行为监管。要建立健全服务标准规范，进一步完善行业准入和退出机制，为市场主体创造公开、公平的市场竞争环境，引导行业健康发展；要制定市场主体和从业人员信用评价标准，推进工程建设服务市场信用体系建设，加大对有重大失信行为的企业及负有责任的从业人员的惩戒力度。充分发挥行业协会服务企业和行业自律作用，加强对本行业经营者的培训和指导。

　　政府有关部门对建设项目实施审批、核准或备案管理，需委托专业服务机构等中介提供评估评审等服务的，有关评估评审费用等由委托评估评审的项目审批、核准或备案机关承担，评估评审机构不得向项目单位收取费用。

　　各级价格主管部门要加强对建设项目服务市场价格行为监管，依法查处各种截留定价权，利用行政权力指定服务、转嫁成本，以及串通涨价、价格欺诈等行为，维护正常的市场秩序，保障市场主体合法权益。

二、监理服务收费计算参考标准

　　《关于进一步放开建设项目服务价格的通知》（发改价格〔2015〕299号）发布后，很多从事监理的人员认为原《国家发展改革委、建设部关于印发〈建设工程监理与相关服务收费管理规定〉的通知》（发改价格〔2007〕670号）不再适用，但是近两年的实践反映，监理服务虽实行市场调节价，但服务酬金的计算还是得有一个计算参考标准，因此，在目前的监理招投标工作中，往往在招标文件中规定监理报价时仍可参照发改价格〔2007〕670号文的标准进行计算报价。

思　考　题

　　1. 水土保持工程监理单位专业资质分几个等级？

　　2. 各等级水土保持工程监理单位资质等级标准是什么？

　　3. 水土保持工程监理单位违反法律、法规的规定从事建设监理活动应当受到哪些惩罚？

　　4. 取得水土保持工程监理工程师资格证书应具备什么条件？

第四章 水土保持工程项目监理工作

第一节 项目监理组织及监理人员

一、监理机构

《水土保持工程施工监理规范》（SL 523—2011）规定，监理单位应按照合同的约定，按时进驻工地，在水土保持生态工程项目区（治理区）或生产建设项目现场设立项目监理机构。现场监理机构是监理单位按照所签署的合同约定，根据所监理工程的性质、规模、工程特点、工期等情况，安排监理人员，建立由总监理工程师负责的监理现场组织机构。一般工程现场的监理机构名称为：某公司某工程项目监理部。

监理进场后，按监理合同约定，接收建设单位提供的工作、生活条件，调查并熟悉施工环境，完善办公条件和生活条件。水土保持工程大都分布在偏远山区，且十分分散，战线长，施工现场交通、通信、生活条件较差。水土保持工程造价较低，监理服务费用更低。项目监理实施过程中，建设单位有责任为监理机构解决必要的工作、生活条件，以利于监理工作的正常开展，也可在监理服务费以外提供部分经费支持，并在合同中明确约定。监理机构应根据工程建设实际，合理有效地利用这些设施，并在监理工作结束后予以归还。

监理机构应制定与监理工作内容相适应的工作制度和管理制度。通常包括质量控制、进度控制、资金控制、安全控制、合同管理、信息管理、人员管理、资源管理、监督审核、目标考核与奖惩等工作制度和管理制度。

监理机构应将总监理工程师和其他主要监理人员的姓名、监理业务分工和授权范围报送建设单位并通知施工单位。监理机构进驻施工工地后，召开第一次工地会议，将监理机构的组成、工作制度、程序、方法等进行交底。

监理机构应在完成监理合同约定的工作后，将履行合同期间从建设单位领取的设计文件、图纸等资料予以归还，并履行保密义务。

建设单位和施工单位之间的各项与工程相关的联系事宜均通过监理机构达成，建设单位对建设项目的实施意见和决定，应征求监理机构的意见并通过监理机构进行下达及实施，施工单位只应从监理机构处取得工程建设的实施指令。

（一）监理机构的基本形式和特点

监理机构形式的确定应当与工程的分布形式（点状、面状、线状）以及工程项目的施工作业方式、特点、内容密切结合，项目建设中应根据具体情况，以"管理操作方便，决策程序快捷"的原则进行设置。监理机构有以下几种基本形式和特点。

（1）直线式监理组织：组织形式最简单，特点是组织中各种职位是按垂直系统直线排列的，它适用于监理项目能划分为若干相对独立子项的大、中型建设项目。主要优点是机构简单、权力集中、命令统一、职责分明、决策迅速、隶属关系明确。缺点是要求总监理工程师博晓各种业务，通晓多种知识技能，成为"全能"式人物。

（2）职能制监理组织：主要优点是目标控制分工明确，能够发挥职能机构的专业管理作用，减轻总监理工程师负担。缺点是多头领导，易造成职责不清。

（3）直线职能制监理组织：主要优点是集中领导、职责清楚，有利于提高办事效率。缺点是职能部门与指挥部门易产生矛盾，信息传递路线长，不利于互通情报。

（4）矩阵制监理组织形式：矩阵制监理组织是由纵横两套管理系统组成的矩阵形组织结构，一套是纵向的职能系统，另一套是横向的子项目系统。主要优点是加强各职能部门横向联系，具有较大的机动性和适应性，把上下左右集权与分权实行最优的结合，有利于解决复杂难题，有利于监理人员业务能力的培养。缺点是纵横向协调工作量大，处理不当会造成扯皮现象，产生矛盾。

（二）监理机构开展监理工作应遵守的规定

监理机构开展监理工作应遵守下列规定：

（1）遵守国家法律、法规、规章和标准，维护国家利益、社会公共利益和工程建设当事人合法权益。

（2）不得与施工单位以及设备、材料、苗木和籽种供货人发生经营性隶属关系或合营。

（3）不得转包或违法分包监理业务。

（4）不得采取不正当竞争手段获取监理业务。

《水土保持工程施工监理规范》（SL 523—2011）规定，监理机构应在监理合同授权范围内行使职权。建设单位不得擅自做出有悖于监理机构在合同授权范围内所做出指示的决定。

（三）监理机构的基本职责与权限

监理机构的基本职责与权限应包括以下各项：

（1）协助建设单位选择施工单位及设备、工程材料、苗木和籽种供货人。

（2）核查并签发施工图纸。

（3）审批施工单位提交的有关文件。

（4）签发指令、指示、通知、批复等监理文件。

（5）监督、检查施工过程中现场安全和环境保护情况。

（6）监督、检查工程建设进度。

（7）检查工程项目的材料、苗木、籽种的质量和工程施工质量。

（8）处置施工中影响工程质量或造成安全事故的紧急情况。

（9）审核工程量，签发付款凭证。

（10）处理合同违约、变更和索赔等问题。

（11）参与工程各阶段验收。

（12）协调施工合同各方之间的关系。

（13）监理合同约定的其他职责权限。

二、监理人员

（一）项目监理人员的概念

水土保持监理机构的监理人员主要包括总监理工程师、总监理工程师代表、监理工程师、监理员及其他监理机构工作人员，其中总监理工程师、监理工程师、监理员均系岗位职务。

《水利工程建设监理规定》（2006年12月水利部令第28号发布，2017年12月水利部令49号修改）第十条第一款规定：监理单位应当聘用一定数量的监理人员从事水利工程建设监理业务。监理人员包括总监理工程师、监理工程师和监理员。总监理工程师、监理工程师应当具有监理工程师职业资格，总监理工程师还应当具有工程类高级专业技术职称。

水利部49号令的修改之前，水利部发文《关于加强水利工程建设监理工程师造价工程师质量检测员管理的通知》（办建管〔2017〕139号）规定，国务院取消部分职业资格许可认定事项前取得的水利工程建设监理工程师资格证书、水利工程造价工程师资格证书以及水利工程质量检测员资格证书，在实施统一管理新制度出台之前继续有效，新制度出台后，执行新制度，取消水利工程建设总监理工程师职业资格。各监理单位可根据工作需要自行聘任满足工作要求的监理工程师担任总监理工程师。取消水利工程建设监理员职业资格。监理单位可根据工作需要自行聘任具有工程类相关专业学习和工作经历的人员担任监理员。

对于监理机构的监理人员道德素质要求，按照《水土保持工程建设监理规范》（SL 523—2011），监理人员应遵守以下规定：

（1）遵守职业道德，全面履行职责，维护职业信誉，不得徇私舞弊。

（2）提高监理服务意识，加强与工程建设有关各方的协作，积极、主动地开展工作。

（3）未经许可，不得泄露与本工程有关的技术和商务秘密，并应妥善做好建设单位所提供的工程建设文件的资料保存、归还及保密工作。

（4）不得与施工单位和材料、设备、苗木、籽种供货人有经济利益关系。

（二）项目监理机构的人员配备及职责分工

1. 监理人员的配置

项目监理组织的人员结构需要合理的专业结构、合理的技术层次、合理的年龄结构，以形成高素质、高效率的监理团队。

监理机构的人员配置主要由总监理工程师、监理工程师、监理员和其他工作人员组成。监理人员的配置应根据监理合同约定的范围、内容、服务期限、工程规模、技术复杂程度、工程环境、工作深度和密度，综合考虑配备监理人员的数量和分工，并随着工程施工进展情况做相应调整，以满足不同阶段监理工作的需要。调整监理人员时应考虑监理工作的连续性，并做好相应的交接工作。同时应当注意，由于总监理工程师及其他主要监理人员在监理投标文件中有明确，构成了监理合同的组成部分，监理单位应履行监理合同，在实际工作中出现变化，应事先征得上级主管部门及建设单位的同意。

水土保持工程项目是指在水土流失区域或在生产建设项目实施区，以治理和防治水土流失、改善生态环境和农业生产条件、促进水土流失区域环境好转和经济社会协调发展为目标的工程项目。水土保持工程项目主要分为水土保持生态建设项目和生产建设项目水土保持工程。水土保持生态工程构成一般分布分散、工程规模小、投资少、工期长，而生产建设项目水土保持工程中点状工程有发电厂、煤矿等，线状工程有输油输气管线、公路、铁路、输变电线路等，人员的配置差异较大。在现实实施过程中应根据主体工程的不同分布，工作界面及工作深度，以及建设单位的要求进行配置。影响监理人员数量确定的因素有：

（1）工程投资密度。

（2）工程复杂程度。

（3）工程监理单位的业务水平。

（4）工程的专业种类。

（5）监理组织结构和任务职能分工。

2. 项目监理机构人员的职责分工

（1）总监理工程师。总监理工程师是项目监理机构履行监理合同的总负责人，行使合同赋予监理单位的全部职责，全面负责项目监理工作，其履职对监理单位负责。总监理工程师应根据分级管理的原则，将一些权限具体明确地授予总监理工程师代表或监理工程师，并将这种授权及时通报建设单位和施工单位，但是，一些重要的监理权限应由总监理工程师亲自履行，不得委托他人。按照《水土保持工程施工监理规范》（SL 523—2011）的规定，总监理工程师应履行以下主要职责，其中，第1）～7）款及11）款不能委托。

1）主持编制监理规划，制定监理机构规章制度，审批监理实施细则，签发监理机构的文件。

2）确定监理机构各部门职责分工及各级监理人员职责权限，协调监理机构内部工作。

3）指导监理工程师开展工作，负责本监理机构中监理人员的工作考核，根据工程建设进展情况，调整监理人员。

4）主持第一次工地会议，主持或授权监理工程师主持监理例会和监理专题会议。

5）审批开工申请报告，签发合同项目开工令、暂停施工通知和复工通知等重要文件。

6）组织审核付款申请，签发付款凭证。

7）主持处理合同违约、变更和索赔等事宜，签发变更和索赔的有关文件。

8）审查施工组织设计和进度计划。

9）受建设单位委托可组织分部工程验收，参与建设单位组织的单位工程验收、合同项目完工验收、单位工程投入使用验收和工程竣工验收。

10）检查监理日志，组织编写并签发监理月报（或季报、年度报告）、监理专题报告、监理工作报告，组织整理监理档案资料。

11）签发合同项目保修期终止证书和移交证书。

（2）监理工程师。监理机构中的监理工程师对总监理工程师负责，其职责应按照岗位职责和总监理工程师所授予的权限开展工作。按照《水土保持工程施工监理规范》（SL 523—2011）的规定，应履行下列主要职责：

1）参与编制监理规划、监理实施细则、监理月报（季报、年度报告）、监理专题报告、监理工作报告、监理工作总结报告。

2）核查并签发施工图纸。

3）组织设计交底和现场交桩。

4）受总监理工程师委托主持工地监理例会。必要时组织召开工地专题会议，解决施工过程中的各种专题问题，并向总监理工程师报告会议内容。

5）检查进场材料、苗木、籽种、设备及产品质量凭证、检测报告等。

6）协助总监理工程师协调有关各方之间的关系。按照职责权限处理施工现场发生的有关问题，并按职责分工进行现场签证。

7）检验工程的施工质量，并予以确认。

8）审核工程量。

9）审查付款凭证。

10）提出变更、索赔及质量和安全事故等方面的初步意见。

11）按照职责权限参与工程的质量评定和验收工作。

12）填写监理日志，整理监理资料。

13）及时向总监理工程师报告工程建设实施中发生的重大问题和紧急情况。

14）指导、检查监理员的工作。

15）现场与监理有关的其他工作。

（3）监理员。监理员对监理工程师负责，协助监理单位开展监理工作，承担辅助性监理工作，但无审批权和发布各种监理指示、通知的权利。按照《水土保持工程施工监理规范》（SL 523—2011）的规定，履行以下职责：

1）核定进场材料、苗木籽种、设备及产品质量检验报告，并做好现场记录。

2）检查并记录现场施工程序、施工方法等实施过程情况。

3）核实工程计量结果。

4）检查、监督工程现场施工安全和环境保护措施的落实情况，发现问题，及时向监理工程师报告。

5）检查施工单位的施工日志和检验记录，核实施工单位质量评定的相关原始记录。

6）填写监理日志。

7）监理工程师交办的其他工作。

第二节 监理方法、程序和制度

一、监理方法

（一）监理方法

水土保持工程建设监理单位应当按照监理规范的要求，采取旁站、巡视、跟踪检测和平行检测等方式实施监理，发现问题应当及时纠正、报告。施工监理方法主要包括现场记录、发布文件、巡视检验、旁站监理、跟踪检测、平行检测等，以及协调建设各方关系，调解工程施工中出现的问题和争议等。

《水利工程建设项目施工监理规范》（SL 288—2014）规定的实施建设监理的方法包括如下 7 种。

（1）现场记录。监理机构记录每日施工现场的人员、原材料、中间产品、工程设备、施工设备、天气、施工环境、施工作业内容、存在的问题及其处理情况等。

（2）发布文件。监理机构采用通知、指示、批复、确认等书面文件开展施工监理工作。

（3）旁站监理。监理机构按照监理合同约定和监理工作需要，在施工现场对工程重要部位和关键工序的施工作业实施连续性的全过程监督、检查和记录。

（4）巡视检查。监理机构对所监理工程的施工进行定期或不定期的监督与检查。

（5）跟踪检测。监理机构对承包人在质量检测中的取样和送样进行监督。跟踪检测费用由承包人承担。

（6）平行检测。在承包人对原材料、中间产品和工程质量自检的同时，监理机构按照监理合同约定独立进行抽样检测，核验承包人的检测结果。平行检测费用由发包人承担。

（7）协调。监理机构依据合同约定对施工合同双方之间的关系以及工程施工过程中出现的问题和争议进行沟通、协商和调解。

（二）工作方法的解释

1. 现场记录

现场记录是现场施工情况最基本的客观记载，是审核支付、处理索赔、解决合同争议的重要原始记录资料。监理员必须认真、完整地对当日各施工项目和部位的人员、设备和材料以及天气、施工环境等各种情况作详细的现场记录。对于隐蔽工程、重要部位、关键工序的施工过程，监理人员更应采用照相、摄像等手段予以记录。监理机构要对现场记录进行核实和签认。

2. 指令文件

指令文件是现场监理的重要手段，它既是施工现场监督管理的重要手段，也是处理合同问题的重要依据。监理人员可采用通知单、联系单、审批表、验收单、指示、证书等文件形式进行管理。

3. 旁站监理

旁站监理是指监理机构按照监理合同约定和监理工作需要，在施工现场对工程重要部位和关键工序的施工作业实施连续性的全过程监督、检查和记录。按照《水土保持工程建设监理规范》（SL 523—2011）规定，对淤地坝、塘坝、渠系闸门、拦渣坝（墙、堤）、渠系、护坡工程、排水工程、泥石流防治及崩岗治理工程等的隐蔽工程、关键部位和关键工序，应进行旁站监理，并在监理合同中明确。

根据《水利工程建设项目施工监理规范》（SL 288—2014）规定旁站监理应符合下列规定：

（1）监理机构应依据监理合同和监理工作需要，结合批准的施工措施计划，在监理实施细则中明确旁站监理的范围、内容和旁站监理人员职责，并通知承包人。

（2）监理机构应严格实施旁站监理，旁站监理人员应及时填写旁站监理值班记录。

（3）除监理合同约定外，发包人要求或监理机构认为有必要并得到发包人同意增加的旁站监理工作，其费用应由发包人承担。

1）涉及工程质量、安全的重要部位、关键工序或隐蔽工程的施工，均应实行旁站监理。

2）监理工程师应编制旁站监理方案，明确旁站的工序、内容和人员，报建设单位并通知施工单位。

3）旁站监理人员应及时、准确地记录旁站监理内容，并要求施工单位在旁站记录上签字确认。

4）旁站监理记录应作为工程质量检验和验收的基本依据。

4. 跟踪检测

在施工单位自行检验与检测前，监理工程师对其人员、仪器设备、程序、方法进行检查、评价、认可；在施工单位检验与检测时，进行全过程的跟踪、监督，确认其程序、方法有效，检验与检测结果可信，并对该结果签认。跟踪检测费用由承包人承担。

根据《水利工程建设项目施工监理规范》（SL 288—2014）规定跟踪检测应符合下列规定：

（1）实施跟踪检测的监理人员应监督承包人的取样、送样以及试样的标记和记录，并与承包人送样人员共同在送样记录上签字。发现承包人在取样方法、取样代表性、试样包装或送样过程中存在错误时，应及时要求予以改正。

（2）跟踪检测的项目和数量（比例）应在监理合同中约定。其中，混凝土试样应不少于承包人检测数量的 7%，土方试样应不少于承包人检测数量的 10%。施工过程中，监理机构可根据工程质量控制工作需要和工程质量状况等确定跟踪检测的频次分布，但应对所有见证取样进行跟踪。

5. 平行检测

监理工程师利用自身有效的检验与检测的方法和手段，在施工单位自检的基础上，按照一定的比例独立进行检验与检测，以核查施工单位检验与检测的结果。按照《水土保持工程建设监理规范》（SL 523—2011）规定，监理人员应对施工单位报送的拟进场的工程材料、籽种、苗木报审表及质量证明资料进行审核，并对进场的实物按照有关规范采用平行检测或见证取样方式进行抽检。

根据《水利工程施工监理规范》（SL 288—2014）规定，平行检测应符合下列规定：

（1）监理机构可采用现场测量手段进行平行检测。

（2）需要通过实验室进行检测的项目，监理机构应按照监理合同约定通知发包人委托或认可的具有相应资质的工程质量检测机构进行检测试验。

（3）平行检测的项目和数量（比例）应在监理合同中约定。其中，混凝土试样应不少于承包人检测数量的 3%，重要部位每种标号的混凝土至少取样 1 组；土方试样应不少于承包人检测数量的 5%，重要部位至少取样 3 组。施工过程中，监理机构可根据工程质量控制工作需要和工程质量状况等确定平行检测的频次分布。根据施工质量情况要增加平行检测项目、数量时，监理机构可向发包人提出建议，经发包人同意增加的平行检测费用由发包人承担。

（4）当平行检测试验结果与承包人的自检试验结果不一致时，监理机构应组织承包人及有关各方进行原因分析，提出处理意见。

6. 巡视检验

监理人员对正在施工的项目部位或工序进行定期或不定期的检查、监督和管理。按照《水土保持工程建设监理规范》（SL 523—2011）规定，对造林、种草、基本农田、土地整治、小型水利水保工程、封禁治理工程等，应进行巡视检验，主要检查内容包括以下几项：

（1）是否按照设计文件、施工规范和批准的施工方案和工艺进行施工。

（2）是否使用合格的材料、构配件和设备。

（3）施工现场管理人员，尤其是质检人员是否到岗到位。

（4）施工操作人员的技术水平、操作条件是否满足工艺操作要求，特种操作人员是否持证上岗。

（5）施工环境是否对工程质量、安全产生不利影响。

（6）已完成施工部位是否存在质量缺陷。

7. 协调会议

协调会议是了解工程情况、协调关系、解决问题和处理纠纷的一种重要途径。会议由项目总监理工程师主持，也可授权总监理工程师代表或监理工程师主持，工程建设有关各方参加。

二、监理程序

（一）监理程序的定义

监理程序及主要方法是依据国家法律、条例、规范、规程、标准以及相关的合同文件，为全面履行监理合同，规范监理工作行为而制定的工作程序。掌握和熟悉监理工作程序是有效、有序开展监理工作的前提和保证。监理单位在与建设单位签订监理委托合同，明确工作内容、职责、权利和义务之后，应该按照《水土保持工程施工监理规范》（SL 523—2011）及《水利工程施工监理规范》（SL 288—2014）规定的工作程序组织人员开展监理工作，并在工作中实行标准化管理。

（二）水土保持工程监理基本工作程序

由于水土保持工程往往涉及多学科、多领域，尤其是生产建设项目，还涉及其他不同行业，因此，监理机构在进入现场开展工作前，应对监理人员进行岗前培训，组织监理人员学习工程建设有关法律、法规、规章制度、技术标准，理解和熟悉项目主体工程涉及的相关标准要求，掌握水土保持工程设计文件及相关技术要求等。

监理资料是监理实施过程中的真实记录，应确保真实性，不得后补，也不得超前，更不能编造。技术数据表现准确，不得弄虚作假，随意修改。

开展水土保持工程监理应遵循下列工作程序：

（1）签订监理合同，明确监理范围、内容和责权。

（2）依据监理合同，组建现场监理机构，选派总监理工程师、监理工程师、监理员和其他工作人员。

（3）熟悉工程设计文件、施工合同文件和监理合同文件。

（4）编制项目监理规划。

（5）进行监理工作交底。

（6）编制监理实施细则。

（7）实施监理工作。

（8）督促施工单位及时整理、归档各类资料。

（9）向建设单位提交监理工作报告和有关档案资料。

（10）组织或参与验收工作。

（11）结算监理费用。

（12）向建设单位提交监理工作总结报告，移交所提供的文件资料和设备。

三、监理制度

（一）监理制度的意义

项目监理机构是公司派驻施工现场履行监理职能的机构，项目监理机构工作水平的高低将直接影响公司的声誉和市场占有率。为了贯彻公司关于加强项目监理部内部建设，建立健全各项规章制度为主要内容的精神，同时也为了进一步提高项目监理部的整体水平，规范监理人员的监理行为，使项目监理机构的各项工作逐步走上科学化、规范化和制度化，监理机构应制定与监理工作内容相适应的工作制度和管理制度，并按制度对工程进行有效的监督和管理。

（二）水土保持监理主要工作制度

按照《水土保持工程施工监理规范》（SL 523—2011）规定，应有以下工作制度：

（1）技术文件审核、审批制度。监理机构应依据合同约定对施工图纸和施工单位提供的施工组织设计、开工申请报告等文件进行审核或审批。

（2）材料、构配件和工程设备检验制度。监理机构应对进场的材料、苗木、籽种、构配件及工程设备出厂合格证明、质量检测报告进行核查，并责令施工或采购单位负责将不合格的材料、构配件和工程设备在规定时间内运离工地或进行相应处理。

（3）工程质量检验制度。施工单位每完成一道工序或一个单元、分部工程都应进行自检，合格后方可报监理机构进行复核检验。上一单元、分部工程未经复核检验或复核检验不合格，不得进行下一单元、分部工程施工。

（4）工程计量付款签证制度。按合同约定，所有申请付款的工程量均应进行计量并经监理机构确认。未经监理机构签证的付款申请，建设单位不应支付。

（5）工地会议制度。工地会议由总监理工程师或总监理工程师代表主持，相关各方参加并签字，形成会议纪要分发与会各方。工地会议可采取以下几种会议形式：

1）第一次工地会议应在工程开之前召开，由建设单位主持或委托总监理工程师主持，建设单位、施工单位法定代表人或授权代表应出席，重要工程还应邀请设计单位进行技术交底；各方在工程项目中担任主要职务的人员应参加会议；会议可邀请质量监督单位参加。会议应包括以下主要内容：

a. 介绍人员、组织机构、职责范围及联系方式。建设单位宣布对监理工程师及总监理工程师的授权；总监理工程师宣布对总监理工程师代表及驻地监理工程师的授权；施工单位应书面提交项目负责人授权书。

b. 施工单位陈述开工的准备情况，监理工程师应就施工准备情况及安全等情况进行评述。

c. 建设单位对工程用地、占地、临时道路、工程支付及开工条件有关的情况进行说明。

d. 监理单位对监理工作准备情况及有关事项进行说明。

e. 监理工程师应对主要监理程序、质量事故报告程序、报表格式、函件往来程序、工地例会等进行说明。

f. 会议主持人进行会议小结，明确施工准备工作尚存在的主要问题及解决措施，并形成会议纪要。

2）工地例会宜每月定期召开一次，水土保持工程参建各方负责人参加，由总监理工程师或总监理工程师代表主持，并形成会议纪要。会议应通报工程进展情况，检查上一次工地例会中有关决定的执行情况，分析当前存在的问题，提出解决方案或建议，明确会后应完成的任务。

3）监理机构应根据需要，主持召开工地专题会议，研究解决施工中出现的工程质量、工程进度、工程变更、索赔、争议等方面的专门问题。

（6）工作报告制度。监理机构应按双方约定时间和渠道向建设单位提交项目监理月报（或季报、年度报告）；在单位工程获单项工程验收时提交监理工作报告，在合同项目验收时提交监理工作总结报告。

（7）工程验收制度。在施工单位提交验收申请后，监理机构应对其是否具备验收条件进行审核，并根据有关规定或合同约定，参与、协助建设单位组织工程验收。

（三）水土保持监理工作制度的理解和具体实施

1. 技术文件审核、审批制度

监理机构应依据合同约定对施工图纸和施工单位提供的施工组织设计、开工申请报告等文件进行审核或审批。

（1）查看施工图纸和目录是否加盖设计单位公章，会签栏内相关负责人签字是否齐全；查看施工图纸是否经审图部门审查，有无审图意见书。

（2）本着对建设单位负责的精神，各专业监理工程师要在短时间内熟悉图纸，要按各专业设计规范和强制性标准条文相对照，提出图纸审查监理意见；本着实事求是和尊重设计人员的原则，客观地提出相关专业图纸中的错、漏、碰、缺和相互矛盾的设计内容；在满足工程结构安全和使用功能的前提下，多提合理化建议，降低工程造价；分专业参与图纸会审工作，汇总图纸中发现的问题，报建设单位，由建设单位转交设计单位，由设计人员进行图纸设计交底和答疑。施工单位和监理共同编制图纸会审纪要，各方签字盖章生效。

（3）审查施工单位上报监理的施工组织设计的编制是否经施工单位技术负责人审核批准；各专业监理工程师对施工组织设计要进行认真审查，并提出意见，重点是施工组织设计是否有针对性、是否统筹施工全过程，并具有指导性。不符合规定要求的施工组织设计，施工单位要补充和修改，修改前的原件监理要保存归档。《水土保持施工组织设计》经项目监理部审核批准后，监理应监督施工单位严格执行，如有修改和变动，应征得项目监理部的核准。

对规模较大或分期出图的工程，暂不具备编制施工组织设计条件时，可分别编制分项、分部施工方案。对技术复杂、关键部位的施工，或采用新技术、新工艺、新材料的单元工程，应编制专项施工方案，并报项目监理部的核准。

2. 材料、构配件和工程设备检验制度

监理机构应对进场的材料、苗木、籽种、构配件及工程设备的出厂合格证明、质量检测报告进行核查，并责令施工或采购单位负责将不合格的材料、构配件和工程设备在规定时间内运离工地或进行相应处理。

（1）监理要严格执行工程中使用的主要材料（砂、石、砖、水泥、钢筋、钢材、焊接、混凝土外加剂、苗木、籽种、构配件等）、建筑构配件及一般设备必须符合设计要求，并符合有关规范、标准和规定。

（2）监理要审查原材料、构配件及一般设备的出厂合格证、材质和性能试验单，对有些材料如水泥、钢筋、防水材料、混凝土外加剂等还要具备复试报告单。同时要对进场的实物采用平行检验或有见证取样送检方式抽检，要求各项检验必须合格，否则要清除出场。

见证监理人员对进场原材料、构配件、设备，要审阅出厂合格证、材质报告单、检测报告、准用证等相关资料。对施工现场取样人员的取样方法和试件制作全过程进行监督取样，通过外观检查和尺量手段确认合格后，签认见证取样材料送试表。对有怀疑的和关键部位使用的原材料要和取样人员一起送试（或封样送试）。平行检测的项目和数量（比例）应在监理合同中约定。其中，混凝土试样应不少于承包人检测数量的 3%，重要部位每种标号的混凝土至少取样 1 组；土方试样应不少于承包人检测数量的 5%，重要部位至少取样 3 组。施工过程中，监理机构可根据工程质量控制工作需要和工程质量状况等确定平行检测的频次分布。根据施工质量情况要增加平行检测项目、数量时，监理机构可向发包人提出建议，经发包人同意增加的平行检测费用由发包人承担。要密切配合工程质量监督部门在施工现场做好原材料的抽检工作，对不符合龄期的试块不予签发送试单。监理工程师要审阅、检查材料试验报告单与送试单的一致性，记入汇总表。

（3）水土保持工程主要构配件及重要设备，监理要审查供货商提供的样品，经建设、施工、监理三方共同检验，必要时要对厂家进行考察，确认为合格，方可订货。要特别注意样品（件）与实际进场材料不相符的现象。

（4）设备到货后在安装前与建设单位、施工单位共同检验，认为合格签认后方可安装。

（5）由建设单位提供的材料、构配件和设备，其质量由建设单位承担责任，在安装前同样由三方检验，并做好记录，监理确认为合格时应报建设单位并提出检验意见或备忘录。

3. 工程质量检验制度

施工单位每完成一道工序或一个单元、分部工程都应进行自检，合格后方可报监理机构进行复核检验。上一单元、分部工程未经复核检验或复核检验不合格，不得进行下一单元、分部工程施工。

（1）施工工序质量在施工单位自检合格的基础上，监理要对检验批的质量按规定的方法进行抽检，再对书面报验形式做出合格与否的确认。

（2）按照国家标准及经审批核发的水土保持施工图对构筑物标高、定位、轴线的放线结果，监理应进行检查核实，发现偏差及时纠正。

（3）对陆续进场的材料、构配件、设备，要核查合格证、质量证明、检测报告及准用证，实行双控的材料要随机抽样进行复试，对材料质量有疑问时，监理要单独取样送检。

（4）经常对砂浆、混凝土配合比，监理应抽查计量器具的准确性。

（5）对施工模板的尺寸、标高、预埋件位置、预留洞口尺寸位置以及模板的稳定性，监理应在施工单位自检合格的基础上检查验收。

（6）对工序产品、中间产品、隐蔽工程等，监理要进行平行检验、实测实量，要查验报验资料，确保施工过程的质量控制。

（7）监理人员在施工过程中，应对工程的关键部位和对工程质量有重大影响的工序，实施全过程现场跟班监督与控制。对施工难度较大，技术复杂或容易产生质量通病的施工工序，监理人员应进行现场跟踪检查。

（8）凡是隐蔽工程应实施旁站监理，监督其隐蔽施工全过程，以便及时发现质量问题并予以控制。对工程中涉及使用功能和安全测试的项目，监理应全过程监控。混凝土浇筑等需要旁站的工序均应有监理在施工现场跟班检查，实施旁站监理并做好记录，并应有施工单位人员签字。

4. 工程计量付款签证制度

按合同约定，所有申请付款的工程量均应进行计量并经监理机构确认。未经监理机构签证的付款申请，建设单位不应支付。所有应支付的工程量均应进行计量。监理机构在实施监理前，应依据有关规定和施工合同，根据工程内容、施工工艺、流程和施工方案等，制定包含计量范围、程序、方法、计量仪器设备、数据计算等内容的工程计量文件，并报送建设单位，通知施工单位。在施工单位按照工程计量文件实施工程计量和申请支付后，监理机构应在规定的时间内对工程量进行审核，认可后予以计量签证。未经监理工程师签证的支付申请，建设单位不应予以支付。

（1）总监理工程师负责工程项目的造价管理工作。

（2）监理人员要熟悉监理合同约定的工作内容。

（3）掌握施工合同约定工程计量程序及计算规则，熟悉合同约定计算和结算条款及工程量清单等内容。

（4）依据监理规划中的程序进行工程量计量。

（5）审查承包单位申报的月（季）计量报表，认真核对其工程量，不超计、不漏计，符合同规定和设计要求，且质量合格。

（6）建立计量支付签证台账，定期与施工单位核对。

（7）按业主授权和施工合同的规定审核变更设计，增减工程量。

（8）监理人员必须做好现场计量原始记录。

（9）现场专业监理工程师负责本专业工程计量工作，造价工程师负责审核造价费用、取费标准，总监理工程师按合同约定和规定程序签署工程款支付证书。

5. 工地会议制度

工地会议包括第一次规定会议、例会、专题会议等，是了解工程情况、协调关系、解决问题和处理纠纷的一种重要的途径。监理机构应明确各类会议的主持人、参加人、会议地点及内容，会议纪要要有形成和送达程序。

6. 工作报告制度

监理机构应按双方约定时间和渠道向建设单位提交项目监理月报（或季报、年度报告）；在单项工程验收时提交监理工作报告，在合同项目验收时提交监理工作总结报告。监理机构要定期或不定期地向建设单位呈报监理报告。报告主要反映工程进展情况，施工中发生的重要事件、事故及其处理情况，出现的合同问题及其处理意见以及支付结算情况。

（1）总监理工程师应指定专业监理工程师认真、及时填写监理日记，填写内容要完整、真实、详尽，字迹要清晰，日期要准确。监理日记应写明当日工程施工的部位、进度、质量、安全情况等，主要工艺及有关数据要有详细记录。施工中存在问题如实记载，表述要清楚，如何解决要有结论性意见。

（2）对当日在检查、巡视中发现的有关工程质量、进厂材料、构配件等工程活动做详细记录。对当日的气象和对工程的影响做记录。对上级部门来人、建设单位指示要一一记录，并写明如何响应和反馈。

（3）总监要定期或不定期对监理日记进行审阅、签字。

（4）在施工的水土保持工程项目，监理部应每月编制监理月报，报送建设单位、公司和有关部门。

（5）监理月报的编制由总监理工程师主持，指定专人负责。各专业监理工程师负责提供本专业或职责分工部分的资料与数据的编写，总监理工程师审阅签发。当工程尚未开工，或因故暂停施工、竣工前的收尾施工以及比较简单的工程或工期很短的工程，要采用表格、报表或简报的形式，向建设单位通报工程施工及监理的有关情况。

（6）监理月报的内容主要是工程概况、工程报验、原材料检验、进度控制、质量控制、造价控制、安全控制、合同信息管理、本期工程设计变更、工程质量评价、本月监理工作小结以及在施工程照片选登等。监理月报中某项内容如本期未发生，应将项目照列，并注明"本期未发生"。

7. 工程验收制度

在施工单位提交验收申请后，监理机构应对其是否具备验收条件进行审核，并根据有关规定或合同约定，参与、协助建设单位组织工程验收。

（1）要求承包单位在检验批完成后，经自检、互检、专检合格后填写《单元工程质量验收记录》《隐蔽工程检查记录》，并提供相关材质证明、试验报告、复试报告、报验申请表，报专业监理工程师预约验收时间。未经监理检验的隐蔽工程，专业监理工程师应要求施工方剥露，重新检验，符合规范标准签认验收。

（2）专业监理工程师对报验的资料进行审查，并到现场进行抽检、核查。对主控项目严格把关，一般项目不放松。审查资料内容是否符合设计及现行规范要求，资料是否完整、签字齐全。对不合格的资料退回修改，合格的予以签认。

（3）24 小时之内到现场对报验部位进行检测确认，对不合格的工序部位提出口头或书面整改意见，整改后再重新验收，合格的予以签认验收，并做好记录。专项单元工程待试验、检测完毕且合格后再签认。

（4）单位工程全部工程项目施工完成后，具备了自查初验的条件，可由建设单位或其委托的监理单位主持，组织设计单位、施工单位、监理单位、监测、质量监督、运行管理单位共同参加。重要单位工程还应邀请地方水行政主管部门参加。在审查竣工资料的基础上，对现场工程质量进行检查和检测。在资料审查和现场检查中发现的问题，总监要及时责成施工单位整改，整改完毕经监理工程师验收合格后，形成"单位工程验收鉴定书"。

（5）在工程单位验收，监理机构应提交工程工作总结报告，报告由总监和公司技术负责人共同签署。监理过程资料应整理留存归档并向建设单位提交。

8. 紧急情况报告制度

《水利工程施工监理规范》（SL 288—2014）中规定的紧急情况报告制度也应在水土保持工程监理工作制度中有所体现。当施工现场发生紧急情况时，监理机构应立即指示承包人采取有效紧急处理措施，并向发包人报告。

（1）监理机构应针对施工现场可能出现的紧急情况（包括各类自然灾害、事故，影响施工正常进展、财产和生命安全等情况），编制处理程序、处理措施以及风险或责任承担方式等文件。在紧急情况发生时，依据上述文件，指令施工单位采取防护、处理措施，将损失、损伤降到最低程度，并及时向建设单位汇报，协商、调解相关事宜。必要时，配合有关部门解决紧急情况。

（2）对造成人身、财产、环境的严重损害，可分为一般工程事故和重大工程事故。事故发生后要责成施工单位在 8 小时内向项目监理部提出书面报告，项目监理部应立即通知建设单位、公司领导及有关部门，并组织有关方对事故进行调查，查明事故原因及损失情况，提出处理方案，经有关主管部门批准后执行。项目监理部协助建设单位进行对财产损失的评估，原则上不介入人员伤亡的处理。

（3）监理机构应要求施工单位根据工程的具体情况，分析可能发生的紧急情况或事故，依据《中华人民共和国安全生产法》《建设工程安全生产管理条例》《国务院关于特大安全事故行政责任追究的规定》的要求，编制预防和处理措施文件，交监理部审核并上报业主单位。

(4) 当发生质量事故或安全事故时，总监理工程师可根据质量事故和安全事故的实际情况，可对工程部分或全部下达暂时停工令。

(5) 监理机构应要求承建单位建立应急救援指挥系统，建立救援人员、设备、物资保障系统。

实行事故处理实行专人负责制，即各参建方在事故发生后的每一个报告和处理程序中都必须有专人负责。项目中所有负责人应 24 小时开机，保持联系畅通。要求施工单位负责人接发生事故报告后，立即报监理部负责人，监理部负责人接报后上报业主单位负责人。各参建方事故现场应急处理负责人须在接报后 10 分钟内到达事故现场，如特殊情况负责人在规定时间内不能赶到现场的，必须立即指派同单位其他人员按时到达，同时负责人以最快的速度赶回应急事故处理现场。

定期组织各参建方按预案进行演练，确保在发生安全事故时能及时启动预案，使安全事故救援工作及时展开，做到忙而不乱。

在事故发生后，及时组织有关人员按照应急救援预案，迅速开展救援工作，防止事故的扩大，力争把事故损失降到最低限度；积极配合有关部门专家制定实施救援方案；根据事故发展状态，确定救援人员、物资、设备及警备保卫人员数量和占用场地紧急调用，事故救援后负责设备归还。

根据事故的发生过程及预案实施中发生的变化，将及时采取紧急应变处理措施；当事故有危及周围单位和人员的危险时，配合有关单位组织人员撤离、物资疏散等工作；及时成立事故调查组，按照"四不放过"的原则办事；积极配合业主及相关部门做好稳定社会秩序和伤亡人员的善后及家属的安抚工作；及时向业主及相关部门上报有关应急救援工作的进展情况。

监理机构可按业主要求，负责对事故现场的信息收集、整理；并负责将上级部门的指示及时下发、及时通报有关事故情况；同时还负责监督应急救援方案的实施和落实有关会议的决策；负责与上级有关部门的联络，接待及沟通工作；配合其他救援组的有关工作。

9. 工程建设标准强制性条文（水利工程部分）符合性审核制度

《水利工程施工监理规范》（SL 288—2014）中规定的工程建设标准强制性条文（水利工程部分）符合性审核制度也应在水土保持工程监理工作制度中有所体现。监理机构在核查和签发施工图纸和审核施工组织设计、施工措施计划、专项施工方案、安全技术措施、度汛方案及灾害应急预案等文件时，应对其与工程建设标准强制性条文（水利工程部分）的符合性进行审核。

第三节　施工准备阶段的监理工作

一、组织机构和工作制度

《水土保持工程施工监理规范》（SL 523—2011）规定，监理单位应按照合同的约定，组建项目监理机构，按时进驻工地。从监理机构组建角度上讲，进驻工地后，应主要从以下几方面做好监理机构组织机构和工作制度的准备工作。

（一）监理机构的人员安排

根据所监理工程的性质、规模、工程特点、工期等情况，安排监理人员，建立由总监理工程师负责的监理现场组织机构，并针对所监理项目的特点，进行必要的上岗人员培训。培训主要内容包括：工程建设相关法律法规、规章及规范性文件、相关技术标准；监理项目有关文件，如工程设计文件及批复、进度控制计划、经批准的水土保持方案，施工承包合同，监理合同文件（含监理目标、监理内容及监理工作范围等关键性内容）以及监理机构的内部规章制度等。

（二）监理机构的工作制度

监理机构在总监理工程师的组织下，应针对所承担的监理业务，制定包括目标控制、合同管理、信息管理、监督审核、目标考核与奖惩、人员管理、资源管理、安全管理等工作制度和内部管理制度，以保持监理机构的高效运行。

监理部成员都有按一定信息源和信息渠道，收集内外部信息的义务和责任。内部人员要及时地互通信息，向总监传递内、外部信息；外部信息主要侧重点是建设单位的意见和要求、合同条款、设计部门的工程变更、按相关法规要求和工作需要对上级主管部门的信息收集、传递和反馈；内部信息主要侧重对公司管理目标、质量方针、各项要求、考核、内审等方面的完成情况。工程"四控"、测量结果、纠正情况和有关数据和材料的信息；信息的沟通、传递方式主要采取谈话、交流、会议讨论、工地例会、监理月报、工作总结、文件签发等形式，保证项目监理部内部和外部信息交流和沟通的及时、有效。

工程建设监理的主要方法是控制，而控制的基础是信息，所以要在施工中要做好信息收集、整理和保存工作。要求承包单位及时整理施工技术资料，办理签认手续。通过信息交流，以便决策者及时、准确地获得信息，分析后采取相应措施。

利用计算机存储项目有关的信息，高速准确地处理监控所需要的信息，及时形成各种报告，以辅助监理在四大目标监控过程中发现问题，规划、决策、检查、反馈、实施动态管理。

监理人员负责收集和反馈信息，收集的信息必须真实可靠、准确实用，将其保存完整并及时分类，加工处理后，迅速反馈。通过信息，找出当前各项目标中偏离事项，加以总结提出纠偏措施，保证目标得以实现。对收集到的信息要进行分析，去伪存真，把握其真实性、可靠性，防止有害信息影响项目监理部的管理和服务。

水土保持施工监理机构应按《水土保持工程施工监理规范》（SL 523—2011）信息管理的要求，参考《建设工程文件归档整理规范》（GB/T 50328—2014）的相关文件归档整理工作，对项目监理部有关文件资料、图片及录像资料进行收集、整编、归档、保管、查阅、移交和保密等信息管理工作。资料严格按照监理文件控制程序、记录控制程序的要求，对在管理体系运行中形成的记录进行收集、整理。监理机构可在项目所在地聘用信息员，定期或不定期地向监理机构提供工程建设信息。

应派专人负责承发包合同、委托监理合同、各项分包合同的管理，做好文件资料内部借阅记录。借阅资料须填写资料借阅登记表，资料不准带出以及外借外传。严格执行公司和监理部各项制度，确保监理资料和管理体系资料的完整性、及时性和科学性。每套案卷须填写案卷号、主卷词，卷内填写目录与子目录，并逐页编码。收发文件要实行登记程序，按收发文登记簿的相关内容要求认真填写，一律用碳素笔，并不得使用省略形式。

暂停施工时要把资料送公司保存或监理部妥善保管。工程竣工后，按信息管理要求对监理资料要进行整理编审和装订，分别移交建设单位、公司工程部保管备查。

根据工程特点，有针对性地学习一些建筑结构、施工工艺、规范规程和标准的有关知识。总监组织全体监理人员选择适宜工地，进行新材料、新工艺现场观摩学习，边干边学，更新知识结构。提倡互教互学的学习方法，采用轮流讲授、专题讨论等有效形式，取长补短共同进步，不断充实提高业务能力，增强项目监理部凝聚力。

按照《水土保持工程施工监理规范》中规定的各级监理人员岗位责任制，认真履行监理职责，做好本职工作。本着谁监理、谁负责的原则，以严谨的工作质量来保证所监理工程质量，满足社会和顾客的要求；认真贯彻国家有关的政策、法规、规程和设计文件，开展监理工作。严格按工程质量验收规范进行验收，牢记工程质量和施工安全是监理工作的主旋律；监理人员要创造性地开展工作，自觉执行公司的质量管理体系文件，遵守公司和项目监理部的各项规章制度，努力工作恪尽职守；要加强学习，不断地提高个人业务知识水平和自身素质，以良好的工作态度和形象，完成各项监理任务。

（三）监理检验设备的配备

监理机构应按监理合同约定，配备现场检查必须的常规测量、试验检验设备等。

二、监理规划和监理细则编制

（一）监理大纲、监理规划、监理实施细则的概念

1. 监理大纲

监理大纲是监理单位为承揽监理业务所编写的监理方案性文件，它是投标文件的组成部分。主要作用：一是使建设单位认可大纲中的监理方案，从而承揽到监理业务；二是为今后开展监理工作制定方案。

2. 监理规划

监理规划是在签订监理合同后，由总监主持、专业监理工程师参加，根据监理合同，在监理大纲的基础上制定的，是指导整个项目监理组织开展监理工作的技术组织文件。

3. 监理实施细则

监理实施细则是在项目监理规划基础上，由专业监理工程师主持，针对所分担的具体监理任务和工作制定的指导具体监理业务实施的文件。

（二）监理规划的编制

1. 编写要求

编制监理规划，应遵循科学性和实事求是的原则，以监理合同、监理大纲为依据，根据项目特点和具体情况，充分收集与项目建设有关的信息和资料，结合监理单位自身情况

编写，编写中既要全面又要有针对性，既要突出预控性又要具有可行性和操作性，并在合同约定的时限向建设单位报送。

监理规划的编写应由总监理工程师主持，各专业监理工程师参与编写。编写应紧密结合工程建设特点，根据项目的规模、内容、性质等具体情况编写，结合施工单位编报的施工组织设计、施工进度计划等，对监理的组织机构、质量、进度、投资计划、监理的程序、监理的方法等做出具体、有针对性的陈述。随着工程建设的进展，实际情况的变化或合同变更而不断修改、补充和完善。

监理规划应对项目监理过程中所需各类表格及向建设单位提供的信息、各类文件作出规范和明确。

2. 编制依据

监理规划编制依据，应包括下列内容：

(1) 上级主管单位下达的年度计划批复文件。

(2) 与工程项目相关的法律、法规和部门规章。

(3) 与工程项目有关的标准、规范、设计文件、技术资料。

(4) 监理大纲、监理合同文件及与工程项目相关的合同文件。

3. 主要内容

监理规划编制的主要内容应包括：工程项目概况（如项目的名称、性质、规模、项目区位置及总投资和年度计划投资）；项目区的自然条件及社会经济状况（如地貌、气候、水文、土壤、植被、社会经济等与项目建设有密切关系的因子）；监理工作范围、内容；监理工作目标（含质量、进度、投资和安全目标等）；监理机构组织（含组织形式、人员配备及人员岗位职责等）；监理工作程序、方法、措施、制度及监理设施、设备等。

监理规划编制提纲实例：

1. 总则

(1) 工程项目基本概况。如某水土保持工程主要由明渠、节制闸、引水闸、隧洞、暗渠、消力池等主要建筑物和施工支洞、施工道路、施工生产设施、渣场等施工临时工程组成。需按照工程项目基本概况，简述工程项目的名称、性质、等级、建设地点、自然条件与外部环境；工程项目建设内容及规模、特点；工程项目建设目的。

(2) 工程项目主要目标。工程项目总投资及组成、计划工期（包括阶段性目标的计划开日期和完工日期）、质量控制目标。

(3) 工程项目组织。列明工程项目主管部门、质量监督机构、发包人、设计单位、承包人、监理单位、工程设备供应单位等。

(4) 监理工程范围和内容。发包人委托监理的工程范围和服务内容等。

(5) 监理主要依据。列出开展监理工作所依据的法律、法规、规章，国家及部门颁发的有关技术标准，批准的工程建设文件和有关合同文件、设计文件等的名称、文号等。

(6) 监理组织。现场监理机构的组织形式与部门设置，部门职责，主要监理人员的配置和岗位职责等。

(7) 监理工作基本程序。

(8) 监理工作主要制度。包括技术文件审核与审批、会议、紧急情况处理、监理报告、工程验收等方面。

(9) 监理人员守则和奖惩制度。

2. 工程质量控制

(1) 质量控制的内容。

(2) 质量控制的制度。

(3) 质量控制的措施。

3. 工程进度控制

(1) 进度控制的内容。

(2) 进度控制的制度。

(3) 进度控制的措施。

4. 工程资金控制

(1) 资金控制的内容。

(2) 资金控制的制度。

(3) 资金控制的措施。

5. 施工安全及文明施工监理

(1) 施工安全监理的范围和内容。

(2) 施工安全监理的制度。

(3) 施工安全监理的措施。

(4) 文明施工监理。

6. 合同管理的其他工作

(1) 变更的处理程序和监理工作方法。

(2) 违约事件的处理程序和监理工作方法。

(3) 索赔的处理程序和监理工作方法。

(4) 分包管理的监理工作内容。

(5) 担保及保险的监理工作。

7. 协调

(1) 协调工作的主要内容。

(2) 协调工作的原则与方法。

8. 工程质量评定与验收监理工作

(1) 工程质量评定。

(2) 工程验收。

9. 缺陷责任期监理工作

(1) 缺陷责任期的监理内容。

(2) 缺陷责任期的监理措施。

10. 信息管理

(1) 信息管理程序、制度及人员岗位职责。

（2）文档清单、编码系统。

（3）计算机辅助信息管理系统。

（4）文件资料预立卷和文档管理。

11. 监理设施

（1）制订现场监理办公和生活设施计划。

（2）制定现场交通、通信、办公和生活设施使用管理制度。

12. 监理实施细则编制计划

（1）监理实施细则文件清单。

（2）监理实施细则编制工作计划。

13. 其他

（三）监理实施细则的编制

1. 编写要求

监理实施细则是由专业监理工程师组织人员，针对项目的具体情况，分专业和不同监理工作内容而制定更具实施性和可操作性的监理实施细则，明确和细化工程监理的重点、难点，具体要求及监理的方法步骤等。监理实施细则应符合监理规划的基本要求，紧密结合工程的施工工艺、方法和专业特点，在监理的方法、内容、检测上具有较强的针对性，体现专业特点，充分体现工程特点和合同约定的要求，并应针对不同情况制定相应的对策和措施，突出监理工作的事前审批、事中监督和事后检验。

监理实施细则的条文中，应具体明确引用的规程、规范、标准及设计文件的名称、文号，文中采用的报表、报告应写明采用的格式。

监理实施细则编制完成后应经总监理工程师批准实施。总监理工程师在审核监理实施细则时，应注意各专业监理实施细则间的衔接与配套，以组成系统、完整的监理实施细则体系。

监理实施细则可根据工程具体情况，分阶段或按单项工程进行编写。也可根据工程的实施情况，不断进行补充、修改、完善。其内容、格式可随工程不同而不同。

2. 主要内容

《水土保持工程施工监理规范》（SL 523—2011）附录 C.2 规定的水土保持工程施工监理实施细则编写主要内容如下：

（1）总则。应包括下列内容：

1）编制依据。施工合同文件、设计文件与图纸、监理规划、施工组织设计及有关的技术资料。

2）适用范围。应包括：监理实施细则适用的项目和专业。

3）负责本项目监理工作的人员及职责分工。

4）适用工程范围内的全部技术标准、规程、规范的名称。

5）建设单位为该工程开工和正常进展提供的必要条件。

（2）单位工程、分部工程开工审批的程序和申请内容。

（3）质量控制的内容、措施和方法，应包括下列内容：

1）质量控制的标准与方法。应明确工程质量标准、检验内容及控制措施。

2）材料、构配件、工程设备质量控制。明确材料、构配件、工程设备报验收、签认程序，检验内容与标准。

3）施工质量控制。明确质量控制重点、方法和程序。

（4）进度控制的措施、内容和方法，应包括下列内容：

1）进度目标控制体系。工程的开竣工时间、阶段目标及关键工作时间。

2）进度计划的表达方法。依据合同的要求和进度控制的需要，进度计划的表达可采用横道图、网络图等方式。

3）施工进度计划的申报与审批。明确进度计划的申报时间、内容、形式，明确进度计划审批的职责分工与时限。

4）施工进度的过程控制：明确进度控制的内容、进度控制的措施、进度控制的程序、进度控制的方法及进度偏差分析和预测的方法和手段。

5）停工与复工。明确停工与复工的条件、程序。

6）工程延期及工程延误的处理。明确工程延期及工程延误控制的措施和方法。

（5）资金控制的内容、措施和方法，应包括下列内容：

1）资金控制的目标体系。资金控制的措施和方法。

2）计量与支付。计量与支付的依据、范围和方法；计量与支付申请的内容及程序。

3）费用索赔。明确防止费用索赔措施和方法。

（6）施工安全和环境保护内容、措施和方法，应包括下列内容：

1）施工安全监理机构的安全控制体系和施工单位建立的施工安全保证体系。

2）施工安全因素的分析与预测。

3）环境保护的内容与措施。

（7）合同管理的主要内容。合同管理的工作包括工程变更、索赔、违约管理、担保、保险、分包、化石和文物保护、施工合同解除、争议的解决及清场与撤离等，明确监理工作内容与程序。

（8）信息管理，应包括下列内容：

1）信息管理体系。设置管理人员，制定管理制度。

2）信息的收集和整理。信息收集和整理的内容、措施和方法。

（9）工程验收与移交，应明确各类工程验收程序和监理工作内容。

三、技术准备工作

（一）监理进驻现场后检查业主准备工作

监理机构需对项目开工前建设单位应提供的条件完成情况进行调查和检查，对可能影响施工单位按时进场和工程按期开工的问题提出处理意见报建设单位，并请建设单位尽快采取有效措施解决存在的问题。

检查并协调落实开工前应由建设单位提供的下列施工条件：

（1）施工图纸和文件发送情况。

（2）资金落实情况。

（3）施工用地等施工条件协调、落实情况。检查施工合同中规定应由建设单位提供的场外道路、供电、供水、通信等条件能否满足工程开工的要求，检查施工用地能否按时提供。征地工作是否落实，征地范围内是否迁移完，地下有无障碍物；场地与外部有无可靠的交通道路，材料设备入场有无障碍，雨季时有否被水淹或泥泞状况影响施工的情况；对外通信有几条电话线为施工使用；施工用电、生活用电电源接线地点多远、供电容量够不够，是否调换或增加变压器。

（4）有关测量基准点的移交。检查控制性高程点、坐标点的移交情况。

（5）首次预付款是否按合同约定拨付。

（二）监理进驻现场后检查承包单位准备工作

工程承包合同签订后，要积极组织人员进场，检查各级管理机构组织情况（对照投标书中检查项目、各级负责人、施工人数、计划时间）能否满足开工要求；施工使用的主要材料，如：水泥、钢材、砂石材料等供应采用何种方式，厂家是否落实；施工人员生活用房地点及安排情况（施工总平面图）；施工机械设备（投标书中开列的各类设备、数量、进场计划）进场准备情况，检查并督促落实施工单位施工准备工作：

（1）施工单位管理组织机构设置是否健全、职责是否明确，管理和技术人员数量是否满足工程建设需要。检查施工单位派驻现场的主要管理人员数量及资格是否与合同文件一致，如有变化，需征得建设单位同意。

（2）施工单位是否具备投标承诺的资质，施工设备、检测仪器设备能否满足工程建设要求。检查施工单位进场施工设备的数量、规格、生产能力、完好率及设备配套的情况是否满足工程开工及随后施工的需要。经检查存在问题或隐患的施工设备，应督促施工单位尽快检修或撤离工地更换。

（3）施工单位是否对水土保持综合治理措施设计与当地立地条件、可实施条件等进行了核对，苗木、籽种来源是否落实。施工单位应对照水土保持工程设计进行现场核实，核对现场可实施条件、设计缺陷、材料进场条件等。

（4）施工单位是否对淤地坝、塘坝、渠系闸门、拦渣坝（墙、堤）、渠系、护坡工程、排水工程、泥石流防治及崩岗治理工程、采石场、取土场、弃渣场等的原始地面线、沟道断面等影响工程计量的部位进行了复测或确认。施工单位应按合同文件规定对建设单位提供的淤地坝等土石方工程的原始基准点、基准线和参考标高等计量部位进行复核，并在此基础上完成施工测量控制网布设及原始地形图的测绘。控制网布设和施测方案，必须事先报经监理机构批准。监理机构应派出测量监理工程师对施测过程进行监督或复核，对测量成果进行签认。施工单位对工程所有的位置、标高、尺寸的正确性负责，并提供与上述责任有关的一切必要的设备和劳务。

（5）施工单位的质检人员组成、设备配备是否落实，质量保证体系、施工工艺流程、检测检查内容及标准是否合理。

1）检查施工单位的质量保证体系，主要内容包括：①设立专门的质量管理机构和专职质量检测人员，建立健全质量保证体系情况；②编制质量保证体系文件和规章制度情况；③施工质量检验人员的岗位培训和业务考核情况；④按照国家有关规定需要持证上岗的质量管理人员的资格情况。

2）检查施工单位试验室条件是否符合有关规定。主要包括：①实验室的资质等级和试验范围；②法定计量部门对试验室检测仪器和设备的计量鉴定证书；③试验人员的资格证书。

（6）施工单位的安全管理机构、安全管理人员配备、安全管理规章制度是否到位。

（7）施工单位工程的环境保护、安全生产等相关措施是否合理、完善。

（8）应检查施工单位进场原材料、构配件的质量、规格是否符合有关技术标准要求，储存量是否满足工程开工及随后施工的需要。检查施工单位进场原材料的质量、规格、性能是否符合有关技术标准和技术条款的要求，原材料的储存量是否满足工程开工及随后施工的需要。

（9）承担坝系工程或生产建设项目水土保持监理的监理单位还应按照合同约定，委派监理机构对施工准备阶段的场地平整以及通水、通路、通电和施工中的临时工程等进行巡检。监理机构对临时工程进行巡查发现不能满足施工需要，有影响进度等情况，应及时形成专项报告，向建设单位报告并提出工作建议。

（三）施工组织设计和技术措施的审查

施工单位在施工前，应对照水土保持工程设计进行现场核实，核对工程现场可实施条件、设计缺陷、材料进场条件等。无论是水土保持生态工程建设，还是生产建设项目水土保持设施建设，施工单位都应根据项目特点，结合工程实际情况，编制施工组织设计方案，开工前报监理机构审查后执行。对规模大、结构复杂或属新型结构、特种结构工程的技术方案，监理机构应在审查后，报送监理单位技术负责人审核，最后的审批意见由总监理工程师签发。必要时与建设单位协商，组织有关专家会审。

监理机构应从以下方面审查施工单位的施工组织设计：

（1）施工质量、进度、安全、职业卫生、环境保护等是否符合国家相关法律、法规、行业标准、工程设计、招投标文件、合同及投资计划的要求目标。

（2）质量、安全、职业卫生和环境保护机构、人员、制度措施是否齐全有效。

（3）施工总体部署、施工方案、安全度汛应急预案是否合理可行。

（4）施工计划安排是否与当地季节气候条件相适应。

（5）施工机械的性能与数量、材料的准备等能否满足施工进度和质量的要求。

（6）施工组织设计中临时防护及安全防护和专题技术方案是否可行。

监理机构在对施工单位的施工组织设计进行仔细审核后，提出意见和建议，并用书面形式答复施工单位是否批准施工组织设计，是否需要修改。如果需要修改，施工单位应对施工组织设计进行修改后提出新的施工组织设计，再次提交监理机构审核，直至批准为止。在施工组织设计获得批准后，施工单位就应严格遵照批准的施工组织设计和技术措施实施。施工单位应对其编制的施工组织设计的完备性负责，监理机构对施工方案的批准，不解除施工单位对此方案应负的责任。

由于水土保持工程建设项目内容多，施工单位在组织现场施工时，必须对每一个单项工程措施，如治沟骨干坝、拦渣坝、拦渣堤、斜坡防护、人工造林、人工种草、基本农田、沟头防护工程、塘库（涝池）、坡面排水系统、崩岗治理工程、封育治理等制定更为具体的施工技术措施，详细说明如何实施该单项措施的施工。

监理工程师对技术措施审查时，应从以下几个方面进行：

（1）技术组织措施。审查内容包括技术组织的人员组成，工程师、助理工程师、技术员及技工等的数量。

（2）保证工程质量的措施。审查内容为有关建筑材料的质量标准、检验制度、使用要求，主要工种工程的技术质量标准和检验评定方法，对可能出现技术和质量问题的改进办法和措施。

（3）安全保证措施。审查的内容为有关安全操作规程、安全制度等。

在施工过程中，监理工程师有权随时随地对已批准的施工设计和技术措施的实施情况进行检查，如发现施工单位有背离之处，监理工程师以口头形式或书面形式指出并要求予以改正。如果施工单位坚持不予改正，监理工程师有权发布暂停令。

（四）项目划分的编制工作

项目监理机构应组织进行项目划分，并于工程项目开工前及时协调建设单位组织召开第一次工地会议。监理机构主持会议时应事先将会议议程及有关事项通知相关单位。项目划分应依据工程形成过程，考虑设计布局、施工布置等因素，将水土保持工程依次划分为单元工程、分部工程、单位工程。项目划分应结合工程结构特点、施工部署及施工合同要求，划分结果应有利于保证工程质量及施工管理。确定主要单位工程、主要分部工程、重要隐蔽单元工程和关键部位单元工程，并编写项目划分说明，项目划分应上报工程质量监督机构备案。

（五）施工图纸的核查与签发

按照《水利工程施工监理规范》（SL 288—2014）的规定，工程施工所需的施工图纸，应经监理机构核查并签发后，承包人方可用于施工。承包人无图纸施工或按照未经监理机构签发的施工图纸施工，监理机构有权责令其停工、返工或拆除，有权拒绝计量和签发付款证书。监理机构应在收到发包人提供的施工图纸后及时核查并签发。在施工图纸核查过程中，监理机构可征求承包人的意见，必要时提醒发包人组织有关专家会审。监理机构不得修改施工图纸，对核查过程中发现的问题，应通过发包人返回设计单位处理。对承包人提供的施工图纸，监理机构应按施工合同约定进行核查，在规定的期限内签发。对核查过程中发现的问题，监理机构应通知承包人修改后重新报审。经核查的施工图纸应由总监理工程师签发，并加盖监理机构章。

核查施工图纸的内容主要包括：

（1）施工图纸与招标图纸是否一致，是否与批复的初步设计一致，是否与工程建设标准强制性条文相违背。

（2）各类图纸之间、各专业图纸之间，平面图与剖面图之间、各剖面图之间有无矛盾，标注是否清楚、齐全，是否有误。

（3）总平面布置图与施工图纸的位置、几何尺寸、标高等是否一致。

（4）施工图纸与设计说明、技术要求是否一致。

（5）其他涉及设计文件及施工图纸的问题。

施工图纸的核查与签发不属于设计监理或施工图纸审查范畴。

四、开工条件控制

监理机构在实施阶段应结合《水土保持工程施工监理规范》（SL 523—2011）及《水利工程施工监理规范》（SL 288—2014）的相关要求做开工条件的控制。

《水土保持工程施工监理规范》（SL 523—2011）对开工条件控制的规定如下：

（1）施工单位完成合同项目开工准备后，应向监理机构提交开工申请。经监理机构检查确认施工单位的施工准备及建设单位有关工作满足开工条件后，应由总监理工程师签发开工令。

（2）单位工程或合同项目中的单项工程开工前，应由监理机构审核施工单位报送的开工申请、施工组织设计，检查开工条件，征得建设单位同意后由监理工程师签发工程开工通知。重要的防洪工程和生产建设项目中对主体工程及周边设施安全、质量、进度、投资等其中一方面或同时具有重大影响的单位工程，应由总监理工程师签发开工通知。

（3）由于施工单位原因使工程未能按施工合同约定时间开工，监理机构应通知施工单位在约定时间内提交赶工措施报告并说明延误开工原因，由此增加的费用和工期延误造成的损失，应由施工单位承担或按照合同约定处理。

（4）由于建设单位原因使工程未能按施工合同约定时间开工，监理机构在收到施工单位提出的顺延工期的要求后，应立即与建设单位和施工单位共同协商补救办法，由此增加的费用和工期延误造成的损失，应由建设单位承担或按照合同约定处理。

（一）开工申请审查

施工单位完成合同工程或单位开工准备事宜，向监理机构提交开工申请后，监理机构应从以下方面进行审查。对于不符合要求的，应要求施工单位继续整改、完善，审查通过后由总监理工程师签发开工令。

（1）检查开工项目施工图纸、技术标准、施工技术交底情况。施工图纸是否经过设计单位正式签署，图纸与说明书是否齐全，是否与招标图纸一致。

（2）检查主要施工设备到位情况。主要施工设备是否与施工合同承诺一致，如有变化，应重新审查并报建设单位认定。进场施工设备的数量和规格、性能是否符合施工合同约定要求。

（3）检查施工安全和质量保证措施落实情况。①检查施工单位安全管理规章制度是否健全，是否对职工进行安全教育和培训，施工现场是否挂有醒目的安全宣传标语牌，机具、机械、电气设备是否有安全操作规程牌，危险电源处是否设安全警示标志；②检查质量保证措施落实情况，对从事质量活动相关的人员资格证进行见证和认可，是否建立质量保证体系。

（4）检查材料、构配件质量及检验情况。对进场材料出厂证明和产品合格证进行查验。检查进厂原材料是否符合有关技术标准和合同条款的要求，原材料的储存量是否满足工程开工及随后施工的需要。

（5）现场施工人员安排情况。检查施工单位调遣的人员是否满足按照合同文件约定的数量。

（6）场地平整、交通、临时设施准备情况。检查是否达到"四通一平"，即通水、通电、通路、通信和场地平整。

（7）测量及测验情况。检查施工单位对建设单位提供的测量基准点复核情况，测量及试验设备是否校验合格。

（二）开工令、开工通知的签发

总监理工程师可于施工合同约定的工程开工日期前，向施工单位发出进场通知。经检查该合同工程或单位工程具备客观条件，并征得建设单位同意后，由监理工程师签发工程开工令。开工令一般仅针对合同工程项目或重要的单位工程的第一次开工而签发，其后的其他项目，可用开工通知的形式指示开工。

第四节 实施阶段的质量控制

水土保持工程的质量优劣，不仅关系到区域生产生活条件的改善，而且关系到江河的治理和国家经济的可持续发展，同时也直接影响到广大人民群众的切身利益。水土保持工程施工阶段是形成工程的重要阶段，也是水土保持工程监理单位进行目标控制的重点。水土保持工程质量的优劣，对水土保持工程能否安全、可靠、经济、适用地在规定的经济寿命内正常运行，发挥设计功能，达到预期目的关系重大。

一、工程质量控制依据

水土保持工程监理质量控制的依据，除了应按国家颁布的有关工程建设质量的法律法规和规章制度（如《建设工程质量管理条例》《水利工程质量管理条例》）外，还包括以下几方面的内容。

1. 国家和行业标准、技术规范、技术操作规程及验收规范

如《水土保持综合治理技术规范》（GB/T 16453.1—16453，GB/T 6—2008）、《水土保持治沟骨干工程技术规范》（SL 289—2003）、《水土保持综合治理验收规范》（GB/T 15773—2008）、《生产建设项目水土保持技术规范》（GB 50433—2018）、《生产建设项目水土保持设施验收技术规程》（GB/T 22490—2008），以及相关行业（如水利、林业、农业等）的有关技术规范等。这些都是水土保持工程建设的统一行动准则，包含着各地多年的水土保持建设经验，与质量密切相关，必须严格遵守。

2. 已批准的设计文件、施工图纸、设计变更与修改文件

已批准的水土保持工程设计及其相关的附表、附图是监理工程师进行质量控制的依据。监理工程师进行质量控制时，应首先对设计报告及其附表、附图进行审查，及时发现存在的问题或矛盾之处，并恳请设计单位修改，及时作出设计变更。监理单位和施工单位要注意研究设计报告及图表的合理性与正确性，以保证设计的完善性和实施的正确性。

3. 已批准的施工组织设计、施工技术措施及施工方案

施工组织设计是施工单位进行施工准备和指导现场施工的规划性文件，它比较详细地规定了施工的组织形式，树种、草种和其他工程材料的来源和质量，施工工艺及技术保证措施等。施工单位在开工前，必须对其所承担的工程项目提出施工组织设计，报请监理工程师审查。获得批准的施工组织设计，是监理工程师进行质量控制的主要依据之一。

如某水土保持工程的场内弃渣运输，施工单位的施工组织中说明的运输方式是对于进、出口段平洞洞内石渣水平运输采用立爪装岩机（$100m^3/h$）装渣，电瓶机车（5t）牵引 $8m^3$ 梭式矿车运输至洞口，再由汽车运 3km 至弃渣场堆放。监理工程师审查后批准，并在随后的监理控制工作中对施工单位的运输方式进行查验。

4. 施工承包合同中引用的有关原材料及构配件方面的质量标准

如水泥、水泥制品、钢材、石材、石灰、砂、防水材料等材料的产品标准及检验标准，种子、苗木的质量标准及检验、取样的方法与标准。

5. 施工承包合同中有关质量的条款

监理合同中建设单位与监理单位有关质量控制的权利和义务的条款，施工合同中建设单位与施工单位有关质量控制的权利和义务的条款，各方都必须履行合同中的承诺，尤其是监理单位，既要履行监理合同的条款，又要监督承建单位履行质量控制条款。

6. 制造厂提供的设备安装说明书和有关技术标准

制造厂提供的设备安装说明书和有关技术标准，是施工安装承包人进行设备安装必须遵循的重要的技术文件，同样是监理人对承包人的设备安装质量进行检查和控制的依据。

二、水土保持工程施工质量控制的任务、方法

（一）施工质量控制的任务

（1）审查各单项工程的开工申请，签发开工令。

（2）检查各种进场材料（包括苗木、水泥、钢材等）、构件、制品、设备的质量等。

（3）施工的质量监督。在施工现场对各项工程的施工过程进行监督检查。

（4）验收。审查各单项工程施工单位自检报告，现场检查认可。

（二）施工质量控制的方法

监理工程师进行施工阶段质量控制的主要方法有以下几种。

1. 现场记录

监理人员应认真、完整记录每日施工现场的人员、设备、材料、天气、施工环境以及施工中出现的各种情况作为处理施工过程中合同问题的依据之一，并通过发布通知、指示、批复、签认等文件形式进行施工全过程的控制和管理。

2. 旁站监理

监理人员按照监理合同约定，在施工现场对工程项目的重要部位和关键工序的施工，实施连续性的全过程检查、监督与管理。旁站是监理人员的一种主要现场检查形式。对水土保持工程建设项目来讲，旁站主要对隐蔽工程和关键部位的施工进行现场监督。如治沟骨干坝的清基、结合槽、基础处理、输水涵洞、卧管、消力池施工等。

3. 巡视检查、检验与抽样检查

对水土保持措施采取巡视检查、检验是监理工程师对所监理的工程项目进行的定期或不定期的检查、监督和管理。通过这种检验方式，监理人员可以掌握现场施工情况，控制施工现场，这是监理工程师所采取的一种经常性、最为普遍的方法。在巡视检查、检验的同时并对各单项工程按照有关要求选择一定比例进行重点抽样检查。

4. 测量（度量）

测量（度量）主要包括对各项工程的建筑物的几何尺寸和数量（面积）进行控制的重要手段。如对治沟骨干坝，开工前，施工单位要进行施工放样，监理工程师对施工放样和控制高程进行核查，不符合设计要求不准开工；对模板工程已完成工程的几何尺寸、高程等质量指标，按规范进行测量验收。对基本农田、林草、小型蓄水保土工程等的尺寸与数量（面积）也要进行测量（度量）。对所有不合格的工程要求施工单位进行修验或返工，造林成活率低的要进行补值。施工单位的测量记录要经监理工程师签字后才能使用。

5. 试验

试验是监理工程师确认各种材料和工程部位内在品质的主要依据，水土保持生态工程材料试验包括水泥、粗骨料、砂石料等，外购材料（包括苗木）和成品应有出厂说明书或检验合格单，混凝土工程要进行强度检验，土方工程要进行土壤含水量和干容重的测定。

6. 指令文件的应用

指令文件也是监理的一种手段，指令文件有质量问题通知单、备忘录、情况纪要等。在监理过程中，双方的来往都以文字为准。监理工程师的书面指令对施工单位进行质量控制，对施工中发现的或有苗头发生的质量问题以《监理工程师通知单》的形式通知施工单位加以注意和修正。

7. 有关技术文件、报告、报表的审核

监理工程师应按照施工顺序、施工进度和监理划及时审核和签署有关质量文件及报表，以最快的速度判明工程质量状况，发现质量问题，并将其质量信息反馈给施工单位。

三、水土保持工程的质量控制

（一）质量控制的基本规定

1. 建立和完善质量控制体系

建立和完善质量控制体系是建立机构做好质量控制的基础和保障，质量控制是一个动态控制管理过程，随施工过程的变化不断修改完善质量控制体系。

（1）质量控制方法。

1）建立质量检验工作制度，如原材料及中间产品质量抽样检查制度。

2）制定质量检查工作程序。施工单位对施工质量进行自检，并做好施工记录，及时填写《施工质量评定表》，自评合格后，由现场监理工程师进行复检。

3）严把事前技术报告审批关。如施工单位开工报告、分包单位资质、施工方案、原材料、中间产品及设备制造质量检验报告、质量动态统计资料，设计变更和图纸修改文件等。

（2）质量控制程序。

1）审批单位工程、分部工程开工申请。在每个单项工程施工开始前，施工单位需填写《单项工程开工申请表》并附上施工组织计划及施工技术措施设计、机具设备与技术人员数量、材料及施工机具设备到场情况，各项施工用的建筑材料试验报告、《施工放样报验单》及分包单位的资格证明等，报送监理工程师进行审核。

2）单元工程质量检验及工序控制。每道工序完成后，首先要求施工单位自检。监理工程师接到《工程质量报验单》后，要组织对工序进行检查认证，对分工序施工的单元工程，未经工程师的认证或检查不合格，不得进行下道工序的施工。对于关键部位或重要的工序还要进行旁站检查、中间检查、取样和技术复核，除做好记录外还要采用拍照、录像等手段获取影像资料。

3）分部、单元工程质量检验。分部工程完成后，施工单位应根据监理工程师签认的分项或单元工程质量评定结果进行分部工程等级汇总。由施工单位将分部工程质量登记结果写在《工程质量报验单》上，报监理工程师审核，由项目总监确认。《分部工程质量评定表》作为分部工程验收签证和单位工程质量等级核定的依据，复核人与总监均应签字，并加盖公章。

4）单位工程质量检验。单位工程完工后，先由施工单位负责人（或技术负责人）组织自检，再由建设单位组织设计、施工、监理单位进行复检，并进行单位工程质量等级评定，填写《单位工程质量评定表》报送监理机构。监理机构收到建设单位报送的《单位工程质量评定表》后，应组织负责分部工程监理人员逐项检查复核，务必资料齐全、数据无误、评价准确，根据部颁评定标准，复核等级。复核人与总监均应签字，并盖公章。再由建设单位报送工程质量监督站核定等级。《单位工程质量评定表》是单位工程验收和合同工程竣工的重要依据。

2. 审查施工单位的质量保证体系

质量保证体系是施工单位做好工程质量的基本保证。施工过程中监理机构应检查和审查施工单位质量保证体系建设情况，督促施工单位建立健全质量保证体系和落实各项质量保证措施。施工单位质量保证体系审查内容主要包括：组织机构、人员安排与职责权限、会议制度、会议规章制度、原材料和半成品质量检验检测制度、现场质量检验制度、职工培训与上岗制度等内容。

3. 监理机构质量控制实施

监理机构在实施质量控制时，应对施工单位的人员、设备、材料、施工方法、施工方案、施工环境等可能影响工程质量的因素实施全方位、全过程控制，尤其对极端气候条件的施工质量加强控制。

在质量检验中，发现施工单位使用了不合格材料、苗木、籽种、构配件等时，应立即要求停止使用，并采取必要的整改措施，包括全部返工、补强修补、清退不合格材料出场等。对不称职或违章作业人员，要求施工单位暂停或禁止其在本工程中工作。

（二）淤泥坝、拦渣工程和防洪排导工程质量控制

淤泥坝、拦渣工程和防洪排导工程施工中，施工单位要对工程的原始基准点、基准线和参考标高等工程计量部位进行复测确认，并上报《施工测量成果报验单》，经现场监理工程师审查、复核符合设计要求后进行施工放线，按照施工技术方案组织施工。施工单位对进场原材料（如水泥、砂、钢材等）进行复检，并将复检结果报监理审查，按照项目划分结果对单元工程进行质量评定，在单元工程质量评定时按照规范要求进行检测、试验。同时，做好施工记录，实测资料不得涂改，特别是实测数据，作为原始记录存档备查。

1. 基础开挖的质量控制

对照施工放样图，对基础及暗坡的清理位置、范围、厚度进行复核。对结合槽开挖断面尺寸进行丈量、复核，并填写《隐蔽工程检查记录》表。

对溢洪道、涵洞、卧管（竖井）及明渠基础的高程进行复核、复测、检查高程点是否符合设计要求，断面开挖尺寸要符合设计和规范要求，不得超挖和欠挖。复核基础坡度，对基础平整度、强度进行检查。

石质基础开挖完成后，校核中心线位置、高程、坡度，断面尺寸的误差不能超过允许范围，检查边坡稳定程度。

2. 坝（墙、堤）体填筑的质量控制

土料质量检验，坝（墙、堤）体填筑的土料要送质量材料试验室进行试验，确定土料干容量和最佳含水量。

碾压坝（墙、堤）体时，铺土厚度必须在 30cm 范围内。在碾压试验的复核试验中取一定数量的样品，进行物理力学试验，与原试验室试验对比分析。确定含水量和干容量。黏性土现场密度检测，宜采用环刀法，环刀容积不小于 $500cm^3$，环刀直径不小于 100mm、高度不小于 64mm。

碾压坝（墙、堤）体施工中，首先要检查碾压机具规格、质量、振动碾振动频率、激振力，气胎碾气胎压力等。其次要检查碾压层面有无光面、剪切破坏、弹簧土、漏压或欠压土层、裂缝等。压实土体表面是否按要求进行了处理。

水坠坝施工中，边埂、砂壤土边坡应采用碾压法修筑，其外边坡坡度应与坝坡一致，内边坡坡度宜采用休止坡。边埂高度应根据土料性质和每次冲填层厚度确定，高出冲填层泥面 0.5～1.0m。

碾压式边埂的填筑标准，应以土的压实干密度作为质量控制的主要指标。

均质坝的允许冲填速度：砂土两日最大升高小于 1.0m，砂壤土两日最大升高小于 0.8m；旬平均日填速度：0.25～0.5m/d；月最大升高小于 7.0m。

混凝土重力坝（墙、堤）碾压混凝土中的总胶凝材料用量不宜低于 $150kg/m^3$。

碾压混凝土坝内部混凝土的强度等级，宜采用一种，对于高坝亦可按高程或部位采用不同的强度等级。强度等级的分区宽度根据坝体受力状态、结构要求和施工条件确定，不宜小于 5.0m。

坝（墙、堤）体断面尺寸，考虑填筑体沉陷高度的竣工坝（墙、堤）顶高程。

防渗体的型式、位置、断面尺寸及土料的级配、碾压密实性、关键部位填筑质量。防渗体填筑时，经取样检查压实合格后，方可继续铺土填筑，否则应进行补压。补压无效时，应分析原因，进行处理。

反滤体：反滤料和过渡料的填筑，除按规定检查压实质量外，必须严格控制颗粒级配，不符合设计要求应进行返工。对防渗土料，干密度或压实度的合格率小于90%。反滤料干密度、颗粒级配、含泥量的检查频次为200～500m³一次，且每层至少一次。

3. 坝（墙、堤）面排水、护坡及取土场的质量控制

坝面排水沟的布置及连接，排水设施所用石料必须质地坚硬，及抗水性、抗冻性、抗压强度及排水能力应满足设计要求，砌筑用砂应严格控制细粒含量和含泥量，不得超出设计允许范围。排水设施外露表面，宜力求平整、美观。

植物护坡的植物配置与布设。草皮护坡应选用易生根、能蔓延、耐旱草类，无黏性土坡面上应先铺一层种植土，然后再种植草皮。草皮铺植后应洒水处理。

取土场整治，取土场应进行整平，恢复成耕地或林地。

墙（堤）体及上方与周边来水处处理措施与排水系统的完整性。

4. 溢洪道砌护质量控制

（1）结构形式、位置、断面尺寸符合设计要求。

（2）石料的质量、尺寸。石料应新鲜、完整，质地坚硬，不得有剥落层和裂纹。

1）毛石：无一定规格形状，单块重量宜大于25kg，中部或局部厚度不宜小于20cm。

2）块石：外形大致呈方形，上、下两面基本平行且大致平整，无尖角、薄边，块厚不宜大于20cm。毛石、块石最大边长（长、宽、高）不宜大于100cm。

3）粗料石：应棱角分明，六面基本平整，同一面最大高差不宜大于石料长度的3%，石料长度宜大于50cm，宽度、高度不宜小于25cm。

（3）基础处理，必须严格按设计和有关标准要求，认真进行质量控制，并在事先明确检验项目、要求和方法。

（4）水泥砂浆配合比、混凝土坍落度、砌筑方法及质量。砂浆原材料、配合比、强度应符合设计要求。砂浆宜用细砂，水泥宜用普通硅酸盐水泥，砂浆应随拌随用，严禁使用超过初凝时间的砂浆。浆砌石工程的外形尺寸应符合设计要求，铺浆必须全面、均匀，无裸露石块。浆砌石砌缝宽度，粗料石为1.5～2.0cm，块石（毛料石）为3.0cm。勾缝砂浆必须单独清洗干净，无残留灰渣和积水，并保持缝面湿润。清缝深度水平缝不小于3cm，竖缝深度不小于4cm。

5. 放水（排洪）工程质量控制

（1）排洪渠、放水涵洞工程型式、主要尺寸、材料及施工工艺。

（2）混凝土预制涵管接头的止水措施，截水环的间距及尺寸，涵管周边填筑土体的夯实，浆砌石涵洞的石料及砌筑质量，以及涵管或涵洞完工后的封闭试验。放水涵管砌筑应根据涵管每节的长度，在两管接头处预留接缝套管位置，涵管应由一端一次逐节向另一端套装，接头缝隙应采用沥青麻刀填充，表面用3∶7石棉水泥盖缝。预制管安装完成后应进行渗漏检查，灌水试验时涵洞要承受设计最大的水压或在涵洞内放浓烟，发现漏水、漏烟处，应用水泥砂浆或沥青麻刀进行封堵。

（3）浆砌石卧管和竖井砌筑方法、尺寸、石料及砌筑质量，明渠及其与下游沟道的衔接。

（4）现浇混凝土结构钢筋绑扎、支模、振捣及拆模后外观质量，以及后期养护情况。

（三）基本农田工程质量控制

1. 梯田

（1）梯田布设符合设计。

（2）梯田施工方式应符合设计要求，并做到表土还原。

（3）梯田修筑应埂、坎齐全；土坎分层夯实，坎面拍光；石坎砌石要自下而上错缝竖砌，大块封边，表面平整。

（4）田面平整，田面宽度不小于 6m（土石山区不小于 4m）。

（5）隔坡梯田的田面宽度与隔坡段水平投影宽度比及隔坡段治理应符合设计要求。

2. 引洪漫地

（1）总体布局符合设计要求，渠首、渠系及田间工程配套。

（2）渠首工程（截水沟、拦洪坝等）按设计施工，工程设施完好无损，能满足拦（引）洪要求。

（3）渠道断面和比降符合设计要求，引洪过程中没有明显的冲刷和淤积。

（4）田间基本平整（保留均匀坡度不超过 1°），田块中不应有大块石砾及明显凹凸部位。

（5）田坎四周的蓄水埂密实，埂高达到一次漫灌的最大水深，一般高出地面 0.5m 以上。

（6）洪水能迅速、均匀地淤漫全部地块，漫淤厚度达到设计要求。

（四）造林工程质量控制

1. 苗木质量

检查苗木的生长年龄、苗高和地径；起苗、包装、运输和储藏（假植）；外调苗木的检疫证书；直播造林所用籽种纯度、发芽率、质量合格证及检疫证。要求苗木根系完好，木质化充分，无机械损伤，无病虫害。

2. 造林整地

造林整地是影响植物措施成活及长势的重要环节，主要检查以下四个方面的内容：

（1）形式及规格应符合设计要求。

（2）整地工程的填方土埝，应分层夯实或踩实。

（3）整地开挖应将表土堆置一旁，底土做埝，挖好后表土回填。

（4）带状整地应沿等高线进行，施工前用水准仪测量定线，保证水平，每条带每 5～10m 修一高 2.0m 左右土埝。

3. 栽植

树种及造林密度应符合设计要求。

定植穴宽度、深度应大于苗木根幅和根长，栽植时苗木应栽正扶直，深浅适宜，根系舒展。

填土应先填表土湿土，后填心土干土，分层覆盖，分层踩实，表面覆一层虚土。

在多年平均降水量大于 400mm 的地区造林成活率应不小于 85％，多年平均降水量小于 400mm 的地区造林成活率应不小于 70%。

(五) 种草工程质量控制

种草工程在施工中应对照设计, 逐片观察, 分清荒地或退耕地长期种草与草田轮作中的短期种草, 应按设计图斑分别做好记载, 合理确认数量。

1. 种子质量

种子质量等级应达到国家或省级规定质量等级标准三级以上。

2. 整地质量

整地规格符合设计要求; 整地深度应达到 20cm 左右。

3. 播种质量

播种密度符合设计要求。

播种深度大粒种 3~4cm, 小粒种 1~2cm, 播种后应镇压。

4. 成活要求

成苗数不应小于 30 株/m^2。

(六) 封禁治理工程质量控制

1. 围栏

围栏规格符合设计要求, 制作坚固耐用, 围栏桩埋实, 铁丝绷紧。

2. 封禁标志

封禁区四周具有明确的封禁标志, 封禁界限明确, 封禁区具有符合设计要求的宣传碑 (牌)。

3. 抚育管理

封禁区应按照设计要求进行补植、补播、修枝、平茬等。

4. 法规制度

应具有配套的法规制度和相应的乡规民约。

5. 管护

封禁地块应配备专职及兼职管护人员, 并应具备基本工作条件。

(七) 道路工程质量控制

路基铺筑材料、尺寸、压实度符合设计要求, 边坡稳定、坚固。

路面硬化材料、厚度、宽度与施工工艺符合设计要求。

排水工程断面尺寸、坡降、施工材料、施工工艺符合设计要求, 排水系统通畅。

路旁绿化等保护措施按设计要求施工到位。

(八) 沟头防护工程的质量控制

1. 工程布设

蓄水式工程沟埂顺沟沿线等高建筑, 土埂距沟头 (沿) 的距离不小于 3m, 蓄水池距沟头的距离不小于 10m。

2. 工程结构

蓄水式工程沟埂内每 5~10m 设一小土挡; 排水时工程引水渠、挑流槽 (支柱)、消能设施等配套完善。

3. 修筑质量

蓄水式工程沟埂按要求进行清基分层夯实，排水时工程各构建与地面及岸坡结合稳固，免受暴雨冲刷。

（九）小型淤地坝工程质量控制

坝基要清至原状土或基岩，两岸削坡不应陡于 1：1，梯形断面结合槽开挖的底宽和深度均不小于 0.5m，边坡 1：1。

筑坝土料含水率不低于 14％，每次铺土前先将压实层刨毛 3～5cm，铺土厚度不超过 30cm，要求厚度均匀，宽度范围内土料一次铺够。

每层机械碾压 3 遍以上，相邻作业面碾迹搭接 10～15cm；靠近近岸坡、边角部位可以用人工夯实，夯实采取梅花套打法，夯迹重合不小于 1/3 夯径，也可以用小型、轻型机具压实；每碾压一层，应按设计坡比进行整坡。坝体压实干密度及工程各部位尺寸符合设计要求。

拦沙坝工程质量控制可参照此条进行质量控制。一般拦沙坝工程质量控制与重点检测内容宜按小型淤地坝要求进行，重点拦沙坝（由坝体、放水工程和溢洪道等"三大件"构成）应按大型淤地坝要求控制。

（十）谷坊工程的质量控制

（1）谷坊布设合理，规格尺寸应符合定型设计。上、下谷坊基本符合"顶底相照"原则。

（2）施工土料、石块、柳桩等材料符合设计要求。

（3）土谷坊、石谷坊施工前应按要求进行清基。土谷坊还应开挖结合槽。

（4）土谷坊应分层夯实，每层填土前先将坚实土层刨毛 3～5cm，每层铺土厚度不超过 30cm；石谷坊砌筑应从下而上分层、错缝砌筑，砂浆灌缝；柳谷坊应选择活柳枝。芽眼向上垂直打入沟底，各排桩呈"品"字形错开，柳梢编篱，底部用枝铺垫，各排桩之间或上游底部用石块或编织土袋填压。

（十一）水窖、涝池工程的质量控制

（1）布设位置。水窖应建在庭院、路旁及田间地头地表径流来源充足的地方。

（2）水窖设施齐备。除窖体外，径流入窖前应有沉沙池（无水泥净化集流场的水窖）和拦污栅，井口安有能上锁的水泥盖板或木板。对径流来源过大的水窖，还应有溢流口或与其他窖相连形成连环窖。

（3）窖体坚固，防渗效果好。沉沙池宜用砖石砌筑、水泥砂浆抹面。拦污栅宜用铁丝网结构；窖体应以混凝土浇筑，或以水泥砂浆砌粗料石并勾缝，或以水泥或石灰砂浆砌砖，水泥砂浆抹面。

（4）外观质量。窖体坚固，窖壁表面平顺、无裂缝。

（十二）渠系工程质量控制

（1）渠系布设合理，支、毛渠配套完整，比降符合设计要求，过水断面平顺光滑，填方部位夯实坚固，边坡稳定。

（2）各级渠断面形式、结构尺寸、衬砌材料与砌筑质量符合设计要求。

（3）配有闸门的渠系，闸门质量合格，安装牢固，启闭灵活。

（十三）塘堰工程质量控制

（1）清除沟底与岸坡淤泥、乱石等杂物，直至原状土基或基岩。

（2）坝体用料石逐层向上浆砌，要求料石尺寸均匀一致，错缝搭接砌筑，座浆饱满。

（3）塘坝中部设溢水口，结构尺寸符合设计要求。

（十四）护岸护滩工程质量控制

（1）护岸护滩选型、布设位置，与地形的衔接合理。

（2）清淤清障彻底，基础开挖范围、尺寸符合设计要求。

（3）施工材料、施工工艺、结构尺寸符合设计要求。

（十五）坡面水系治理工程质量控制

（1）截（排）水沟位置、断面尺寸与比降、过流能力、施工质量及出口防护措施符合设计要求。

（2）蓄水池与沉沙池布设位置、池体尺寸、容量、池基处理及衬砌质量符合设计要求。

（3）引水及灌水渠总体布设合理，建筑物组成与断面尺寸、过流能力、基础及边坡处理和施工质量符合设计要求。

（十六）泥石流防治工程质量控制

（1）地表径流形成区各种治坡工程和小型蓄排工程的配置、规模尺寸和防御标准符合设计要求。

（2）泥石流形成区各种巩固沟床、稳定沟坡工程，特别是各防治滑坡工程的规模、质量、安全稳定性及防御标准符合设计要求。

（3）泥石流流过区栏栅坝施工材料、构造尺寸、桩林的密度与埋深符合设计要求。

（4）泥石流堆积区停淤工程类型与布设位置，排导槽的断面尺寸和比降，渡槽的断面尺寸、比降、槽身长度和渡槽建筑物组成与技术性能符合设计要求。

（十七）斜坡护坡工程质量控制

（1）土质坡面的削坡开级的形式、断面尺寸（削坡后的坡度、台阶的高度、宽度等），石质坡面削坡开级坡度、齿槽与排水沟或渗沟尺寸，坡脚坡面防护措施等符合设计要求。

（2）干砌石、浆砌石、混凝土护坡的结构形式、断面尺寸、施工材料符合设计要求。

（3）植物护坡树（草）种选择、种植方式、养护措施、成活率符合设计要求。

（十八）土地整治工程质量控制

（1）工程总体布局、建设规模、施工方法符合设计要求。

（2）各类挡墙、道路施工工艺、规模尺寸和施工质量符合设计要求，形成的边坡稳定。

（3）给排水系统施工材料、构配件、施工工艺、施工质量符合设计要求。

（十九）降水蓄渗工程质量控制

（1）水平阶沿等高线修筑，阶面宽、阶面反坡坡度与阶间距符合设计要求，边埂拍实稳定。

（2）水平沟沿等高线修筑，沟的间距及断面尺寸符合设计要求，沟中每隔 3～5m 设蓄水埂。

（3）窄条梯田间距、田面宽、田边蓄水埂断面尺寸符合设计要求，田坎坚实稳定。

（4）鱼鳞坑长径、短径、坑深及埂高，坑的行距与穴距符合设计要求。

（二十）径流拦蓄工程质量控制

（1）蓄水工程的结构形式、分布位置、施工材料、施工工艺、施工质量及容积符合设计要求。

（2）引水工程和灌溉工程的线路布设位置、断面尺寸、施工工艺与质量符合设计要求。

（二十一）临时防护工程质量控制

（1）临时拦挡措施的结构形式、规模及防洪标准符合设计要求或实际需要。

（2）临时排水沟（渠）、暗涵（洞）、临时土（石）方挖沟的结构尺寸符合设计要求或实际需要。

（3）临时堆土（渣）应及时用土工布、塑料布、草皮等进行覆盖。

（二十二）有绿化美化功能的植被建设工程质量控制

（1）选用树（草）种应符合设计和当地自然环境的要求，树苗根系完整，草种有检验检疫手续，大型树木根系土球良好，无机械损伤。

（2）树木栽植坑穴有利于根系舒展，栽植密度符合设计要求，抚育措施到位。

（3）林间小路、花坛、花墙、喷泉、照明设施等布设位置与施工质量符合设计要求。

（4）照明设施施工材料及构配件必须有出厂证明和产品合格证书，并且由专业人员进行安装施工。

（5）草坪种植（铺设）要进行精细整地，灌溉、施肥等抚育措施到位。

（二十三）防风固沙工程质量控制

（1）防风固沙工程的布局、形式与所处地域特征相适用。

（2）植物固沙的布设位置、形式、施工材料、施工方法及施工质量符合设计要求。

（3）防风固沙林带的布局合理，林带走向、宽度、树种、株行距、成活率等符合设计要求。

（4）工程固沙各项措施配管合理，引水渠、蓄水池、冲沙壕的主要尺寸符合设计要求，造出的田面平整，符合耕作要求。

（二十四）生产建设项目水土流失防治工程总体质量控制（GB 50433—2018）

（1）应控制和减少对原地貌、地表植被、水系的扰动和损毁，保护原地表植被、表土及结皮层，减少占用水、土资源，提高利用效率。

（2）生产建设项目水土流失防治的建设选址（线）、设计方案及布局、施工材料、施工方法及施工质量符合设计要求。

（3）开挖、排弃、堆垫的场地必须采取拦挡、护坡、截排水以及其他整治措施。

（4）弃土（石、渣）应综合利用，不能利用的应集中堆放在专门的存放地，并按"先拦后弃"的原则采取拦挡措施，不得在江河、湖泊、建成水库及河道管理范围内布设弃土

（石、渣）场。

（5）施工过程必须有临时防护措施。

（6）施工迹地应及时进行土地整治，采取水土保持措施，恢复其利用功能。

四、施工材料的质量控制

（一）植物措施（林草措施）材料质量的控制

植物措施（林草措施）材料质量的控制主要对造林种草使用的苗木及种子的质量进行控制。监理机构对经济果林、用材林、水土保持防护林等施工所用种子苗木，要求施工单位尽量调用当地苗木或气候条件相近地区的苗木，苗木等级、苗龄、苗高与地径等必须符合设计和有关标准的要求。在苗木出圃前，应由监理工程师或当地有关专业部门对苗木的质量进行测定，并出具检验合格证。苗木出圃起运至施工场地，监理工程师或施工技术人员应及时对苗木根系和枝梢进行抽样检查，检查合格的苗木才能用于造林。

育苗、直播造林和种草使用的种子，应有当地种子检验部门出具的合格证。播种前，应进行纯度测定和发芽率试验，符合设计和有关标准要求，监理工程师签发合格证，再进行播种。

（二）工程措施材料质量的控制

工程措施使用的主要建筑材料有水泥、砂石料、钢筋、防水材料等，成品主要有混凝土预制件（涵管、盖板等）。按照国家规定，建筑材料、预制件的供应商应对供应的产品质量负责。供应的产品必须达到国家有关法规、技术标准和购销合同规定的质量要求，要有产品检验合格证、说明书及有关技术资料。

因此，原材料和成品到场后，施工单位应对到场材料和产品，按照有关规范和要求进行检查验收，填写建筑材料报验单，详细说明材料来源、产地、规格、用途及施工单位的试验情况等。报验单填好后，连同材料出厂质量保证书和检验资质单位的试验报告，一并报送监理机构审核。监理机构应审核施工单位提交的材料质量保证资料和材料试验报告，经确认签证后方可用于施工。

监理机构在收到施工单位的报验单后，应及时进行抽检复查试验，然后在施工单位送来的报验单签发证明，证明所有报验的材料的取样、试验，是否符合规程要求，可不可以进场在指定的工程部位使用。将此报验单留一份在监理组存档，另一份退还给施工单位。

监理机构应建立材料使用检验的质量控制制度，材料在正式用于施工之前，施工单位应组织现场试验，并编写试验报告。现场试验合格，试验报告及资料经监理机构审核确认后，这批材料才能正式用于施工。

同时，监理机构还应充分了解材料的性能、质量标准、适用范围和对施工的要求。使用前应详细核对，以防用错或使用了不适当的材料。

对于重要部位和重要结构所使用的材料，在使用前应仔细核对和认证材料的规格、品种、型号、性能是否符合工程特点和要求。

在材料质量控制中，监理人应重视下列质量控制要点：

（1）对于混凝土、砂浆、防水材料等，应进行试配，严格控制配合比。

（2）对于钢筋混凝土构件及预应力混凝土构件，应按有关规定进行抽样检验。

（3）对预制加工厂生产的成品、半成品，应由生产厂家提供出厂合格证明，必要时还应进行抽样检验。

（4）对于新材料、新构件，要经过权威单位进行技术鉴定合格后，才能在工程中正式使用。

（5）凡标志不清或怀疑质量有问题的材料，对质量保证资料有怀疑或与合同规定不符的材料，均应进行抽样检验。

（6）储存期超过3个月的过期水泥或受潮、结块的水泥应重新检验其标号，并不得在工程的重要部位使用。

五、工程质量控制点的设置

（一）工程质量控制点的设置原则

在水土保持工程建设中，特别是工程措施，如治沟骨干坝、拦渣坝、坡面水系工程，在建设时必须设置工程质量控制点，设置工程质量控制点时要按照以下原则进行。

（1）关系到工程结构安全性、可靠性、耐久性和使用性的关键质量特性、关键部位或重要影响因素。

（2）有严格工艺要求，对下道工序有严重影响的关键质量特性、部位。

（3）对质量不稳定、出现不合格品的项目。

如某水土保持工程主体设计中共规划了2处渣场，1号渣场设置在山体凹沟，位于引水进口附近，属于沟道型渣场，规划在沟道内设3m×2m的箱涵过流，箱涵上部弃渣堆置。2号渣场设置在坡耕地上，位于施工支洞附近，属于坡地型渣场，但本地块内有一条沟渠通过，为了集中堆渣，沿着公路布设一条底宽为14m，高3.5m的梯形渠。监理的工程质量控制点应设在两处渣场的箱涵和梯形渠位置。这两处控制点关系到本工程结构安全性、可靠性、耐久性和使用性。

（二）设置质量控制点的步骤

（1）结合质量管理体系文件和工程实际情况，在质量计划中对特殊过程、关键工序和需要特殊控制的主导因素充分界定。

（2）由工程技术、质量管理等部门分别确定本部门所负责的质量控制点，然后编制质量控制点明细表，并经批准后纳入质量体系文件中。

（3）编制质量控制点流程图。在明确关键环节和质量控制的基础上，要把不同的质量控制点根据不同的流程阶段分别编制质量控制点流程图，并以此为依据在生产现场设置质量控制点和质量控制点流程站。

（4）编制质量控制点作业指导书。根据不同的质量控制点的特殊质量控制要求，编制出工艺操作程序或作业指导书，以确保质量控制工作的有效性。质量控制点设置不是永久不变的。某环节的质量不稳定因素得到了有效控制处于稳定状态，该控制点就可以撤销；而当别的环节、因素上升为主要矛盾时，还需要增设新的质量控制点。

（三）工程质量控制点的设置

从理论上讲，要求监理工程师对施工全过程的所有施工工序和环节，都能实施检验，以保证施工的质量。如淤地坝、拦渣坝工程的主要工艺流程为：施工准备—清基削坡—放水建筑物基础开挖—放水建筑物施工—坝体施工—收尾工程—验收移交。然而在工程实践中，有时难以做到这一点。为此，监理机构应在工程开工前，根据质量检验对象的重要程度，将质量检验对象区分为质量检验见证点和质量检验待检点，并实施不同的操作程序。

1. 见证点

所谓见证点，是指施工单位在施工过程中达到这一类质量检验点时，应事先书面通知监理机构到现场见证，观察和检查施工单位的实施过程。在监理机构接到通知后未能在约定时间到场的情况下，施工单位有权继续施工。质量检验见证点的实施步骤如下：

（1）监理机构应注明收到见证通知的日期并签字。

（2）如果在约定的见证时间内监理工程师未能到场见证，施工单位有权进行该项工程的施工。

（3）如果在此之前，监理工程师根据对现场的检查，并写明他的意见，则施工单位在监理工程师意见的旁边，应写明他根据上述意见已经采取的改正行动，或者他所可能的某些具体意见。

监理工程师到场见证时，应仔细观察、检查质量检验点的实施过程，并在见证表上详细记录，说明见证的名称、部位、工作内容、工时等情况，并签字。该见证表还可以作为施工单位进度款支付申请的凭证之一。

2. 待检点

对于某些更为重要的质量检验点，必须要在监理工程师到场监督、检查的情况下施工单位才能进行检验。这种质量检验点称为待检点。作为待检点，施工单位必须事先书面通知监理工程师，并在监理工程师到场进行检查监督的情况下才能进行检测。

待检点和见证点执行程序的不同，就在于质量检验见证点的实施步骤（3）。即如果在到达待检点时，监理工程师未能到场，施工单位不得进行该项工作。事后监理工程师应说明未到现场的原因，然后双方约定新的检查时间。

监理工程师应针对工程项目质量控制的具体情况及施工单位的施工技术力量，选定哪些检验对象是见证点，哪些应作为待检点，并将确定结果明确通知施工单位。

（四）工程质量控制点的管理

（1）要认真抓好质量教育工作，不断提高员工的工作质量意识，使员工在每个环节都能高标准、严要求，不折不扣地完成自己的工作。

（2）质量控制点虽然单独存在，但又有很强的相关性，必须制定管理办法解决接口问题。

（3）要提高质量计划和作业指导书的约束力。

（4）在特殊过程实施还应对施工过程、使用设备及操作人员进行鉴定认可，并保存经鉴定合格的过程、设备和人员记录。需变更原工艺参数，必须经有关部门充分论证或试验，其结果经过授权人员批准后，形成文字记录，方可实施。

（5）当人员交接时，必须交代清楚各环节实施状况，并作记录。检验人员应对过程参数和产品特性进行连续跟踪检查，严格执行"三检制"，其受控率应是100%。

（6）要及时衡量质量控制点的控制成效，发现偏差，要及时采取纠正措施或预防措施并验证其有效性。

做好工程质量控制点的设置及管理，将确保工程质量取得直接的经济效益和赢得良好的信誉。同时，通过衡量控制点还可以收集大量有用数据、信息为质量改进提供依据。

六、施工过程的质量控制

（一）植物措施

水土保持植物措施类型多，涉及面大。因此，监理机构应严格依据有关技术规范和设计文件，通过监理工程师的技术培训、巡回检查以及抽样检查、测量、测定，对其施工质量进行全面控制。

1. 技术培训

考虑到植物措施的特殊性，为了确保施工质量，监理工程师应督促施工单位安排技术人员对施工人员现场进行必要的技术培训，监理工程师亦可应邀进行技术指导。

2. 巡回检查

监理工程师应检查和督促施工单位建立质量管理保证体系，按照施工的季节顺序做好各单项措施的质量自检，并进行必要的记录。监理工程师采取不定期巡回检查的方式，进行施工质量的检查，对存在的问题，以书面或口头形式向施工单位及时指出。

3. 抽样检查

在施工过程中监理工程师应适时对施工质量与数量（面积）按照图斑进行抽查、测定、测量，对抽查结果要进行详细记录，必要时还可以拍照、录像。检查结果应以书面形式反馈施工单位。

4. 验收确认

在一个施工季节结束（如春季造林、种草）或一项单项工程完工后，施工单位应及时组织自验，对存在的问题及时进行处理，并现场勾绘图斑，填写自检表。对自检合格的工程，填写《工程质量报验单》，并附自检资料，报请监理工程师进行检查确认。监理工程师应采取全面检查或抽样检查的方法，对质量合格的植物措施数量进行确认，签发《工程质量合格证》，并作为计量支付的依据；对质量检查不合格的治理措施不予确认，并签发《不合格工程通知单》，及时通知施工单位进行整改。

另外，对水土保持生态工程项目植物措施，在每年施工结束后，监理机构应组织建设单位、施工单位对实施的措施质量与数量进行全面检查确认。对检查中存在的问题以书面形式通知施工单位，以便施工单位在来年的综合治理安排中予以考虑。必须说明的是，对已确认的治理成果，施工单位仍然具有管护职责，以保证竣工验收能够达到项目设计要求的目标。

（二）工程措施

工程措施是水土保持工程的重要措施，按照其施工特点、施工工序，严格施工过程中的质量控制。其具体的质量控制过程如下。

1. 审核施工单位的开工申请

施工单位在做好施工前的准备工作后，填写《工程开工报审表》，并附上施工组织计划、施工技术措施设计、劳力的数量、机械设备和材料的到场情况等上报监理机构。监理机构在收到《工程开工报审表》后在规定的时间内，会同有关部门核实施工准备工作情况，认为满足合同要求和具备施工条件时，可签发《工程开工报审表》，施工单位在接到签发的《工程开工报审表》后即可开工。

2. 现场检查

在施工过程中，监理工程师应检查、督促施工单位履行好工程质量的检验制度。在每一道工序完成后，由施工班组做好初验，施工质量检查员与施工技术人员一起做好复验，施工单位组织进行终检，每一次检验都应进行记录，并填写检验意见。在终检合格后，由施工单位填写《工程质量报验单》并附上自检材料，报请监理工程师进行检查认证，监理工程师应在商定的时间内到场对每一道工序用目测、手测或仪器测量等方法逐项进行检查，必要时进行取样试验抽检，所有检查结果均要进行详细记录。对重要的隐蔽工程应进行旁站检查、中间检查和技术复核，以防质量隐患。对重要部位的施工状况或发现的质量问题，除了作详细的记录外，还应采用拍照、录像等手段存档。

3. 填写《工程报验申请表》

通过现场检查和取样试验，所有项目合格后，施工单位可进行下一道工序的施工。在完成的单项工程每一道工序都经过监理机构的检查认可后，施工单位可填写《工程报验申请表》，上报监理机构，监理机构汇总每一道工序检查检验资料，如果监理机构认为有必要，可对施工单位覆盖的工程的质量进行抽检，施工单位必须提供抽检条件。如抽检不合格，应按工程质量事故处理，返工合格后方可继续施工。

4. 联合检查

监理机构在收到施工单位的《工程报验申请表》，并进行有关资料汇总后，应配合建设单位、质量监督机构、施工单位再次对工程进行现场全面检查，以确定是否具备中间验收条件，必要时，可进行抽样试验。

5. 签发《工程质量合格证》

经过现场检查如果发现工程质量不合格，监理机构可签发《不合格工程通知单》，要求施工单位对不合格的工程拆除、修补或返工。如果检查合格，则对该单项工程予以中间验收，并签发《工程质量合格证》，作为单项工程计算支付的基本条件。

七、保修期工程质量控制

(一) 保修期施工单位的质量责任

保修期又称缺陷责任期。缺陷责任期一般从交接证书列明的实际竣工日期开始计算，时间长短按合同规定执行。水土保持工程建设项目缺陷责任期的工程质量责任，主要包括施工单位植物措施成活率没有达到设计要求的进行补植，对有缺陷的工程措施进行修补等。

施工单位在缺陷责任期终止前，应尽快完成监理机构交接书上列明的、在规定之日要成的内容，以使工程尽快符合设计和合同的要求。

(二) 保修期监理机构控制的任务

监理机构在缺陷责任期的任务包括以下 3 个方面。

1. 对工程质量的检查分析

监理机构对发现的质量问题进行归类，并及时将有关内容通知施工单位加以解决。

2. 对工程质量问题责任进行鉴定

在缺陷责任期内，监理机构对工程遗留的质量问题，认真查对设计资料和有关竣工验收资料，根据下列几点分清责任。

（1）凡是施工单位未按有关规范、标准或合同、协议、设计要求施工，造成的质量问题由施工单位负责。

（2）凡是由于设计原因造成的质量问题，施工单位不承担责任。

（3）凡是因材料或构件的质量不合格造成的质量问题，属施工单位采购的，由施工单位负责；属建设单位采购的，当施工单位提出异议时，建设单位坚持的，施工单位不承担责任。

（4）因干旱、洪水等自然灾害造成的事故，施工单位不承担责任。在缺陷责任期内，不管由谁承担责任，施工单位均有义务进行修补。

3. 对修补缺陷的项目进行检查

在缺陷责任期内，监理工程师仍要像控制正常工程一样，及时对修补的缺陷项目按照规范、标准、合同设计文件等进行检查，抓好每一个质量环节的质量控制，做好有缺陷项目的修补、修复或重建工作。

（三）修补项目验收和缺陷责任终止证书的签发

施工单位按照要求，对有缺陷责任的项目修补、修复或重建完成后，监理机构应及时组织验收。验收可参考竣工验收的标准和方法。

施工单位在缺陷责任期终止前，对列明的未完成和指令修补缺陷的项目全部完成后并经监理机构检查验收认可，才能获得监理机构签发的《缺陷责任终止证书》。《缺陷责任终止证书》应由监理工程师在缺陷责任期终止后28天内发给施工单位。

八、水土保持工程质量事故的处理

水土保持工程建设项目由许多单位工程组成，在工程建设的过程中，受自然、环境及人为因素的影响大，尽管原则上不允许出现质量事故，但一般很难完全避免。通过施工单位的质量保证体系和监理工程师的质量控制，可对质量事故起到防范的作用，将危害降低到最低限度。对于工程建设过程中出现的质量事故，除非是由监理工程师失职引起，否则，监理工程师不承担责任。但是，监理工程师应负责组织质量事故的分析处理。

（一）工程质量事故原因分析

1. 质量事故原因要素

质量事故的发生往往是由多种因素构成的，其中最基本的因素有：人、材料、机械、工艺和环境。人的最基本的问题是知识、技能、经验和行为特点等；材料和机械的因素更为复杂和繁多，例如建筑材料、施工机械等均存在千差万别，事故的发生也总和工艺及环境紧密相关，如自然环境、施工工艺、施工条件、各级管理机构状况等。由于工程建设往往涉及设计、施工、监理和使用管理等许多单位或部门，因此分析质量事故时，必须对这些基本因素以及它们之间的关系，进行具体的分析探讨，找出引起事故的一个或几个具体原因。

2. 引起事故的直接与间接原因

引起质量事故的原因常可分为直接原因和间接原因两类。

直接原因主要有人的行为不规范和材料、机械不符合规定状态。例如，设计人员不遵照国家规范设计，施工人员违反规程作业等，都属人的行为不规范；又如水泥的一些指标不符合要求等，属材料不符合规定状态。

间接原因是指质量事故发生场所外的环境因素，如施工管理混乱、质量检查监督工作失责、规章制度缺乏等。事故的间接原因，将会导致直接原因的发生。

3. 质量事故链及其分析

工程质量事故，特别是重大质量事故，原因往往是多方面的，由单纯一种原因造成的事故很少。如果把各种原因与结果连起来，就形成一条链条，通常称之为事故链。由于原因与结果、原因与原因之间逻辑关系不同，则形成的事故链的形状也不同，主要有下列3种。

（1）多因致果集中型。各自独立的几个原因，共同导致事故发生，称为"集中型"。

（2）因果连锁型。某一原因促成下一要素的发生，这一要素又引发另一要素的出现，这些因果连锁发生而造成的事故，称为"连锁型"事故。

（3）复合型。从质量事故的调查中发现，单纯的集中型或单纯的连锁型均较少，常见的往往是某些因果连锁，又有一些原因集中，最终导致事故的发生，称为"复合型"。

在质量事故的调查与分析中，都涉及人（设计者、操作者等）和物（建筑物、材料、机具等），开始接触到的大多数是直接原因，如果不深入分析和进一步调查，就很难发现间接和更深层的原因，不能找出事故发生的本质原因，就难以避免同类事故的再次发生。因此对一些重大的质量事故，应采用逻辑推理法，通过事故链的分析，追寻事故的本质原因。

（二）造成质量事故的一般原因

造成水土保持工程质量事故的原因多种多样，但从整体上考虑，一般原因大致可以归纳为下列几个方面。

（1）违反基本建设程序与管理制度。如缺少可行性研究或工程设计就开工建设，不具备资质的设计单位或施工单位承接工程项目，隐蔽工程未经验收就进行下一阶段施工，导致工程质量管理失控。

（2）外业调查勘测失误或基础处理失误。对水土保持综合治理措施，外业调查调绘的精度不足或不准确，会导致相应配置的治理措施不合理，造林成活率或保存率低，达不到设计目标。对治沟骨干工程，外业勘测精度不够或不进行勘测，导致设计不准确，甚至错误，不能反映实际的地形和地质情况，因而导致出现质量事故。

（3）设计方案和设计计算失误。在设计过程中，忽略了该考虑的影响因素或设计计算失误，会导致质量大事故。如在治沟骨干工程的设计过程中，忽略了岸坡的削坡处理，会使倒坡或直立陡崖存在，导致坝肩出现裂缝的质量事故。

（4）使用材料以及构件不合格。如造林用苗木脱水干枯或根系受到破坏，会使造林的成活率大大降低；土坝填筑用土料含水量不符合规定，会导致碾压的坝体土壤干容重达不到要求；水坠筑坝使用的土料黏粒含量过高，在筑坝过程中难以脱水，甚至造成坝体"鼓肚"或滑坡等。

（5）施工方法和施工与管理失控。如不按图施工、不遵守施工规范规定、施工方案和技术措施不当、施工技术管理不完善等。施工技术管理制度不完善，表现在：

1）没有建立完善的各级技术责任制。

2）主要技术工作无明确的管理制度。

3）技术交底不认真，又不做书面记录或交底不清。

（6）人的原因。施工人员的问题表现在：

1）施工技术人员数量不足、技术业务素质不高或使用不当。

2）施工操作人员培训不够，素质不高，对持证上岗的岗位控制不严，违章操作。

（7）环境因素影响。主要有施工项目周期长、露天作业多，受自然条件影响大，地质、台风、暴雨等都能造成重大的质量事故，施工中应特别重视，采取有效措施予以预防。

（三）水利工程质量事故的分类

目前，水土保持工程尚无专门的工程质量事故的分类标准，现就水利工程质量事故分类标准作一介绍，以供参考。

水利工程质量事故根据《水利工程质量事故处理暂行规定》，是指在水利工程建设过程中，由于建设管理、监理、勘测、设计、咨询、施工、材料及设备等原因造成工程质量不符合规程规范和合同规定的质量标准，影响使用寿命和对工程安全运行造成隐患和危害的事件。

工程一旦发生质量事故，就会造成停工、返工，甚至影响正常使用，有的质量事故会不断发展恶化，导致建筑物倒塌，并造成重大人身伤亡事故。这些都会给国家和人民造成不应有的损失。由于工程项目建设不同于一般的工业生产活动，其实施过程的一次性，生产组织特有的流动性、综合性，劳动的密集性及协作关系的复杂性，均造成工程质量事故更具有复杂性、严重性、可变性及多发性的特点。

水利工程按照工程质量事故直接经济损失的大小，检查、处理事故对工期的影响时间长短和对工程正常使用的影响，分为一般质量事故、较大质量事故、重大质量事故、特大质量事故，见表4-1。一般质量事故指对工程造成一定经济损失，经处理后不影响正常使用且不影响使用寿命的事故。较大质量事故是指对工程造成较大经济损失或延误较短工期，经处理后不影响正常使用但对工程寿命有较大影响的事故。重大质量事故是指对工程造成重大经济损失或较长时间延误工期，经处理后不影响正常使用但对工程寿命有较大影响的事故。特大质量事故是指对工程造成特大经济损失或较长时间延误工期，经处理后仍对正常使用和工程寿命造成较大影响的事故。

（四）工程质量事故分析处理程序与方法

工程质量事故分析与处理的主要目的是：正确分析和妥善处理所发生的事故原因，创造正常的施工条件；保证建筑物、构筑物的安全使用，减少事故的损失；总结经验教训，预防事故发生，区分事故责任；了解结构的实际工作状态，为正确选择结构计算简图、构造设计，修订规范、规程和有关技术措施提供依据。

表 4-1　　　　　　　　　　　　　　水利工程质量事故分类标准

损失情况		事故类别			
		特大质量事故	重大质量事故	较大质量事故	一般质量事故
事故处理所需的物质、器材和设备、人工等直接损失费用/万元	大体积砼、金结制作和机电安装工程	$(3000, \infty)$	$(500, 3000]$	$(100, 500]$	$(20, 100]$
	土石方工程混凝土等工程	$(1000, \infty)$	$(100, 1000]$	$(30, 100]$	$(10, 30]$
事故处理所需合理工期/月		$(6, \infty)$	$(3, 6]$	$(1, 3]$	$(0, 1]$
事故处理后对工程功能和寿命影响		影响工程正常使用，需限制运行	不影响工程正常使用，但对工程寿命有较大影响	不影响工程正常使用，但对工程寿命有一定影响	不影响正常使用和工程寿命

注　1. 直接经济损失费用为必需条件，其余两项主要适用于大中型工程。
　　2. 小于一般质量事故的质量问题称为质量缺陷。

1. 质量事故分析的重要性

质量事故分析的重要性表现在：防止事故的恶化；创造正常的施工条件；总结经验教训，预防事故再次发生；减少损失。

2. 工程质量事故分析处理程序

依据 1999 年水利部颁发的《水利工程质量事故处理暂行规定》，工程质量事故分析处理程序如下：

（1）下达停工指示。事故发生（发现）后，总监理工程师首先向施工单位下达《停工通知》。发生（发现）较大、重大和特大质量事故，事故单位要在 48 小时内向有关单位写出书面报告；突发性事故，事故单位要在 4 小时内电话向有关单位报告。发生质量事故后，建设单位必须将事故的简要情况向项目主管部门报告。项目主管部门接到事故报告后，按照管理权限向上级水行政主管部门报告。

一般质量事故向项目主管部门报告。较大质量事故逐级向省级水行政主管部门或流域机构报告。重大质量事故逐级向省级水行政主管部门或流域机构报告并抄报水利部。特大质量事故逐级向水利部和有关部门报告。

有关单位接到事故报告后，必须采取有效措施，防止事故扩大，并立即按照管理权限向上级部门报告或组织事故调查。

（2）事故调查。发生质量事故要按照规定的管理权限组织调查组进行调查，查明事故原因，提出处理意见，提交事故调查报告。

一般质量事故由建设单位组织设计、施工、监理等单位进行调查，调查结果报项目主管部门核备。较大质量事故由项目主管部门组织调查组进行调查，调查结果报上级主管部门批准并报省级水行政主管部门核备。重大质量事故由省级以上水行政主管部门组织调查组进行调查，调查结果报水利部核备。特大质量事故由水利部组织调查。

事故调查组的主要任务：

1）查明事故发生的原因、过程、财产损失情况和对后续工程的影响。

2）组织专家进行技术鉴定。

3）查明事故的责任单位和主要责任者应负的责任。

4）提出工程处理和采取措施的建议。

5）提出对责任单位和责任者的处理建议。

6）提交事故调查报告。

事故调查组提交的调查报告经主持单位同意后，调查工作即告结束。

（3）事故处理。发生质量事故，必须针对事故原因提出工程处理方案，经有关单位审定后实施。一般质量事故，由建设单位负责组织有关单位制定处理方案并实施，报上级主管部门备案。较大质量事故，由建设单位负责组织有关单位制定处理方案，经上级主管部门审定后实施，报省级水行政主管部门或流域机构备案。重大质量事故，由建设单位负责组织有关单位提出处理方案，征得事故调查组意见后，报省级水行政主管部门或流域机构审定后实施。特大质量事故，由建设单位负责组织有关单位提出处理方案，征得事故调查组意见后，报省级水行政主管部门或流域机构审定后实施，并报水利部备案。事故处理需要进行设计变更的，需原设计单位或有资质的单位提出设计变更方案。需要进行重大设计变更的，必须经原设计审批部门审定后实施。

（4）检查验收。事故部位处理完成后，必须按照管理权限经过质量评定与验收后，方可投入使用或进入下一阶段施工。

（5）下达《复工通知》。事故处理经过评定和验收后，总监理工程师下达《复工通知》。

3. 工程质量事故处理的依据和原则

（1）工程质量事故处理的依据。进行工程质量事故处理的主要依据有 4 个方面：质量事故的实况资料；具有法律效力的，得到有关当事各方认可的工程承包合同、设计委托合同、材料或设备购销合同以及监理合同或分包合同等的合同文件；有关的技术文件、档案；相关的建设法规。

在这 4 个方面依据中，前 3 个是与特定的工程项目密切相关的具有特定性质的依据。第 4 个法规性依据，是具有很高权威性、约束性、通用性和普遍性的依据，因而它在质量事故的处理事务中，也具有极其重要的作用。

（2）工程质量事故处理的原则。因质量事故造成人身伤亡的，还应遵从国家和水利部伤亡事故处理的有关规定。

发生质量事故必须坚持事故原因不查清楚不放过、责任人员未处理不放过、主要事故责任者和职工未受到教育不放过、补救和防范措施不落实的"四不放过"的原则，认真调查事故原因，研究处理措施，查明事故责任，做好事故处理工作。

由质量事故而造成的损失费用，坚持谁该承担事故责任，由谁负责的原则。施工质量事故若是施工承包人的责任，则事故分析和处理中发生的费用完全由施工承包人自己负责；施工质量事故责任者若非施工承包人，则质量事故分析和处理中发生的费用不能由施工承包人承担，而施工承包人可向委托人提出索赔。若是设计单位或监理单位的责任，应按照设计合同或监理委托合同的有关条款，对责任者按情况给予必要的处理。

事故调查费用暂由建设单位垫付，待查清责任后，由责任方偿还。

（五）工程质量事故处理方案的确定及鉴定验收

工程质量事故处理方案是指技术处理方案，其目的是消除质量隐患，以达到建筑物的安全可靠和正常使用各项功能及寿命要求，并保证施工的正常进行。其一般处理原则如下：

正确确定事故性质，是表面性还是实质性、是结构性还是一般性、是迫切性还是可缓性。

正确确定处理范围，除直接发生部位，还应检查处理事故相邻影响作用范围的结构部位或构件。

事故处理要建立在原因分析的基础上，对有些事故一时认识不清时，只要事故不致产生严重的恶化，可以继续观察一段时间，做进一步的调查分析，不要急于求成，以免造成同一事故多次处理的不良后果。事故处理的基本要求是：安全可靠，不留隐患，满足建筑功能和使用要求，技术可行，经济合理，施工方便。在事故处理中，还必须加强质量检查和验收。对每一个质量事故，无论是否需要处理都要经过分析，做出明确的结论。

尽管对造成质量事故的技术处理方案多种多样，但根据质量事故的情况可归纳为 3 种类型的处理方案，监理人应掌握从中选择最适用处理方案的方法，方能对相关单位上报的事故技术处理方案做出正确审核结论。

1. 工程质量事故处理方案的确定

（1）修补处理。这是最常用的一类处理方案。通常当工程的某个检验批、分项或分部的质量虽未达到规定的规范、标准或设计要求，存在一定缺陷，但通过修补或更换器具、设备后还可达到要求的标准，又不影响使用功能和外观要求，在此情况下，可以进行修补处理。

对较严重的质量问题，可能影响结构的安全性和使用功能，必须按一定的技术方案进行加固补强处理。这样往往会造成一些永久性缺陷，如改变结构外形尺寸，影响一些次要的使用功能等。

（2）返工处理。当工程质量未达到规定的标准和要求，存在的严重质量问题，对结构的使用和安全构成重大影响，且又无法通过修补处理的情况下，可对检验批、分项、分部甚至整个工程返工处理。例如，某防洪堤坝填筑压实后，其压实土的干密度未达到规定值，经核算将影响土体的稳定且不满足抗渗能力要求，可挖除不合格土，重新填筑，进行返工处理。对某些存在严重质量缺陷，且无法采用加固补强等修补处理或修补处理费用比原工程造价还高的工程，应进行整体拆除，全面返工。

（3）不做处理。施工项目的质量问题，并非都要处理，即使有些质量缺陷，虽已超出了国家标准及规范要求，但也可以针对工程的具体情况，经过分析、论证，做出勿需处理的结论。总之，对质量问题的处理，也要实事求是，既不能掩饰，也不能扩大，以免造成不必要的经济损失和延误工期。

勿需做处理的质量问题常有以下几种情况：

1）不影响结构安全，生产工艺和使用要求。

2）检验中的质量问题，经论证后可不做处理。

3）某些轻微的质量缺陷，通过后续工序可以弥补的，可不做处理。

4）对出现的质量问题，经复核验算，仍能满足设计要求者，可不做处理。

2. 质量问题处理的鉴定

质量问题处理是否达到预期的目的，是否留有隐患，需要通过检查验收来作出结论。事故处理质量检查验收，必须严格按施工验收规范中有关规定进行；必要时，还要通过实测、实量、荷载试验、取样试压、仪表检测等方法来获取可靠的数据。这样，才可能对事故作出明确的处理结论。

事故处理结论的内容有以下几种：

（1）事故已排除，可以继续施工。

（2）隐患已经消除，结构安全可靠。

（3）经修补处理后，完全满足使用要求。

（4）基本满足使用要求，但附有限制条件，如限制使用荷载、限制使用条件等。

（5）对耐久性影响的结论。

（6）对建筑外观影响的结论。

（7）对事故责任的结论等。

此外，对一时难以作出结论的事故，还应进一步提出观测检查的要求。

事故处理后，还必须提交完整的事故处理报告，其内容包括：事故调查的原始资料、测试数据；事故的原因分析、论证；事故处理的依据；事故处理方案、方法及技术措施；检查验收记录；事故勿需处理的论证；以及事故处理结论等。

思 考 题

1. 按《建设工程质量管理条例》规定，参建各方的质量责任和义务是什么？

2. 按《建设工程质量管理条例》规定，参建各方违反本规定应受到的处罚是什么？

3. 发生水利工程质量事故应如何处理？

4. 水土保持工程施工质量控制的依据是什么？

5. 水土保持工程施工质量控制的方法是什么？

6. 水土保持工程项目开工前，监理机构应检查施工单位的哪些条件？

7. 简述水土保持工程施工质量控制的程序与方法。

8. 简述水土保持工程施工质量控制点布设的原则与步骤。

第五节 实施阶段的进度控制

施工阶段是水土保持工程得以实施的重要阶段，也是监理单位的重点工作之一。监理单位应以合同管理为中心，建立健全进度控制管理体系和规章制度，确定进度控制目标系统，严格审核施工单位递交的进度计划，协调好建设有关各方的关系，加强信息管理，随时对进度计划的执行进行跟踪检查、分析和调整，处理好工程变更、工期索赔、施工暂停、工程验收等影响施工进度的重大合同问题，监督施工单位按期或提前实现合同工期目标。施工阶段监理机构进度控制的主要任务如下：

（1）审查和批准施工单位在开工之前提交的总施工进度计划，现金流通量计划和总说明，以及在施工阶段提交的各种详细计划和变更计划。

（2）审批施工单位根据批准的总进度计划编制的年度计划。

（3）在施工过程中，检查和督促计划的实施。当工程未能按计划进行时，可以要求施工单位调整或修改计划，并通知施工单位采取必要的措施加快施工进度，以便施工进度符合施工承包合同对工期的要求。

（4）定期向建设单位报告工程进度情况，当施工工期严重延误可能导致施工合同执行终止时，有责任提出中止执行施工合同的详细报告，供建设单位采取措施或作出相应的决定。

监理单位应按《水土保持工程施工监理规范》（SL 523—2011）及《水利工程施工监理规范》（SL 288—2014）规范要求，以合同管理为中心，建立健全进度控制管理体系和规章制度，确定进度控制目标系统，严格审核施工单位递交的进度计划，协调好建设有关各方的关系，加强信息管理，随时对进度计划的执行情况进行跟踪检查、分析和调整，处理好工程变更、工期索赔、施工暂停、工程验收等影响施工进度的重大问题，监督施工单位按期或提前实现合同工期目标。

一、工程进度控制的主要监理工作

进度控制可分为事前控制、事中控制和事后控制。

（1）审查和批准施工单位在开工之前（或第一次工地会议前）提交的总施工进度计划。按照合同审批施工单位提交的施工进度计划是监理人进度控制的基本工作之一。经监理人批准的进度计划称为合同性进度计划，是监理人进度控制的重要依据。

（2）施工过程中审批施工单位根据批准的总进度计划编制的年、季、月施工进度计划，以及依据施工合同约定审批特殊工程或重点单位（单项）、分部工程的进度计划及有关变更计划。依据经批准的承包人总进度计划和工程进展情况，在每一项单位工程开工前，监理人应审批承包人提交的单位工程进度计划，作为单位工程进度控制的基本依据。检查开工准备工作，包括检查发包人的施工准备，如施工图纸，应由发包人提供的场地、道路、水、电、通信及土料场等，检查承包人的人员与组织机构、进场资源（尤其是施工设备）与资源计划以及现场准备工作等。

（3）在施工过程中检查和督促进度计划的实施。跟踪监督检查现场施工情况，包括承包人的资源投入、资源状况、施工监督监查工程设备和材料、施工方案、现场管理、施工进度等料的供应，做好监理日记，收集。记录、统计分析现场进度信息资料，并将实际进度与计划进度进行比较，分析进度偏差将会带来的影响并进行工程进度预测，审批或研究制定进度改进措施，协调施工干扰与冲突，随时注意施工进度计划的关键控制节点的动态；审核承包人提交的进度统计分析资料和进度报告；定期向发包人汇报工程实际进展状况，按期提供必要的进度报告；组织定期和不定期的现场会议，及时分析、通报工程施工进度状况，并协调各承包人之间的生产活动；预测、分析、防范重大事件对施工进度的影响。

（4）施工进度应考虑不同季节及汛期各项工程的时间安排及所要达到的进度指标，其中植物措施进度应根据当地的气候条件适时调整，施工进度以年（季）度为单位进行阶段控制，淤地坝等工程施工进度安排应考虑工程的安全度汛。

二、施工进度计划审批的程序

（1）施工单位应在施工合同约定的时间内向监理机构提交施工进度计划。承包人应按技术标准和施工合同约定的内容和期限以及监理人的指示，编制详细的施工总进度计划及其说明提交监理人审批。

（2）监理机构应在收到施工进度计划后及时进行审查，提出明确审批意见。必要时召集由建设单位、设计单位参加的施工进度计划审查专题会议，听取施工单位的汇报，并对有关问题进行分析研究。

（3）监理机构提出审查意见，交施工单位进行修改或调整。当监理人认为需要修订合同进度计划时，承包人应按监理人的指示，在14天内向监理人提交修订的合同进度计划，并附调整计划的相关材料，提交监理人审批。监理人应在收到进度计划后的14天内批复。

（4）施工单位应按照批准的施工进度计划或修改、调整后的施工进度计划进行现场施工安排，不论何种原因造成施工进度延迟，承包人均应按监理人的指示，采取有效措施赶上进度。承包人应在向监理人提交赶工措施报告的同时，编制一份修订进度计划提交监理人审批。

三、施工进度的检查与协调

监理机构应督促施工单位做好施工组织管理，确保施工资源的投入，并按批准的施工进度计划实施。现场监理人员每天应对承包人的施工活动安排、人员、材料、施工设备等进行对应检查，促使承包人按照批准的施工方案、作业安排组织施工，检查实际完成进度情况，并填写施工进度现场记录。

对比分析实际进度与计划进度偏差，分析工作效率现状及其潜力，预测后期施工进展。特别是对关键路线，应重点做好进度的督促、检查、分析和预控。

要求承包人做好现场施工记录，并按周、月提交相应的进度报告，特别是对于工期延误或可能的工期延误，应分析原因，提出解决对策。

督促承包人按照合同规定的总工期目标和进度计划，合理安排施工强度，加强施工资源供应管理，做到按章作业、均衡施工、文明施工，尽量避免出现突击抢工、赶工局面。

督促承包人建立施工进度管理体系，做好生产调度、施工进度安排与调整等各项工作，并加强质量、安全管理，切实做到"以质量促进度、以安全促进度"。

通过对施工进度的跟踪检查，及早预见、发现并协调解决影响施工进度的干扰因素，尽量避免因承包人之间左右干扰、图纸供应延误、施工场地提供延误、设备供应延误等对施工进度的干扰与影响。

结合现场监理例会（如周例会、月例会），要求承包人对上次例会以来的施工进度计划完成情况进行汇报，对进度延误说明原因。依据承包人的汇报和监理人掌握的现场情况，对存在的问题进行分析，并要求承包人提出合理、可行的赶工措施方案，经监理人同意后落实到后续阶段的进度计划中。

四、施工进度计划的调整

监理机构在检查中发现实际工程进度与施工进度计划发生实质性偏离时，应要求施工单位及时调整施工进度计划。

施工进度计划是动态的，原计划的关键路线可能转化为非关键路线。而原来的某些非关键路线又可能上升为关键路线。因此，必须随时进行实际进度与计划进度的对比、分析，及时发现新情况，适时调整进度计划。经过施工实际进度与计划进度的对比和分析，若进度的拖延对后续工作或工程工期影响较大时，监理人应及时采取相应措施。如果进度拖延不是由于承包人的原因或风险造成的，应在剩余网络计划分析的基础上，着手研究相应措施（如发布加速施工指令、批准工程延期或加速施工与部分工程工期延期的组合方案等），并征得发包人同意后实施，同时应主动与发包人、承包人协调，解决由此应给予承包商相应的费用补偿，随着月支付一并办理。

如果工程施工进度拖延是由于承包人的原因或风险造成的，监理人可发出赶工指令，要求承包人采取措施，修正进度计划。

五、停工与复工

监理人认为有必要时，可向承包人做出暂停施工的指示，承包人应按监理人指示暂停施工。不论由于何种原因引起的暂停施工，暂停施工期间承包人应负责妥善保护工程并提供安全保障。

由于发包人的原因发生暂停施工的紧急情况，且监理人未及时下达暂停施工指示的，承包人可先暂停施工，并及时向监理人提出暂停施工的书面请求。监理人应在接到书面请求后的 24 小时内予以答复，逾期未答复的，视为同意承包人的暂停施工请求。

暂停施工后，监理人应与发包人和承包人协调，采取有效措施积极消除暂停施工的影响。当工程具备复工条件时，监理人应立即向承包人发出复工通知。承包人收到复工通知后，应在监理人指定的期限内复工。

生产建设项目水土保持工程监理还应根据监理合同授权对主体工程的土方石开挖、排弃等进行巡检，核查拦挡工程、排水防护工程等的施工进度，并可根据情况向建设单位和主体工程的监理单位提出停工（复工）、整改、扣款等建议。

第六节　实施阶段的资金控制

一、水土保持工程资金控制概述

资金控制是工程建设项目管理的重要组成部分，是指在建设项目的投资决策阶段、设计阶段、施工招标阶段、施工阶段采取有效措施，把建设项目实际资金控制在原计划目标内，并随时纠正发生的偏差，以保证投资管理目标的实现，以求在项目建设中能合理使用人力、物力、财力，实现投资的最佳效益。

资金控制主要体现在投资机构及人员对工程造价的管理。水土保持工程造价是指工程项目实际建设所花费的费用，是个别劳动的反映，即某一个施工单位在建设项目中所耗用的资源。工程造价是以竣工决算所反映的项目的劳动投入量，计划投资是项目投资活动的起点，贯穿于项目的始终。工程造价围绕计划投资波动，直至工程竣工决算才完全形成。

水土保持工程造价也称工程净投资，是指工程项目总投资中扣除回收金额应核销的投资支出与本工程无直接关系的转出投资后的金额。回收金额一般包括两部分：一是指保证工程建设而修建的临时工程施工后已完成其使命，需进行拆除处理，并回收其余值；二是施工机械设备购置费的回收，因此项目费用已构成了施工单位的固定资产，在工程建设使用过程中，设备折旧费以合班费的形式进入了工程投资，故施工机械设备购置应全部回收。应核销的投资支出如生产职工培训费、施工机构转移费、职工子弟学习经费、劳动支出、不增加工程量的停建缓建维护费、拨付给其他单位的基建投资、移交给其他单位的未完工程及报废工程的损失费等不应记入交付使用财产价值而应该核销其投资的各项支出。与本工程无直接关系的投资是指工程建设阶段列入本工程投资项目下，而在完工后又移交给其他国民经济部门或地方使用的固定资产价值。

水土保持工程施工阶段监理资金控制是按照《水土保持工程施工监理规范》（SL 523—2011）及《水利工程施工监理规范》（SL 288—2014）规范的要求，主要工作内容是工程造价控制。施工准备阶段资金控制的内容包括编制招标标底或审查标底，对投标人的财务能力进行审查，确定标价合理的中标人。施工阶段资金控制的内容主要通过施工过程中对工程费用的监测，确定水土保持工程建设项目的实际投资额，使工程项目的实际投资额不超过计划投资额，并在实施过程中进行费用的动态管理与控制。

二、施工阶段资金使用计划的编制

为了更好地做好资金控制工作，使工程建设资金筹措、使用等工作有计划、有组织地有序运作，监理机构应于施工前做好资金使用计划。资金使用计划是监理机构审核施工单位施工进度计划、现金流计划的依据；资金使用计划是工程项目筹措资金的依据；资金使用计划是项目检查、分析实际投资值和计划投资偏差的依据。

编制资金使用计划，首先要进行项目分解。为了在施工中便于项目的计划投资和实际投资相比较，资金使用计划中的项目划分应与招标文件中的项目划分一致，然后再分项列出由建设单位直接支出的项目，构成资金使用计划项目划分表。其次进行编码。因我国目前建设项目没有统一格式，编码时可针对不同具体工程拟定合适的编码系统。

资金使用计划应按时间进行编制。在项目划分表的基础上，结合施工单位的投标报价、项目建设单位的支出预算、施工进度计划等，逐时段统计需要投入的资金，即可得到资金使用计划。

监理机构除了编制资金使用计划外，还应审批施工单位提交的现金流通量估算。施工单位根据合同有权得到全部支付的详细现金流通量估算。监理机构审查施工单位提交的预期支付现金流通量估算，应力求使施工单位的资金运作过程合理，控制好工程建设资金。

三、工程计量

在水土保持工程建设项目施工过程中，施工单位工程量的测量和计算简称计量。水土保持工程计量是监理机构资金控制的重要工作内容。

（一）合同计量的范围

合同计量的范围，是指施工单位完成的、按照合同约定应予以计量并据此作为计算合同支付价款的项目及其计量部分，在施工合同实施中，一般不是施工单位完成的全部物理工程量。例如，合同规定按设计开挖线支付，对因施工单位原因造成的不合理超挖部分不予计量；再如，对合同工程量清单中未单列但又属于合同约定施工单位应完成的项目（如施工单位自己规划设计的施工便道、临时栈桥、脚手架以及为施工需要而修建的施工排水泵、河岸护堤、隧洞内避车洞、临时支护等）不应予以计量，这些项目的费用被认为在施工单位报价中已经考虑，已经分摊到合同工程量清单中的相应项目中。

一般来说，应予以计量的合同项目范围为

（1）合同工程量清单中的全部项目。

（2）经监理机构发出变更指令的变更项目。

（3）经监理机构同意并由施工单位完成的计日工项目。

（二）计量原则

监理机构进行计量应遵循以下原则：

（1）计量项目应确定完工或正在施工项目的已完成部分。对于施工单位未完成的工程任何部分，监理机构均不得提前认可。

（2）计量项目的质量应符合合同规定的技术标准。对于质量不合格的项目，不管施工单位以什么理由要求计量，监理机构均不予进行计量。

（3）施工单位申报的计量项目、计量方法、采用标准等均应符合合同文件的约定，并且计算结果准确。

（4）计量项目的申报资料和验收手续应该齐全。施工单位在申报工程计量时，应按约定提交完整的支持性材料，一般包括：

1）监理机构同意计量项目开工的证明材料。

2）监理机构对计量项目质量合格的认可证书、质量评定自检表等。

3）项目计量原始数据资料、计算过程和成果等，如测量控制基线，桩位布置图、图纸或测量资料、工程量计算书等。

（三）计量工作内容

在水土保持工程建设项目施工阶段所做的计量工作，以已批准的规划、可行性研究和初步设计以及有关部门下达的年度实施计划为依据。

（1）水土保持生态工程主要有：淤地坝工程的计量，梯田工程计量，植物措施计量（包括乔木林、灌木林、经济林、果园、人工种草等），小型水利水保工程措施计量（包括水窖、涝池、谷坊、沟头防护、淤地坝、蓄水池、截水沟、引洪漫地等）。

（2）生产建设项目水土保持工程有：拦挡工程，斜坡防护工程，土地整治工程，防洪排导工程，降水蓄渗工程，植被建设工程、临时防护工程、防风固沙工程。

（四）计量方式

（1）由监理工程师独立计量。

（2）由施工单位计量，监理机构审核确认。施工单位应按合同规定的计量办法，按季度对已完成的质量合格的工程进行准确计量，由监理机构进行审核并确定当季完成的工程量。

（3）监理工程师与施工单位联合计量。在合同中也可以约定由监理工程师、施工单位联合进行测量和计算，以确保工程量的计算计量准确。采用这种计量方式，由于双方在现场共同确认计量结果，减少了计算与计量结果确认的时间，同时也保证了计量的质量，是目前提倡的计算方式。

（五）计量方法

水土保持生态工程一般按季度、年度计量，由施工单位向监理机构提交工程量清单，监理工程师对工程量抽查复核、总监理工程师审查签发支付证书，报建设单位。生产建设项目水土保持工程依据合同约定和设计文件要求，按施工进度或月计量，施工单位向监理机构提交完成工程量清单，经监理工程师签认、总监理工程师审核后，报建设单位。对难以计量的工程，应由总监理工程师会同施工单位、建设单位协商约定计量方式。对于施工图纸以外的工程量，应按建设单位关于新增工程的有关规定进行报批和确认。

（1）治沟骨干工程的计量。治沟骨干工程主要是对土坝的碾压土方量、泄水建筑物的工程量进行审核和确认。

（2）梯田、植物措施的计量。在每季度的计量工作中，对施工单位自验上报的梯田、林草措施的面积，按 $2\%\sim5\%$ 的比例抽取图斑，进行现场量算，求出所抽图斑的实际面积与上报面积的比例。按求出的比例对上报面积进行统一折算，最后得出的面积为监理机构确认的面积。

（3）淤地坝的计量。对上报的淤地坝在核验的基础上，按批准的设计进行逐个计量。

（4）小型水利水保工程措施的计量。建议采用水窖抽取上报量的 5%、谷坊抽取 $7\%\sim10\%$、沟头防护抽取 20%、蓄水池抽取 10%、引洪漫地抽取 50% 等进行验收，按合格率进行折算。

（5）生产建设项目水土保持工程的计量。全部按实际完成的工程量审核和确认。

如某生产建设项目水土保持工程渣场土石方开挖总量 0.64 万 m^3，均是表土剥离；土石方填筑总量约为 1.01 万 m^3（自然方），均为耕植土回填，其他部位调入 0.37 万 m^3 表土回填。监理工程师在审核该工程的计量时应全部按实际完成的工程量审核和确认。

四、计价控制

（一）计价方式

在水土保持工程建设项目施工过程中，通常采用单价计价方式进行工程款支付。

（二）工程款的支付

监理机构应在建设单位明确授权的资金控制范围内，通过计量和支付手段对工程费用进行有效控制，认真履行监理职责。工程款支付一般包括预付款支付、进度款支付、完工支付和最终支付等。工程款的支付，不仅关系到合同的最终结算款额，而且还关系到建设单位的资金成本和施工单位资金流的合理性，以及承发包双方的资金风险。工程款支付是监理人合同管理的重要工作。

工程款支付应符合下列条件：

（1）经监理工程师确认质量合格的工程项目。

（2）由监理工程师变更通知的变更项目。

（3）符合计划文件的规定。

（4）施工单位的工程活动使监理工程师满意。

1. 预付款的支付

在建设单位与施工单位签订施工合同后，为做好施工准备，施工单位需要大量的资金投入。建设单位为了使工程顺利进展，除了做好施工现场准备外，以预付款的形式借给施工单位一部分资金，主要供施工单位做好施工准备并用于工程施工初期各项费用的支出。所以，工程预付款是在项目施工合同签订后由发包人按照合同约定，在正式开工前预先支付给承包人的一笔款项。预付款的这种支付性质决定了它是无息的，但要有借有还。

工程预付款的支付条件如下：

（1）建设单位与施工单位之间的合同已签订并生效。

（2）施工单位按合同约定，在约定的时间内已向建设单位提交了履约担保。

（3）施工单位根据合同的格式与要求已提交了预付款保函（数额等同于工程预付款）。

一般情况下在满足以上条件之后，施工单位向监理机构提出预付款申请，监理机构按合同规定进行审核，满足合同规定的预付款支付条件的，监理机构应向建设单位发出工程预付款支付证书；而建设单位应在收到工程预付款支付证书后应按合同约定的支付方式向施工单位支付工程预付款。

2. 中期付款（月进度付款）

中期付款也称阶段付款。水土保持生态工程建设项目一般采用季度付款的方式。根据监理工程师核定的工程量和有关定额计算应支付的金额，由总监理工程师签发支付凭证，申请支付资金。生产建设项目水土保持工程应按合同约定，由施工单位按合同约定的时间向监理机构提交月进度款支付申请表，并附经监理机构签认的已完成的工程量清单、证明文件、支付计算文件等，经监理机构审核并由总监理工程师签发《工程进度款支付证书》后，报建设单位支付。

3. 完工支付

生产建设项目水土保持工程合同项目完工并经验收、移交，颁发移交证书后，在合同规定时间内，施工单位应向监理机构提交完工付款申请，经监理机构审核后签发完工支付证书。完工支付证书与中期付款证书不同：监理人在审核中期付款申请后，可以将承包人申请的不合理款项删掉，也可以对前一个阶段付款进行修正；完工支付证书的结算性质决定了监理机构已无后续付款证书可以修正，因此，应在施工单位提出的合同项目完工付款申请的基础上，与建设单位和施工单位协商并达成一致的意见。

完工结算的内容主要包括：

(1) 确认按照合同规定应支付给施工单位的款额。

(2) 确认建设单位已支付的所有款额。

(3) 确认建设单位还应支付给施工单位或者施工单位还应支付给建设单位的余额，双方以此余额相互找清。

对于水土保持生态工程一般进行年终决算。年终决算就是在第四季度根据全年完成的工程量，结合有关部门下达的全年投资计划和已确认的季度支付，核定施工单位全年完成的总投资，将未付部分支付给施工单位。

4. 最终支付

水土保持工程建设项目通过完工验收合格后，进入工程保修期。在保修期终止后，由建设单位向施工单位颁发了保修责任终止证书，合同双方可进行合同的最终结清，完成最终支付。

施工单位收到保修责任终止证书后，按合同约定可向监理机构提交最终付款申请，详细说明以下内容：

(1) 根据合同所完成的全部工程价款金额。

(2) 根据合同应该支付给施工单位的追加金额。

(3) 施工单位认为应付给他的其他金额。

在提交最终付款申请的同时，施工单位应给建设单位一份书面结清单，并将一份副本交监理机构，进一步证实最终付款申请报表中的总额，相当于全部的和最后确定应付给他（由合同引起的以及与合同有关）的所有金额。

在书面结清单生效后，施工单位的合同义务即告解除。结清单生效的前提是：

(1) 最终支付证书中的款项得到了支付。

(2) 履约保函已被退还。

(3) 监理机构签发最终支付证书。

监理机构在收到施工单位提交的最终付款申请单和施工单位给建设单位的书面结清单副本后，在合同规定时间内，出具最终付款证书报送建设单位审批。监理机构开具的最终支付证书送交建设单位后，在合同规定时间内，建设单位应按合同规定的最终支付的款项付款给施工单位。

五、竣工验收阶段资金控制

(一) 竣工决算的内容

竣工决算，包括从筹建开始到竣工投产交付使用为止的全部建设费用，即建筑工程费、安装工程费，设备、工器具购置费以及其他费用。

(二) 竣工决算报告编制的依据

(1) 经项目主管部门批准的设计文件、工程概（预）算和修正概算。

（2）经上级计划部门下达的历年基本建设投资计划。

（3）经上级财务主管部门批准的历年年度基本建设财务决算报告。

（4）招投标合同（协议）及有关文件和投资包干协议及有关文件。

（5）历年有关财务、物资、劳动工资、统计等文件资料。

（6）与工程质量检验、鉴定有关的文件资料等。

（三）竣工决算报告编制的要求

（1）必须按规定的格式和内容进行编制，应该如实填列经核实的有关表格数据。

（2）水土保持工程建设项目经项目竣工验收机构验收签证后的竣工决算报告方可作为财产移交、投资核销、财务处理、合同终止并结束建设事宜的依据。

（3）水土保持工程建设项目竣工决算报告是工程项目竣工验收的重要文件。基本建设项目完工后，在竣工验收之前，应该及时办理竣工决算。

（4）水土保持工程建设项目，按审批权限，投资不超过批准概算并符合历年所批准的财务决算数据的竣工决算报告，由项目主管部门进行审核。

六、水土保持工程变更与索赔费用控制

（一）变更的概念

变更是指对施工承包合同所做的修改、改变等，从理论上来说，变更就是施工合同状态的改变。施工承包合同状态包括合同内容、合同结构、合同表现形式等，合同状态的任何改变均是变更。在工程建设过程中受自然条件等外界的影响较大，工程情况比较复杂，且在招标阶段未完成施工图设计，因此，在施工承包合同签订后的实施过程中不可避免地会发生变更。

（二）变更的范围和内容

在履行合同过程中，变更经建设单位同意后，监理机构可按建设单位的授权指示施工单位进行各种类型的变更。变更的范围和内容包括以下几点内容。

（1）增加或减少合同中任何一项工作内容。在合同履行过程中，如果合同中的任何一项工作内容发生变化，包括增加或减少均须监理人发布变更指示。

（2）增加或减少合同中关键项目的工程量超过专用合同条款规定的百分比。在此所指的"超过专用合同条款的百分比"可在15％～25％范围内，一般视具体工程酌定，其本意是为合同中任何项目的工程量增加或减少在规定的百分比以下时不属于变更项目，不作变更处理，超过规定的百分比时，一般应视为变更，应按变更处理。

（3）取消合同中任何一项工作。如果建设单位要取消合同任何一项工作，应由监理机构发布变更指示，按变更处理，但被取消的工作不能转由建设单位实施，也不能由建设单位雇佣其他施工单位实施。此规定主要为了防止建设单位在签订合同后擅自取消合同价格偏高的项目，转由建设单位自己或其他施工单位实施而使本合同施工单位蒙受损失。

（4）改变合同中任何一项工作的标准或性质。对于合同中任何一项工作的标准或性质，合同技术条款都有明确的规定，在施工合同实施中，如果根据工程的实际情况，需要提高标准或改变工作性质，同样需监理机构按变更处理。

（5）改变工程建筑物的形式、基线、标高、位置或尺寸。如果施工图纸与招标图纸不一致，包括建筑物的结构形式、基线、高程、位置以及规格尺寸等发生任何变化，均属于变更，应按变更处理。

（6）改变合同中任何一项工程的完工日期或改变已批准的施工顺序。合同中任何一项工程都规定了其开工日期和完工日期，而且施工总进度计划、施工组织设计、施工顺序已经监理机构批准，要改变就应由监理机构批准，按变更处理。

（7）追加为完成工程所需的任何额外工作。额外工作是指合同中未包括而为了完成合同工程所需增加的新项目，如临时增加的防汛工程或施工场地内发生边坡塌滑时的治理工程等额外工作项目。这些额外的工作均应按变更项目处理。

需要说明的是，以上范围内的变更项目未引起工程施工组织和进度计划发生实质性变动和不影响其原定的价格时，不予调整该项目单价和合价，也不需要按变更处理的原则处理。例如：若工程建筑物的局部尺寸稍有修改，虽将引起工程量的相应增减，但对施工组织设计和进度计划无实质性影响时，不需按变更处理。

另外，监理机构发布的变更指令内容，必须是属于合同范围内的变更。即要求变更不能引起工程性质有很大的变动，否则，应重新订立合同。因为若合同性质发生很大的变动而仍要求施工单位继续施工是不恰当的，除非合同双方都同意将其作为原合同的变更。所以，监理机构无权发布不属于本合同范围内的工程变更指令；否则，施工单位可以拒绝。

（三）施工合同变更应满足的条件

水土保持工程建设项目施工合同变更必须满足以下条件：

（1）双方当事人协商一致。

（2）法律、法规规定应由主管机关批准成立的合同，其重大变更应由原批准机关批准。

（3）变更合同的通知或者协议应当采用书面的形式。

（4）合同变更不影响当事人要求索赔的权利。

（5）经过公证或鉴证的施工承包合同，需要变更或解除时，必须再到原公证或鉴证机关审查备案。

（四）工程变更的申请

无论是建设单位还是设计、施工单位提出工程变更，均应向监理机构提交变更申请。其内容主要包括：

（1）变更的原因及内容。

（2）变更的内容与范围。

（3）变更项目的工程量及费用。

（4）变更项目的施工方案、施工进度以及对工期目标的影响。

（五）工程变更的审查

（1）工程变更审查的内容。

（2）对变更项目的可行性与可靠性进行审查。

1）对变更项目的工程量清单及经济合理性进行审查。

2）对变更项目的施工方案、施工进度计划以及对合同工期的影响进行审查。

（3）工程变更审查遵循的原则。

1）项目变更后，不降低工程的质量标准，不影响工程的使用功能及运行与管理。

2）工程变更在技术上可行、安全可靠。

3）工程变更有利于施工实施。

（4）工程变更的费用合理，尽量避免合同价格的增加。

（5）工程变更不对后续施工产生不利影响，尽可能保证合同控制性目标。

（六）工程变更项目的价格调整原则

当工程变更需要调整合同价格时，可按以下 3 种不同情况确定其单价或合价。承包人在投标时提供的投标辅助资料，如单价分析表、总价合同项目分解表等，经双方协商同意，可作为计算变更项目价格的重要参考资料。

（1）当合同《工程量清单》中有适用于变更工作的项目时，应采用该项目单价或合价。

（2）当合同《工程量清单》中无适用于变更工作的项目时，则可在合理的范围内参考类似项目的单价或合价作为变更估价的基础，由监理机构与施工单位协商确定变更后的单价或合价。

（3）当合同《工程量清单》中无类似项目的单价或合价可供参考，则应由监理机构与建设单位和施工单位协商确定新的单价或合价。

（4）如仍不能达成一致，监理工程师有权独立决定他认为合适的价格，并相应地通知施工单位，将一份副本呈报建设单位。此决定不影响建设单位和施工单位解决合同中争端的权利。

（七）变更指示

不论是由何方提出的变更要求或建议，均需经监理机构与有关方面协商，并得到建设单位批准或授权后，再由监理机构按合同规定及时向施工单位发出变更指示。变更指示的内容应包括变更项目的详细变更内容、变更工程量和有关文件图纸以及监理机构按合同规定指明变更处理原则。

监理机构在向施工单位发出任何图纸和文件前，有责任认真仔细检查其中是否存在合同规定范围内的变更。若存在合同范围内的变更，监理机构应按合同规定发出变更指示并抄送建设单位。

施工单位收到监理机构发出的图纸和文件后，施工单位应认真检查，经检查后认为其中存在合同规定范围内的变更而监理机构未按合同规定发出变更指示，应在收到监理机发出的图纸和文件后，在合同规定的时间内（一般为 14 天）或在开始执行前（以日期早者为准）通知监理机构，并提供必要的依据。监理机构应在收到施工单位通知后，在合同规定的时间内（一般为 14 天）答复施工单位；若监理机构同意作为变更，应按合同规定补发变更指示；若监理机构不同意作为变更，也应在合同规定时限内答复施工单位。若监理机构未在合同规定时限内答复施工单位，则视为监理机构已同意施工单位提出的作为变更的要求。

另外需要说明的是，对于涉及工程结构、重要标准等影响较大的重大变更时，需要建设单位向上级主管部门报批。此时，建设单位应在申报上级主管部门批准后再按照合同规定的程序办理。

（八）变更的报价

施工单位在收到监理机构发出的变更指示后，应在合同规定的时限内（一般为 28 天），向监理机构提交一份变更报价书，并抄送建设单位。变更报价书的内容应包括施工单位确认的变更处理原则和变更工程量及其变更项目的报价单。监理机构认为必要时，可要求施工单位提交重大变更项目的施工措施、进度计划和单价分析等。

施工单位在提交变更报价书前，应首先确认监理机构提出的变更处理原则，若施工单位对监理机构提出的变更处理原则持有异议，应在收到监理人变更指示后，在合同规定的时限内（一般为 7 天）通知监理机构，监理机构则应在收到此通知后在合同规定的时限内（一般为 7 天）答复施工单位。

（九）变更处理决定

监理机构应在建设单位授权范围内按合同规定处理变更事宜。对在建设单位规定限额以下的变更，监理机构可以独立作出变更决定，如果监理机构作出的变更决定超出发包人授权的限额范围时，应报建设单位批准或者得到建设单位进一步授权。一般变更的处理程序为：

（1）监理机构应在收到施工单位变更报价书后，在合同规定的时限内（一般为 28 天）对变更报价书进行审核，并作出变更处理决定，而后将变更处理决定通知施工单位，抄送发包人。

（2）建设单位和施工单位未能就监理机构的决定取得一致意见，则监理机构有权暂定他认为合适的价格和需要调整的工期，并将其暂定的变更处理意见通知施工单位，抄送建设单位，为了不影响工程进度，施工单位应遵照执行。对已实施的变更，监理机构可将其暂定的变更费用列入合同规定的月进度付款中予以支付。但建设单位和施工单位均有权在收到监理机构变更决定后，在合同规定的时间内（一般为 28 天），可以要求按合同规定提请争议评审组评审，若在合同规定时限内建设单位和施工单位双方均未提出上述要求，则监理机构的变更决定即为最终决定。

（十）费用索赔管理

索赔是指在履行工程承包合同的过程中，合同一方的当事人根据索赔事件的事实和遭受损害的后果，按照合同条款规定和法律依据，向承担责任的另一方提出补偿或赔偿的要求，包括要求经济补偿或延长工期两种情况。

1. 可以索赔的费用

从理论上讲，确定施工单位可以索赔什么费用及索赔多少，有两条主要原则：①所发生的费用应该是承包人履行合同所必需的，即如果没有该费用支出，就无法合理履行合同，无法使工程达到合同要求；②给予补偿后，应该使施工单位处于与假定未发生索赔事项情况下的同等有利或不利地位，即施工单位不因索赔事项的发生而额外受益或额外受损。

从索赔发生的原因来看，施工单位索赔可以简单分为损失索赔和额外工作索赔，前者主要是由建设单位违约或监理机构工作失误引起的；后者主要是由合同变更或第三方违约、非施工单位承担的风险事件引起的。按照一般的法律原则，对损失索赔，建设单位应当给予赔偿损失，包括实际损失和可得利益。实际损失是指施工单位多支出的额外成本。可得利益是指如果建设单位不违反合同，施工单位本应取得的，但因建设单位违约而丧失了的利益。对额外工程索赔，建设单位应以原合同中的适用价格为基础或者以监理机构依据合同变更价格确定的原则，与合同当事人双方协商确定的合理价格给予付款。

计算损失索赔和额外工程索赔的主要区别是：前者的计算基础是成本，而后者的计算基础是价格（包括直接成本、管理费和利润）。计算损失索赔要求比较一下假定无违约成本和实际有违约成本（不一定是施工单位投标成本或实际发生成本，应是合理成本），对两者之差给予补偿，与各工程项目的价格毫不相干，原则上不得包括额外成本的相应利润（除非施工单位原合理预期利润的实现已经因此受到影响——这种情况只有当违约引起整个工程的延迟或完工前的合同解除时才会发生）。计算额外工程索赔则允许包括额外工作的相应利润，甚至在该工程得以顺利列入施工单位的工作计划、不会引起总工期延长，从而事实上施工单位并未遭受到损失时也是如此。

索赔仅仅是施工单位要求对实际损失或额外费用给予补偿。施工单位究竟可以就哪些损失提出索赔，这取决于合同规定和有关适用法律。无论损失的金额有多大，也无论是什么原因引起的，合同规定都是决定这种损失是否可以得到补偿的最重要的依据。

无论对施工单位还是监理机构（建设单位），根据合同和有关法律规定，事先列出几个将来可能索赔的损失项目的清单，这是索赔管理中的一种良好做法，可以帮助防止遗漏或多列某些损失项目。下面这个清单列举了常见的损失项目（并非全部），可供参考。

（1）人工费。人工费在工程费用中所占的比重较大，人工费的索赔，也是施工索赔中数额最多者之一，一般包括：

1）额外劳动力雇佣。

2）劳动效率降低。

3）人员闲置。

4）加班工作。

5）人员人身保险和各种社会保险支出。

（2）材料费。材料费的索赔关键在于确定由于建设单位方面修改工程内容，而使工程材料增加的数量，这个增加的数量一般可通过原来材料的数量与实际使用的材料数量的比较来确定。材料费一般包括：

1）额外材料使用。

2）材料破损估价。

3）材料涨价。

4）材料保管、运输费用。

（3）设备费。设备费是除人工费外的又一大项索赔内容，通常包括：

1）额外设备使用。

2）设备使用时间延长。

3）设备闲置。

4）设备折旧和修理费分摊。

5）设备租赁实际费用增加。

6）设备保险增加。

（4）低值易耗品。一般包括：

1）额外低值易耗品使用。

2）小型工具。

3）仓库保管成本。

（5）现场管理费。一般包括：

1）工期延长期的现场管理费。

2）办公设施。

3）办公用品。

4）临时供热、供水及照明。

5）人员保险。

6）额外管理人员雇佣。

7）管理人员工作时间延长。

8）工资和有关福利待遇的提高。

（6）总部管理费。一般包括：

1）合同期间的总部管理费超支。

2）延长期中的总部管理费。

（7）融资成本。一般包括：

1）贷款利息。

2）自有资金利息。

（8）额外担保费用（略）。

（9）利润损失（略）。

2. 不允许索赔的费用

一般情况下，下列费用是不允许索赔的。

（1）施工单位的索赔准备费用。毫无疑问，对每一项索赔，从预测索赔开始，保持原始记录、提交索赔意向通知、提交索赔账单、进行成本和时间分析，到提交正式索赔报告、进行索赔谈判，直至达成索赔处理协议，施工单位都需要花费大量的精力进行认真细致的准备工作。有时，这个索赔的准备和处理过程还会比较长，而且建设单位也可能提出许多这样那样的问题，施工单位可能需要聘请专门的索赔专家来进行索赔的咨询工作。所以，索赔准备费用可能是施工单位的一项不小的开支。但是，除非合同另有规定，通常都不允许施工单位对这种费用进行索赔。从理论上说，索赔准备费用是作为现场管理费的一个组成部分得到补偿的。

（2）工程保险费用。由于工程保险费用是按照工程（合同）的最终价值计算和收取的，如果合同变更和索赔的金额较大，就会造成施工单位保险费用的增加。与索赔准备费用一样，这种保险费用也是作为现场管理费的一个组成部分得到补偿的，不允许单独索赔。当然，也有的合同会把工程保险费用作为一个单独的工作项目在工程量表中列出。在这种情况下，它就不包括在现场管理费中，可以单独索赔。

（3）因合同变更或索赔事项引起的工程计划调整、分包合同修改等费用。这类费用也是包括在现场管理费中得到补偿的，不允许单独索赔。

（4）因施工单位的不适当行为而扩大的损失。如果发生了有关索赔事项，施工单位应及时采取适当措施防止损失的扩大，如果没有及时采取措施而导致损失扩大的，施工单位无权就扩大的损失要求赔偿。施工单位负有采取措施减少损失的义务，这是一般的法律和合同的基本要求。这种措施可能包括保护未完工程、合理及时地重新采购器材、及时取消订货单、重新分配施工力量（人员和材料、设备）等。例如，某单位工程暂时停工时，施工单位也许可以将该工程的施工力量调往其他工作项目。如果施工单位能够做到而没有做，则他就不能对因此而闲置的人员和设备的费用进行索赔。当然，施工单位可以要求建设单位对其"采取这种减少损失措施"本身产生的费用给予补偿。

（5）索赔金额在索赔处理期间的利息。索赔的处理总是有一个过程的，有时甚至是一个比较长的过程。一般合同中对索赔的处理时间没有严格的限制，但监理机构作为一个公正的合同实施监督者，应该在合理的时间内作出处理，不得有意拖延。在一般情况下，不允许对索赔额计算处理期间的利息，除非有证据证明建设单位或监理机构恶意地拖延了对索赔的处理。除了上述索赔处理期间的利息外，还有从索赔事项的发生至施工单位提出索赔期间的利息问题，以及如果对监理机构的处理决定发生争议，并提交了仲裁后这一期间的利息问题。实际工作中，对这 4 个阶段的利息是否可以索赔，是建设单位（监理机构）和施工单位之间非常容易发生分歧的领域，要根据适用法律和仲裁规则等来确定。

3. 索赔费用的计算

索赔款额的计算方法很多，每个工程项目的索赔款计算方法也往往视具体情况而有所不同。但是，索赔款额的计算方法通常都沿用几种通用的原则。

（1）总费用法。总费用法即总成本法。它是在发生多次索赔事件以后，重新计算该工程的实际总费用，实际总费用减去投标报价时的估算总费用，即为索赔金额，即

索赔金额＝某项工作调整后的实际总费用－该项工作调整后报价费用

对这种计算原则，不少人持批评态度。因为实际发生的总费用中，可能包括了由于承包人的原因（如组织不善、工效太低，或材料浪费等）而增加了费用；同时，投标报价时的估算费用却因竞争得标而过低。因此，按照总费用法计算索赔款，往往遇到较多困难。

虽然如此，总费用法仍然在一定的条件下被采用着，在国际工程施工索赔中保留着它的地位。这是因为，对于某些特定的索赔事项，要精确地计算出索赔款额是很困难的，有时甚至是不可能的。在这种情况下，逐项核实已开支的实际总费用，取消其不合理部分，然后减去投标时的估算费用，仍可以比较合理地进行索赔支付。

概括地说，采用总费用法时一般要有以下条件：

1）由于该项索赔在施工时的特殊性质，难于或不可能精确地计算出损失款额。

2）施工单位的该项报价估算费用是比较合理的。

3）已开支的实际总费用经过逐项审核，认为是比较合理的。

4）施工单位对已发生的费用增加没有责任。

（2）修正总费用法。修正总费用法是对总费用法进行了相应的修改和调整，使其更合理。其修正事项主要是：

1）计算索赔款的时段仅局限于受到外界影响的时期，而不是整个施工工期。

2）只计算受影响时段内某项工作所受影响的损失，而不是计算该时段内所有施工工作所受的损失。

3）在所影响时段内的受影响的某项施工中，使用的人工、设备、材料等资源均有可靠的记录资料，如监理机构的监理日志、施工单位的施工日志等现场施工记录。

4）与该项工作无关的费用，不列入总费用中。

5）对投标报价时估算费用重新进行核算；按受影响时段期间该项工作的实际单价进行计算，乘以实际完成的该项工作的工程量，得出调整后的报价费用。

根据上述调整、修正后的总费用基本上能准确地反映出实际增加的费用，作为给施工单位补偿的款额。

据此，按修正后的总费用法支付索赔金额的公式为

索赔金额＝某项工作调整后的实际总费用－该项工作调整后报价费用

（3）实际费用法。实际费用法也称实际成本法。它是以施工单位为某项索赔工作所支付的实际开支为根据，分别分析计算索赔值的方法，故也称分项法。

实际费用法是施工单位以索赔事项的施工引起的附加开支为基础、加应付的间接费和利润，向建设单位提出索赔款的数额。其特点是：

1）它比总费用法复杂，处理起来困难。

2）它反映实际情况，比较合理、科学。

3）它为索赔报告的进一步分析评价、审核，双方责任的划分，双方谈判和最终解决提供方便。

4）应用面广，人们在逻辑上容易接受。

因此，实际费用法能客观地反映施工单位的费用损失，为取得经济补偿提供可靠的依据，被国际工程界广泛采用。实际费用法计算索赔的依据是实际的成本记录或单据，包括工资单、工时记录、设备运转记录、材料消耗记录、工程进展表、工程量表、开支发票等一系列实际支出证据，系统地反映某项工作在施工过程中受非施工单位责任的外界原因（如工程变更、不利的自然条件、建设单位拖延或违约等）所引起的附加开支。

4．监理机构对索赔的审查与处理

监理机构对索赔要求的审查和合理处理是施工阶段控制投资的一个重要方面，包括以下主要工作。

（1）审定索赔权。工程施工索赔的法律依据是该工程项目的合同文件，也要参照有关施工索赔的法规。监理机构在评审施工单位的索赔报告时，首先要审定施工单位的索赔要求有没有合同法律依据，即有没有该项索赔权。

（2）事态调查和索赔报告分析。索赔应基于事实基础上，这个事实必须以实际现场情况和各种资料为证据，索赔报告中所描述的事实经过必须与所附证据符合。

1）分析索赔事项。对施工单位索赔事项进行分析的目的，是从施工的实际情况出发，对发生的一系列变化对施工的影响，进行客观的可能状态分析，从而判断施工单位索赔要求的合理程度。即在受到干扰而发生索赔事项的条件下，对施工单位造成的可能损失款额或工期进行客观公正的评价。

2）仔细分析索赔报告。监理机构应对索赔报告仔细审核，包括合同根据、事实根据、证明材料、索赔计算、照片和图表等，在此基础上提出明确的意见或决定，正式通知施工单位。

3）协调讨论解决。监理机构在上述工作基础上应通过不断与建设单位和施工单位的联系、协商、讨论，及早澄清一些误解和不全面的结论，因为双方都可能存在不完全理解的观点和看法，这样可以避免和减少今后出现更多的误解或引起争议。

思 考 题

1. 水土保持工程资金控制的目标是什么？
2. 什么是资金的时间价值？其计算有哪两种方法？
3. 简述水土保持工程资金控制的内容。
4. 简述水土保持工程资金控制的方法。
5. 简述水土保持工程资金控制的任务。
6. 如何进行水土保持工程施工阶段的资金控制？

第七节　施工安全、职业卫生及防治

一、建设工程安全生产法律制度

建设工程的安全生产，不仅关系到人民群众的生命和财产安全，而且关系到国家经济的发展，社会的全面进步。《中华人民共和国安全生产法》（以下简称《安全生产法》）作为安全生产领域的基本法律，全面规定了安全生产的原则、制度、具体要求及责任。作为新中国成立以来第一部全面规定安全生产各项制度的法律，它的出台不仅表明党中央、国务院对安全问题的高度重视，反映了人民群众对安全生产的意愿和要求，也是安全生产管理全面纳入法制化的标志，是安全生产各项法律责任完善与健全的标志。《安全生产法》的实施，对于全面加强我国安全生产法制建设，强化安全生产监督管理，规范生产经营单位的安全生产，遏制重大、特大事故，促进经济发展和保持社会稳定，具有重大而深远的意义。

2004 年 2 月 1 日实施了《建设工程安全生产管理条例》。为了加强水利工程建设安全生产监督管理，明确安全生产责任，防止和减少安全生产事故，保障人民群众生命和财产安全，并结合水利工程的特点，水利部于 2005 年 7 月 22 日颁发了《水利工程建设安全生产管理规定》（2014 年 8 月第一次修正，2017 年 12 月第二次修正，2019 年 5 月第三次修正）。水利部以 2015 年第 46 号文批准《水利水电工程施工安全管理导则》（SL 721—2015）为水利行业标准。

《水利工程建设安全生产管理规定》规定：建设单位、勘察（测）单位、设计单位、施工单位、建设监理单位及其他与水利工程建设安全生产有关的单位，必须遵守安全生产法律、法规和本规定，保证水利工程建设安全生产，依法承担水利工程建设安全生产责任。

《水利水电工程施工安全管理导则》（SL 721—2015）规定：水利水电工程施工安全管理，是指项目法人或其现场建设管理机构（以下统称项目法人）、勘察单位、设计单位、施工单位或其现场机构（以下统称施工单位）、监理单位现场机构（以下简称监理单位）及其他参与水利水电工程建设的单位（以下合称各参建单位），依据法律、法规和标准，履行安全生产责任对水利水电工程施工现场安全生产实施管理，落实安全生产措施，防止和减少施工安全事故，保障人民生命财产安全的行为。

二、各参建单位的安全生产管理职责

（一）监理单位的安全生产管理职责

监理单位和监理人员应当按照法律、法规和工程建设强制性标准实施监理，并对水利工程建设安全生产承担安全生产管理职责。水土保持监理单位应按照法律、法规、标准及监理合同实施监理，宜配备专职安全监理人员，对所监理水土保持工程的施工安全生产进行监督检查，并对该合同工程安全生产承担监理责任。监理单位应在监理大纲和细则中明确监理人员的安全生产监理职责，监理人员应满足水利水电工程施工安全管理的需要。其应履行下列安全生产监理职责：

（1）按照法律、法规、规章、制度和标准，根据施工合同文件的有关约定，开展施工安全检查、监督。

（2）编制安全监理规划、细则。

（3）协助项目法人编制安全生产措施方案。

（4）审查安全技术措施、专项施工方案及安全生产费用使用计划，并监督实施。

（5）组织或参与安全防护设施、设施设备、危险性较大的单项工程验收。

（6）审查施工单位安全生产许可证、三类人员及特种设备作业人员资格证书的有效性。

（7）协助生产安全事故调查等。

监理单位应审查安全技术措施是否符合工程建设强制性标准。

项目法人、监理单位和施工单位应定期组织对安全技术交底情况进行检查，并填写检查记录。

监理单位发现存在生产安全事故隐患时，应要求施工单位采取有效措施予以整改，若施工单位延误或拒绝整改，情况严重的，可责令施工单位暂时停止施工；发现存在重大安全隐患时，应立即责令施工单位停止施工，并采取防患措施及时向项目法人报告；必要时应及时向项目主管部门或者安全生产监督机构报告。监理单位应定期召开监理例会，通报工程安全生产情况，分析存在的问题，提出解决方案和建议。会议应形成会议纪要。

建设监理单位应当审查施工组织设计中的安全技术措施或者专项施工方案是否符合工程建设强制性标准。监理单位在实施监理过程中，发现存在生产安全事故隐患的，应当要求施工单位整改；对情况严重的，应当要求施工单位暂时停止施工，并及时向水行政主管部门、流域管理机构或者其委托的安全生产监督机构以及建设单位报告。

（1）监理单位受建设单位的委托，作为公正的第三方承担监理责任，不仅要对建设单位负责，同时，也应当承担国家法律、法规和建设工程监理规范所要求的责任。也就是说，监理单位应当贯彻落实安全生产方针政策，督促施工单位按照施工安全生产法律、法规和标准组织施工，消除施工中的冒险性、盲目性和随意性，落实各项安全技术措施，有效地杜绝各类安全隐患，杜绝、控制和减少各类伤亡事故，实现安全生产。在深圳光明新区渣土受纳场"12·20"（2015）特别重大滑坡事故中，司法机关就对53人采取了刑事强制措施，57名责任人员提出处理意见，其中就包括监理人员。

（2）监理单位对施工安全的责任主要体现在审查施工组织设计中的安全技术措施或者专项施工方案是否符合工程建设强制性标准。施工组织设计是规划和指导即将建设的工程施工准备到竣工验收全过程的综合性技术经济文件。它既要体现建设工程的设计要求和使用需求，又应当符合建设工程施工的客观规律，对整个施工的全过程起着非常重要的作用。施工组织设计中必须包含安全技术措施和施工现场临时用电方案，对基坑支护与降水工程、土方开挖工程、模板工程、起重吊装工程、脚手架工程、拆除、爆破工程等达到一定规模的危险性较大的分部单元工程应当编制专项施工方案，工程监理单位对这些技术措施和专项施工方案进行审查，审查的重点在是否符合工程建设强制性标准上，对于达不到强制性标准的，应当要求施工单位进行补充完善。

按《水土保持工程施工监理规范》（SL 523—2011）规定，监理机构应监督施工单位建立健全安全、职业卫生保证体系和安全管理制度，对施工人员进行安全卫生教育和培训；应协助建设单位进行施工安全的检查、监督；应审查水土保持工程施工组织设计的施工安全及卫生措施。监理机构应对施工单位执行施工安全及职业卫生法律、法规和工程建设强制性标准及施工安全卫生措施情况进行监督检查，发现不安全因素和安全隐患以及不符合职业卫生要求时，应书面指令施工单位采取有效措施进行整改。若施工单位延误或拒绝整改时，监理机构可责令其停工。监理机构应检查防汛度汛方案是否合理可行，土坝工程的坝体施工不应临汛开工。监理机构应监督施工单位对施工区域的植物、生物和建筑物的破坏。淤地坝等生态工程，还应在工程完工后按设计检查施工单位坝坡植物措施质量、取土场整理绿化及施工道路绿化工作，做好恢复植被。监理机构应监督施工单位按照设计有序堆放、处理或利用弃渣，防止造成环境污染，影响河道行洪能力。工程完工后督促施工单位拆除施工临时设施，清理现场，做好恢复工作。

（二）施工单位的安全生产责任

施工单位的安全责任主要包括以下几个方面。

1. 依法取得资质和承揽工程

施工单位从事建设工程的新建、扩建、改建和拆除等活动，应当具备国家规定的注册资本、专业技术人员、技术装备和安全生产等条件，依法取得相应等级的资质证书，并在其资质等级许可的范围内承揽工程。

（1）从事建设工程施工的单位，必须取得国家颁发的资质证书，这主要是考虑到这个行业直接关系公共利益，需要确定具备特殊信誉、特殊条件或者特殊技能等，由行政机关对申请人是否具备特定技能作出认定，是为了提高从业水平。因此，对于从事建设工程施工的单位，国家明确规定了资质条件；只有具备这些条件，取得国家的许可后，才能承揽建设工程。

（2）对施工单位进行资质条件的审查时，强调其必须具备基本的安全生产条件。"安全生产条件"是指施工单位的各个系统、设施和设备以及与施工相适应的管理组织、制度和技术措施等，能够满足保障生产经营安全的需要，在正常情况下不会导致人员伤亡和财产损失。具体包括以下内容：

1）具备安全生产管理制度。

2）有负责安全生产的机构和人员。

3）对于施工单位的管理人员和其他作业人员进行安全培训的制度。

4）对已经发生的安全事故的处理情况及整改情况。

施工单位具备了相应的安全生产条件，发生生产安全事故的可能性就会大大降低；相反，施工单位如果不具备相应的安全生产条件，就会存在安全事故隐患，甚至发生安全生产事故。因此，对于不具备安全生产条件的施工单位，不得颁发资质证书，从根本上防止安全事故的发生。

2. 具有安全生产的管理机构和人员配备

施工单位应当设立安全生产管理机构，配备专职安全生产管理人员。专职安全生产管理人员负责对安全生产进行现场监督检查。发现安全事故隐患，应当及时向项目负责人和安全生产管理机构报告；对违章指挥、违章操作的，应当立即制止。

根据《安全生产法》的有关规定，矿山、建筑施工单位和危险物品的生产、经营、储存单位，应当设置安全生产管理机构或者配备专职安全生产管理人员。安全生产管理机构是指施工单位专门负责安全生产管理的内设机构，其人员即为专职安全生产管理人员。安全生产管理机构主要负责落实国家有关安全生产的法律法规和工程建设强制性标准，监督安全生产措施的落实，组织施工单位进行内部的安全生产检查活动，及时整改各种安全事故隐患以及日常的安全生产检查。针对建设行业的特点和安全事故多发的情况，本条要求施工单位设立安全生产管理机构，配备专职安全生产管理人员。

3. 建立安全生产制度和操作规程

（1）施工单位应当在施工现场建立消防安全责任制度，确定消防安全责任人，制定用火、用电、使用易燃易爆材料等各项消防安全管理制度和操作规程，设置消防通道、消防水源，配备消防设施和灭火器材，并在施工现场入口处设置明显标志。

实行防火安全责任制行之有效，它有利于增强人们的消防安全意识，调动各方做好消防安全工作的积极性，转变消防工作就是公安消防机构的责任的不正确认识，提高全社会整体抗御火灾的能力。对施工单位来说，首先是单位的主要负责人应当对本单位的消防安全工作全面负责，并在单位内部实行和落实逐级防火责任制、岗位防火责任制。各部门、各班组负责人以及每个岗位人员应当对自己管辖工作范围内的消防安全负责，切实做到"谁主管，谁负责；谁在岗，谁负责"，保证消防法律、法规的贯彻执行，保证消防安全措施落到实处。

施工单位必须制定消防安全制度、消防安全操作规程。如制定用火用电制度、易燃易爆危险物品管理制度、消防安全检查制度、消防设施维护保养制度、消防控制室值班制度、员工消防教育培训制度等。同时要结合本企业的实际，制定生产、经营、储运、科研过程中预防火灾的操作规程，确保消防安全。

按照国家有关规定配置的消防设施和器材，应当定期组织检验、维修。主要包括两方面内容：

1）任何单位都应按照消防法规和国家工程建筑消防技术标准配置消防设施相器材、设置消防安全标志。各类消防设施、器材和标志均应与建筑物同时验收并投入使用。

2）定期组织对消防设施、器材进行检验、维修，确保完好、有效，这是施工单位的重要职责。建筑消防设施能否发挥预防火灾和扑灭初期火灾的作用，关键是日常的维修保养，应当经常检查，定期维修。

消防安全标志的设置应当按照国家有关标准，2015 年 8 月 1 日起施行新的《消防安全标志设置要求》（GB 13495.1—2015）强制性标准，1993 年 3 月 1 日起施行的《消防安全标志》（GB 13495—1992）同时废止。

（2）施工单位主要负责人依法对本单位的安全生产工作全面负责。施工单位应当建立健全安全生产责任制度和安全生产教育培训制度，制定安全生产规章制度和操作规程，保证本单位安全生产条件所需资金的投入，对所承担的建设工程进行定期和专项安全检查，并做好安全检查记录。

4. 确保安全费用的投入和合理使用

施工单位对列入建设工程概算的安全作业环境及安全施工措施所需费用，应当用于施工安全防护用具及设施的采购和更新、安全施工措施的落实、安全生产条件的改善，不得挪作他用。

安全作业环境及安全施工措施所需费用，是指建设单位在编制建设工程概算时，为保障安全施工确定的费用。这笔费用是由建设单位提供，与施工单位为保证本单位的安全生产条件所支出的费用是不同的。建设单位为保证施工的安全，根据工程项目的特点和实际需要，在工程概算中要确定安全生产费用，并全部、及时地将这笔费用划转给施工单位。只有将安全生产费用足额到位，才能从资金上保证安全生产。

5. 对管理和作业人员实行安全教育培训制度和考核上岗

作业人员中特别是特种作业人员，直接从事特种作业。特种作业是指容易发生事故，对操作者本人、他人的安全健康及设备、设施的安全可能造成重大危害的作业。本节对特种作业做一简单阐述，以便于水土保持监理工程师对其加深理解，在监理工作中能更好地做好工作。

（1）特种作业人员有垂直运输机械作业人员、安装拆卸工、爆破作业人员、起重信号工、登高架设作业人员等，《安全生产法》（2021年第三次修正）第三十条规定，特种作业人员必须按照国家有关规定经专门的安全作业培训，取得相应资格，方可上岗作业。

特种作业人员所从事的岗位，有较大的危险性，容易发生人员伤亡事故，对操作者本人、他人及周围设施的安全有重大危害。因此，特种作业人员工作的好坏直接关系到作业人员的人身安全，也直接关系到施工单位的安全生产工作。对于特种作业人员的范围，国务院有关部门作过一些规定。《特种作业人员安全技术培训考核管理规定》已经2010年4月26日国家安全生产监督管理总局局长办公会议审议通过，以国家安全生产监督管理总局令第30号予以公布，自2010年7月1日起施行。1999年7月12日原国家经济贸易委员会发布的《特种作业人员安全技术培训考核管理办法》同时废止。

特种作业包括：电工作业、金属焊接切割作业、起重机械（含电梯）作业、企业内机动车辆驾驶、登高架设作业、锅炉作业（含水质化验）、压力容器操作、制冷作业、爆破作业、矿山通风作业（含瓦斯检验）、矿山排水作业（含尾矿坝作业）。

特种作业操作资格证书在全国范围内有效，离开特种作业岗位一定时间后，应当按照规定重新进行实际操作考核，经确认合格后方可上岗作业。

（2）施工单位的主要负责人、项目负责人、专职安全生产管理人员应当经建设行政主管部门或者其他有关部门考核合格后方可任职。

施工单位应当对管理人员和作业人员每年至少进行一次安全生产教育培训，其教育培训情况记入个人工作档案。安全生产教育培训考核不合格的人员，不得上岗。安全教育培训可以促使劳动者充分认识安全工作的重要意义，提高其执行国家职业安全卫生法规自觉性，也是提高劳动者技术素质的一个组成部分。

安全教育培训具有以下几个特点：

1）安全教育培训的全员性。安全教育培训的对象是施工单位所有从事生产活动的人员，从施工单位的主要负责人、项目经理、专职安全生产管理人员以及一般作业人员，都必须接受安全教育培训。

2）安全教育培训的长期性。安全教育培训是一项长期性的工作，这个长期性体现在3个方面：安全教育培训贯穿于每个工作的全过程；安全教育培训贯穿于每个工程施工的全过程；安全教育培训贯穿于施工单位生产的全过程。

3）安全教育培训的专业性。安全生产既有管理性要求，也有技术性知识，使得安全教育培训具有专业性要求。教育培训者既要有充实的理论知识，也要有丰富的实践经验，这样才能使安全教育培训做到深入浅出，通俗易懂。

因此，施工单位加强安全教育培训，提高从业人员素质，是控制和减少安全事故的关键措施。施工单位的主要负责人、项目负责人和安全生产管理人员在施工安全方面的知识水平和管理能力直接关系到本单位、本项目的安全生产管理水平。

（3）作业人员进入新的岗位或者新的施工现场前，应当接受安全生产教育培训。未经教育培训或者教育培训考核不合格的人员，不得上岗作业。

（4）特种作业人员应当符合下列条件：

1）年满18周岁，且不超过国家法定退休年龄；

2）经社区或者县级以上医疗机构体检健康合格，并无妨碍从事相应特种作业的器质性心脏病、癫痫病、美尼尔氏症、眩晕症、癔症、震颤麻痹症、精神病、痴呆症以及其他疾病和生理缺陷；

3）具有初中及以上文化程度；

4）具备必要的安全技术知识与技能；

5）相应特种作业规定的其他条件。

危险化学品特种作业人员除符合前款第（一）项、第（二）项、第（四）项和第（五）项规定的条件外，应当具备高中或者相当于高中及以上文化程度。

（5）特种作业操作证有效期为6年，在全国范围内有效。特种作业操作证每3年复审1次。

特种作业人员在特种作业操作证有效期内，连续从事本工种10年以上，严格遵守有关安全生产法律法规的，经原考核发证机关或者从业所在地考核发证机关同意，特种作业操作证的复审时间可以延长至每6年1次。离开特种作业岗位6个月以上的特种作业人员，应当重新进行实际操作考试，经确认合格后方可上岗作业。

6. 明确各参建单位安全生产责任

建设工程实行施工总承包的，由总承包单位对施工现场的安全生产负总责。总承包单位应当自行完成建设工程主体结构的施工。

总承包单位依法将建设工程分包给其他单位的，分包合同中应当明确各自的安全生产方面的权利、义务。总承包单位和分包单位对分包工程的安全生产承担连带责任。分包单位应当服从总承包单位的安全生产管理，分包单位不服从管理导致生产安全事故的，由分包单位承担主要责任。

（1）施工总承包是指发包单位将建设工程的施工任务，包括土建施工和有关设施、设备安装调试的施工任务，全部发包给一家具备相应的施工总承包资质条件的承包单位，由该施工总承包单位对全过程向建设单位负责，直到工程竣工，向建设单位交付符合设计要求和合同约定的建设工程的承包方式。实行施工总承包的，施工现场由总承包单位全面统一负责，包括工程质量、建设工期、造价控制、施工组织等，由此，施工现场的安全生产也应当由施工总承包单位负责。

（2）根据《中华人民共和国建筑法》第二十九条的规定，施工总承包的，建筑工程主体结构的施工必须由总承包单位自行完成。建筑法作出这样的规定，主要是为了防止一些承包单位在承揽到建设工程项目后以分包的名义倒手转包，使得工程款项并没有真正用在工程建设上，造成工程质量的降低，安全生产事故的频发，从而损害建设单位的利益，破坏建筑市场秩序，给人民生命财产造成重大损失。实行施工总承包的，建设工程的主体结构必须由总承包单位自行完成，不得分包。

（3）总承包单位与分包单位的安全责任的划分，是一个重点，也是一个难点。

分包合同是确定总承包单位与分包单位权利与义务的依据。分包合同是总承包合同的承包人（分包合同的发包人）与分包人之间订立的合同。分包合同中对于分包单位承担的工程任务、工期、款项、质量责任、安全责任等都要依法作出明确约定，这是双方进行工程施工的依据，也是双方确定相应责任的依据。

总承包单位与分包单位对分包合同的安全生产承担连带责任。所谓连带责任，是指按照法律规定或者当事人约定，共同责任人不分份额地共同向权利人或者受害人承担民事责任。就施工总承包而言，对于分包工程发生的安全责任以及违约责任，受损害方可以向总承包单位请求赔偿，也可以向分包单位请求赔偿，总承包单位进行赔偿后，有权对不属于自己的责任赔偿依据分包合同向分包单位追偿；同样地，分包单位先赔偿的，也有权就不属于自己的责任赔偿依据分包合同向总承包单位追偿。这样规定，一方面强化了总承包单位和分包单位的安全责任意识；另一方面有利于保护受损害者的合法权益。

总承包单位既然对施工现场的安全生产负总责，就要求分包单位服从总承包单位的管理。施工现场情况复杂，有的一个施工工地，会同时有几个不同的分包单位在施工，因此，针对安全生产来说，就是要服从总承包单位的安全生产管理，包括制定安全生产责任制度，遵守相关的规章制度和操作等。如果由于分包单位不服从总承包单位的管理，导致生产安全事故的发生，应当由分包单位承担主要责任。

7. 对使用安全防护品和施工机具设备的安全管理

施工单位应当向作业人员提供安全防护用具和安全防护服装，并书面告知危险岗位的操作规程和违章操作的危害。

（1）施工单位必须采购、使用具有生产许可证、产品合格的产品，并建立安全防护用具和防护服装的采购、使用、检查、维修、保养的责任制。

（2）建设工程的施工有其特殊性，存在很多危险因素，属于安全事故高发行业。以发生事故的统计情况看，伤亡事故多发生于高处坠落、触电、物体打击、机械和起重伤害4个方面。直接接触这些危险因素的从业人员往往是生产安全事故的直接受害者。如果从业人员知道并且掌握有关安全知识和处理办法，就可以消除许多不安全因素和事故隐患，避免事故发生或者减少人身伤亡。所以《安全生产法》规定，生产经营单位从业人员有权了解其作业场所和工作岗位存在的危险因素及事故应急措施。要保证从业人员这项权利的行使，施工单位就有义务事前告知有关危险因亲和事故应急措施，特别是对于一些危险岗位，应当明确告知操作规程和违章操作的危害，并要求是以书面形式履行告知义务。

8. 编制安全控制措施

施工单位应当在施工组织设计中编制安全技术措施和施工现场临时用电方案，对下列达到一定规模的危险性较大的分部单元工程编制专项施工方案，并附具安全验算结果，经施工单位技术负责人、总监理工程师签字后实施，由专职安全生产管理人员进行现场监督；基坑支护与降水工程；土方开挖工程；模板工程；起重吊装工程；脚手架工程；拆除、爆破工程；国务院建设行政主管部门或者其他有关部门规定的其他危险性较大的工程。

（1）施工单位在施工前必须编制施工组织设计。施工组织设计是规划和指导施工全过程的综合性技术经济文件，是施工准备工作的重要组成部分，是做好施工准备工作的重要依据和保证。施工组织设计要体现设计的要求，选择最佳施工方案，追求最佳经济效益；同时，它要保证施工准备阶段各项工作的顺利进行和各分包单位、各工种、各类材料构件、机具等的供应时间和顺序，对一些关键部位和需要控制的部位，要提出相应的安全技术措施。

安全技术措施是为了实现安全生产，在防护上、技术上和管理上采取的措施。具体来说，就是在工程施工中，针对工程的特点、施工现场环境、施工方法、劳动组织、作业方法、使用的机械、动力设备、变配电设施、架设工具以及各项安全防护设施等制定的确保安全施工的措施。安全技术措施要有针对性，切不可随意、简单，应付了事。

施工组织设计中还应当包括施工现场临时用电方案。临时用电方案直接关系到用电人员的安全，也关系到施工进度和工程质量。

（2）对于达到一定规模的危险性较大的专项工程，还应当编制专项施工方案，并附具安全验算结果，经施工单位技术负责人、总监理工程师签字后实施，由专职安全生产管理人员进行现场监督。

危险性较大的专项工程包括：

1）基坑支护与降水工程。基坑支护是指为确保基坑开挖和基础结构的顺利进行，设计并建造的临时结构和支撑体系，用于承受基坑周围土体的土、水压力，以防止坍塌。降水工程是指基坑开挖时，为创造必要的施工环境和确保基坑边坡的稳定，防止地下水的渗入所采取的人工降低水位的措施。降水工程主要是阻截土中潜流和降低自然水位。由于改变了地下水流方向，相应的也减少了对基坑的渗流，从而保证了边坡的稳定，防止坑底隆起和避免产生流沙。

2）土方开挖工程。是指建筑工程中一切土的挖掘、填筑和运输过程以及排水、土壁支撑等准备和辅助工程的总称。

3）模板工程。是指为保持浇筑的混凝土符合规定的形状和尺寸，并支持混凝土达到适当强度的临时结构工程，包括模板设计、组装和拆除。模板对混凝土和钢筋混凝土在其硬化前起支持作用。无论是在传统的房屋建筑中作为墙壁和天花板模板，还是在特殊条件下用于桥梁和隧道建筑，在几乎所有的建筑方案中均有模板的用场。

4）起重吊装工程。是指利用各类起重机械设备吊运、顶举物料，进行重物提升、移动，工程结构安装工作的总称。

5）脚手架工程。

6）拆除、爆破工程。

上述工程在施工中存在很大的危险性，为了保证作业人员的安全，编制的专项施工方案要有针对性，具体可行。

（3）对于结构复杂，危险性较大、特性较多的特殊工程，不仅要按照上述要求编制专项施工方案，还应当组织专家进行论证、审查。这些工程包括：

1）深基坑是指开挖深度超过5m的基坑（槽）或深度未超过5m但地质情况和周围环境较复杂的基坑（槽）。

2）地下暗挖工程是不扰动上部覆盖层面修建地下工程的一种方法。

3）高大模板工程是指模板支撑系统高度超过8m，或者跨度超过18m，或者施工总荷载大于$10kN/m^2$，或者集中线荷载大于$15kN/m$的模板支撑系统。

9. 创建安全文明的施工现场

（1）施工单位应当在施工现场人口处、施工起重机械、临时用电设施、脚手架、出入通道口、楼梯口、电梯井口、孔洞口、桥梁口、隧道口、基坑边沿、爆破物及有害危险气体和液体存放处等危险部位，设置明显的安全警示标志。安全警示标志必须符合国家标准。

1）施工现场的危险部位往往是引发生产安全事故的重要因素。施工现场无小事，如果忽视施工现场的细小环节，就有可能酿成生产安全事故。因此，施工单位不能有任何麻痹思想，不能只重视抓大问题而忽视小细节。

2）施工单位应当根据建设工程的实际情况，使用的设施设备和材料的情况，存储物品的情况等，具体确定本施工现场的危险部位，并设置明显的安全警示标志。安全警示标志应当设置于明显的地点，让作业人员和其他进行施工现场的人员易于看到。安全警示标志如果是文字，应当易于人们读懂；如果是符号，则应当易于人们理解；如果是灯光，则应当明亮显眼。安全警示标志必须符合国家标准，即《安全标志及其使用导则》（GB 2894—2008）。各种安全警示标志设置后，未经施工单位负责人批准，不得擅自移动或者拆除。

（2）施工单位应当将施工现场的办公、生活区与作业区分开设置，并保持安全距离；办公、生活区的选址应当符合安全性要求。职工的膳食、饮水、休息场所等应当符合卫生标准。施工单位不得在尚未竣工的建筑物内设置员工集体宿舍。

1）施工单位既要做到安全施工，同时也应当做到文明施工。安全施工与文明施工是相辅相成的，只有安全施工才能达到文明施工，文明施工又促进了安全施工。通过不断改进作此环境，提高作业人员的工作和生活条件，创造安全、文明的施工环境，是减少生产安全事故，保证施工单位经济效益的重要措施。

2）施工现场的办公区和生活区的设置应当符合条例的规定。首先，办公区、生活区应当与作业区分开设置，并保持安全距离。这主要是考虑到办公区、生活区是人们进行办公和日常生活的区域，人员比较多而杂，安全防范措施和意识比较弱，况且一般来说，办公时间与施工时间不完全一致，不同的施工作业人员上岗作业的时间也不完全相同，如果将办公区、生活区与作业区设在一起，势必会造成施工现场的混乱，极易发生生产安全事故，现实中也发生多起因将生活区与作业区设在一起而导致的安全生产事故。办公区、生活区与作业区的安全距离，应当根据施工现场的实际情况确定，总的原则是分开的、独立的区域，并应当设有明显的指示标志。其次，对于办公区和生活区的选址，有特别要求，即办公用房、生活用房都必须建在安全地带，保证办公用房、生活用房不会因滑坡、泥石流等地质灾害而受到破坏，造成人员伤亡和财产损失。在进行工程勘察时，不仅对需要进行工程施工的区域进行勘察，还应当对办公用房、生活用房的建设区域进行勘察，详细了解有关情况，保证办公用房、生活用房的建设符合安全性的要求。

3）施工单位必须对职工的膳食、饮水、休息场所的卫生条件高度重视，根据施工人员的多少，配备必要的食品原料处理、加工、储存等场所以及上、下水等卫生设施，做到防尘、防蝇等，与污染源保持安全距离，同时，保证施工现场的内外整洁。施工单位违反

《中华人民共和国食品卫生法》等有关法律、法规的，应当承担相应的法律责任。

4）所谓未竣工的建筑物，是指未进行竣工验收的建筑物，这类建筑物由于是在施工过程中，条件比较差，如将员工集体宿舍设在其中，则会造成相当大的安全事故隐患。因此，为了保证员工的安全和健康，在未竣工的建筑物内不得设置员工集体宿舍。

5）施工现场临时搭建的建筑物应当符合安全使用要求。施工现场使用的装配式活动房屋应当具有产品合格证。由于建设工程的施工阶段要持续一段时间，因此，在施工现场需要搭建一些临时建筑，以供生产和生活的需求。一般来说，临时建筑物包括施工现场的办公用房、宿舍、食堂、仓库、卫生间、淋浴室等。要求临时建筑物要稳固、安全、整洁。虽然是临时建筑，但也必须符合安全并满足消防要求，禁止使用竹棚、石棉瓦、油毡。

（3）施工单位应当遵守有关环境保护法律、法规的规定，在施工现场采取措施，防止或者减少粉尘、废气、废水、固体废物、噪声，振动、施工照明对人和环境的危害及污染。

1）安全生产的含义也不仅仅是不发生伤亡事故，不造成经济损失，而应当重新认识安全，既包括人身财产的安全，也包括人们生存环境的安全。从国际发展趋势看，安全生产的含义也包括减少对环境的污染。《建筑法》（2019年最新修订）第四十一条规定："建筑施工单位应当遵守有关环境保护和安全生产的法律、法规的规定，采取控制和处理施工现场的各种粉尘、废气、废水、固体废物以及噪声、振动对环境的污染和危害的措施。"

2）施工单位应采取措施控制施工现场的各种粉尘、废水、废气、固体废弃物（建筑垃圾、生活垃圾）以及噪声、振动和施工照明对环境的污染和危害，严格遵守国家的有关法律、法规。

10.进行安全技术交底

建设工程施工前，施工单位负责项目管理的技术人员应当对有关安全施工的技术要求向施工作业班组、作业人员作出详细说明，并由双方签字确认。

（1）施工前的详细说明制度，就是通常说的交底制度，是指在施工前，施工单位的技术负责人将工程概况、施工方法、安全技术措施等情况向作业班组、作业人员进行详细的讲解和说明。这项制度非常有助于作业班组和作业人员尽快了解需要进行施工的具体情况，掌握操作方法和注意事项，保护作业人员的人身安全，减少因安全事故导致的经济损失。实践证明，安全技术措施的交底制度是安全施工的重要保障，对减少生产安全事故起着重要作用。

（2）由双方确定的交底制度，有利于明确双方的安全责任，因此，施工单位应当将安全技术措施的交底制度落到实处，而不是敷衍了事，使之真正起到保障安全施工的作用。同时，施工单位负责项目管理的技术人员与接受任务负责人要认真履行签字义务，这是对其行为的一种有效的监督和制约，有利于促使他们提高工作责任心，保证安全技术交底的效果和交底单的真实、准确，签字也为发生生产安全事故时确定和分清责任提供了有效的依据。施工单位负责项目管理的技术人员与接受任务负责人要对弄虚作假的行为承担相应的法律责任。

（三）其他有关单位的安全责任

（1）为建设工程提供机械设备和配件的单位，应当按照安全施工的要求配备齐全有效的保险、限位等安全设施和装置。

1）建设工程施工中需要的机械设备，主要包括起重机械、挖掘机械、土方铲运机械、凿岩机械、基础及凿井机械、钢筋混凝土机械、筑路机械以及其他施工机械设备八类。施工机械设备是施工现场的重要设备，随着工程规模的扩大和施工工艺的提高，其在建筑施工中的地位将越来越突出。生产单位应当将安全保护装置配备齐全，灵敏可靠，以保证施工机械设备安全使用，减少施工机械设备事故的发生。

2）为建设工程提供机械设备和配件的单位，应当依据国家有关法律法规和安全技术规范进行生产活动。生产单位应当具有与其生产的产品相适应的生产条件、技术力量和产品检测手段，建立健全质量管理制度和安全责任制度。这些单位所生产的产品属于生产许可证或国家强制认证、核准、许可管理范围的，应取得生产许可证或强制性认证、核准、许可证书，在为建设工程提供上述产品时，应同时提供生产许可证或强制性认证、核准、许可证书、产品合格证、产品使用说明书、整机型式检验报告、安全保护装置型式检验合格证等，合格证应注明产品主要技术参数、规格型号和编号等。

施工起重机械的安全保护装置应当符合国家和行业有关技术标准和规范的要求。对配件的生产与制造，应当符合设计要求，并保证质量和安全性能可靠。同时，在施工过程中，严禁拆除机械设备上的自动控制机构、力矩限位器等安全装置，不得拆除监测、指示、仪表、警报器等自动报警、信号装置。

为建设工程提供机械设备和配件的单位，应当对其提供的施工机械设备和配件等产品的质量和安全性能负责，对因产品质量造成生产安全事故的，应当承担相应的法律责任。

3）出租的机械设备和施工机具及配件，应当具有生产（制造）许可证、产品合格证。

出租单位应当对出租的机械设备和施工机具及配件的安全性能进行检测，在签订租赁协议时，应当出具检测合格证明。

禁止出租检测不合格的机械设备和施工机具及配件。

4）在施工现场安装、拆卸施工起重机械和整体提升脚手架、模板等自升式架设设施，必须由具有相应资质的单位承担。

安装、拆卸施工起重机械和整体提升脚手架、模板等自升式架设设施，应当编制拆装方案、制定安全施工措施，并由专业技术人员现场监督。

施工起重机械和整体提升脚手架、模板等自升式架设设施安装完毕后，安装单位应当自检，出具自检合格证明，并向施工单位进行安全使用说明，办理验收手续并签字。

脚手架在建筑施工中是一项不可缺少的重要工具。脚手架要求有足够的面积，能满足工人操作、材料堆置和运输的需要，同时还要求坚固稳定，能保证施工期间在各种荷载和气候条件下，不变形、不倾斜和不摇晃。脚手架工程属高处作业，制定施工方案时必须有完善的安全防护措施，要按规定设置安全网、安全护栏、安全挡板，操作人员上下架子，要有保证安全的扶梯、爬梯或斜道，必须有良好的防电、避雷装置，钢脚手架等均应可靠接地，高于四周建筑物的脚手架应设避雷装置等安全措施。在制定模板工程的安全施工措施时，应当根据不同材质模板和不同型式模板的特殊要求，严格执行有关的技术规范，并要求作业人员按照施工方案进行作业。

起重机械和自升式架设设施施工方案，应当由施工单位技术负责人审批，并在安装拆卸前向全体作业人员按照施工方案要求进行安全技术交底。在安装拆卸施工起重机械和整体提升脚手架、模板等自升式架设设施时，应对现场进行检查和清理，为机械作业提供道路、水电、临时机棚或者停机现场等必要条件，消除对机械作业有妨碍或者不安全的因素。如对现场环境、行驶道路、架空线路、建筑物以及构件重量和分布进行全面了解，并进行封闭施工或者设立隔离区域，以防止无关人员进入作业现场。进场作业的司机、电工、起重工、信号工等作业人员应严格执行各自的安全责任制和安全操作规程，按照施工方案和安全技术措施要求进行施工，并做到持证上岗。安装、拆卸单位专业技术人员应按照自己的职责，在作业现场实行全过程监控。在进行安装、拆卸或上升、下降作业时，要根据专项施工方案的要求，明确施工作业人员的安全责任，专业技术人员必须全过程监控，并在作业过程中进行统一指挥。自升式架设设施控制中心应设专人负责操作，禁止其他人员操作。在安装、拆卸或上升、下降过程中还应当设置安全警戒区域或警戒线。在自升式架设设施下部严禁人员进入，并且应当设专人负责监护。操作人员应当熟悉作业环境和施工条件，听从指挥，遵守现场安全规则。当使用机械设备与安全发生矛盾时，必须服从安全的要求。

（2）检验检测机构对检测合格的施工起重机械和整体提升脚手架、模板等自升式架设设施，应当出具安全合格证明文件，并对检测结果负责。

检验检测机构及其工作人员违反法律、法规的规定，伪造检测结果或者出具虚假的检测结果，都要承担相应的法律责任，包括刑事责任、民事责任和行政责任。

三、建设工程安全生产法律责任

一般来说，法律责任按主体违反法律规范的不同可以分为刑事责任、民事责任和行政责任三大类。其具体承担方式，又可分为人身责任、财产责任、行为（能力）责任等。究竟采用哪一种或几种法律责任形式，应当根据法律调整对象、方式的不同，违法行为人所侵害的社会关系的性质、特点以及侵害的程度等多种因素来确定。

（一）刑事责任

它是指法律关系主体违反国家刑事法律规范，所应承担的应当给予刑罚制裁的法律责任。刑事责任是最为严厉的法律责任，只能由国家审判机关、检察机关依法予以追究。根据我国刑法规定，我国刑罚分为主刑和附加刑两大类。主刑主要有管制、拘役、有期徒刑、无期徒刑、死刑；附加刑主要有罚金、剥夺政治权利、没收财产。

（二）民事责任

它是指法律关系主体违反民事法律规范，所应承担的应当给予民事制裁的法律责任。根据《中华人民共和国民法通则》《中华人民共和国合同法》《中华人民共和国担保法》等法律的规定，我国民事责任的形式主要有停止侵害、排除妨碍、消除危险、返还财产、赔偿损失、消除影响、恢复名誉、赔礼道歉等。

（三）行政责任

它又称为行政法律责任，是指法律关系主体由于违反行政法律规范，所应承担的一种行政法律后果。根据追究的机关不同，行政责任可分为行政处罚和行政处分。

根据《建设工程安全生产管理条例》，各单位承担的规定如下：

（1）县级以上人民政府建设行政主管部门或者其他有关行政管理部门的工作人员，有下列行为之一的，给予降级或者撤职的行政处分；构成犯罪的，依照刑法有关规定追究刑事责任：

1）对不具备安全生产条件的施工单位颁发资质证书的。

2）对没有安全施工措施的建设工程颁发施工许可证的。

3）发现违法行为不予查处的。

4）不依法履行监督管理职责的其他行为。

（2）建设单位未提供建设工程安全生产作业环境及安全施工措施所需费用的，责令限期改正；逾期未改正的，责令该建设工程停止施工。建设单位未将保证安全施工的措施或者拆除工程的有关资料报送有关部门备案的，责令限期改正，给予警告。

（3）建设单位有下列行为之一的，责令限期改正，处 20 万元以上 50 万元以下的罚款；造成重大安全事故，构成犯罪的，对直接责任人员，依照刑法有关规定追究刑事责任；造成损失的，依法承担赔偿责任：

1）对勘察、设计、施工、工程监理等单位提出不符合安全生产法律、法规和强制性标准规定的要求的。

2）要求施工单位压缩合同约定的工期的。

3）将拆除工程发包给不具有相应资质等级的施工单位的。

（4）勘察单位、设计单位有下列行为之一的，责令限期改正，处 10 万元以上 30 万元以下的罚款；情节严重的，责令停业整顿，降低资质等级，直至吊销资质证书；造成重大安全事故，构成犯罪的，对直接责任人员，依照刑法有关规定追究刑事责任；造成损失的，依法承担赔偿责任：

1）未按照法律、法规和工程建设强制性标准进行勘察、设计的。

2）采用新结构、新材料、新工艺的建设工程和特殊结构的建设工程，设计单位未在设计中提出保障施工作业人员安全和预防生产安全事故的措施建议的。

（5）工程监理单位有下列行为之一的，责令限期改正；逾期未改正的，责令停业整顿，并处 10 万元以上 30 万元以下的罚款；情节严重的，降低资质等级，直至吊销资质证书；造成重大安全事故，构成犯罪的，对直接责任人员，依照刑法有关规定追究刑事责任；造成损失的，依法承担赔偿责任：

1）未对施工组织设计中的安全技术措施或者专项施工方案进行审查的。

2）发现安全事故隐患未及时要求施工单位整改或者暂时停止施工的。

3）施工单位拒不整改或者不停止施工，未及时向有关主管部门报告的。

4）未依照法律、法规和工程建设强制性标准实施监理的。

（6）注册执业人员未执行法律、法规和工程建设强制性标准的，责令停止执业 3 个月以上 1 年以下；情节严重的，吊销执业资格证书，5 年内不予注册；造成重大安全事故的，终身不予注册；构成犯罪的，依照刑法有关规定追究刑事责任。

（7）为建设工程提供机械设备和配件的单位，未按照安全施工的要求配备齐全有效的保险、限位等安全设施和装置的，责令限期改正，处合同价款 1 倍以上 3 倍以下的罚款；造成损失的，依法承担赔偿责任。

（8）出租单位出租未经安全性能检测或者经检测不合格的机械设备和施工机具及配件的，责令停业整顿，并处 5 万元以上 10 万元以下的罚款；造成损失的，依法承担赔偿责任。

（9）施工起重机械和整体提升脚手架、模板等自升式架设设施安装、拆卸单位有下列行为之一的，责令限期改正，处 5 万元以上 10 万元以下的罚款；情节严重的，责令停业整顿，降低资质等级，直至吊销资质证书；造成损失的，依法承担赔偿责任。

1）未编制拆装方案、制定安全施工措施的。

2）未由专业技术人员现场监督的。

3）未出具自检合格证明或者出具虚假证明的。

4）未向施工单位进行安全使用说明，办理移交手续的。

施工起重机械和整体提升脚手架、模板等自升式架设设施安装、拆卸单位有前款规定的第 1）项、第 3）项行为，经有关部门或者单位职工提出后，对事故隐患仍不采取措施，因而发生重大伤亡事故或者造成其他严重后果，构成犯罪的，对直接责任人员，依照刑法有关规定追究刑事责任。

（10）施工单位挪用列入建设工程概算的安全生产作业环境及安全施工措施所需费用的，责令限期改正，处挪用费用 20％以上 50％以下的罚款；造成损失的，依法承担赔偿责任。

（11）施工单位有下列行为之一的，责令限期改正；逾期未改正的，责令停业整顿，并处 5 万元以上 10 万元以下的罚款；造成重大安全事故，构成犯罪的，对直接责任人员，依照刑法有关规定追究刑事责任：

1）施工前未对有关安全施工的技术要求作出详细说明的。

2）未根据不同施工阶段和周围环境及季节、气候的变化，在施工现场采取相应的安全施工措施，或者在城市市区内的建设工程施工现场未实行封闭围挡的。

3）在尚未竣工的建筑物内设置员工集体宿舍的。

4）施工现场临时搭建的建筑物不符合安全使用要求的。

5）未对因建设工程施工可能造成损害的毗邻建筑物、构筑物和地下管线等采取专项防护措施的。

施工单位有前款规定第 4）项、第 5）项行为，造成损失的，依法承担赔偿责任。

（12）施工单位有下列行为之一的，责令限期改正；逾期未改正的，责令停业整顿，并处 10 万元以上 30 万元以下的罚款；情节严重的，降低资质等级，直至吊销资质证书；造成重大安全事故，构成犯罪的，对直接责任人员，依照刑法有关规定追究刑事责任；造成损失的，依法承担赔偿责任：

1）安全防护用具、机械设备、施工机具及配件在进入施工现场前未经查验或者查验不合格即投入使用的。

2）使用未经验收或者验收不合格的施工起重机械和整体提升脚手架、模板等自升式架设设施的。

3）委托不具有相应资质的单位承担施工现场安装、拆卸施工起重机械和整体提升脚手架、模板等自升式架设设施的。

4）在施工组织设计中未编制安全技术措施，施工现场临时用电方案或者专项施工方案的。

（13）施工单位的主要负责人、项目负责人未履行安全生产管理职责的，责令限期改正；逾期未改正的，责令施工单位停业整顿；造成重大安全事故、重大伤亡事故或者其他严重后果，构成犯罪的，依照刑法有关规定追究刑事责任。

作业人员不服从管理、违反规章制度和操作规程冒险作业，造成重大伤亡事故或者其他严重后果，构成犯罪的，依照刑法有关规定追究刑事责任。

施工单位的主要负责人、项目负责人有违法行为，尚不够刑事处罚的，处 2 万元以上 20 万元以下的罚款或者按照管理权限给予撤职处分；自刑罚执行完毕或者受处分之日起，5 年内不得担任任何施工单位的主要负责人、项目负责人。

（14）施工单位取得资质证书后，降低安全生产条件的，责令限期改正；经整改仍未达到与其资质等级相适应的安全生产条件的，责令停业整顿，降低其资质等级直至吊销资质证书。

（15）行政处罚，由建设行政主管部门或者其他有关部门依照法定职权决定。违反消防安全管理规定的行为，由公安消防机构依法处罚。有关法律、行政法规对建设工程安全生产违法行为的行政处罚决定机关另有规定的，从其规定。

四、建设工程安全生产监督管理

建设工程安全生产关系到人民群众的生命和财产安全，国家应当加强对建设工程安全生产的监督管理。政府对公共事务的监督管理有多种形式，可以事前监督，也可以事后监督；可以主要运用行政手段监督，也可以主要运用法律、经济手段监督。政府的监督管理形式应当与经济社会发展需要相适应，在我国现阶段，要强调与发展社会主义市场经济的要求相一致。这就要求政府的监督管理应当主要运用经济和法律手段，主要通过事后监督来实现。政府监督管理的目的是要充分发挥市场主体的积极性和创造性，营造健康有序的市场环境。

（一）建设工程安全生产的监督管理制度

国务院负责安全生产监督管理的部门依照《安全生产法》的规定，对全国建设工程安全生产工作实施综合监督管理。县级以上地方人民政府负责安全生产监督管理的部门依照《安全生产法》的规定，对本行政区域内建设工程安全生产工作实施综合监督管理。

综合监督管理主要有以下的一些内容：

（1）依照有关法律、法规的规定，对有关涉及安全生产的事项进行审批、验收。

（2）依法对生产经营单位执行有关安全生产的法律、法规和国家标准或者行业标准的情况进行监督检查。

（3）按照国务院规定的权限组织对重大事故的调查处理。

（4）对违反安全生产法的行为依法给予行政处罚。

综合监督管理实际上涉及两个层次的监督管理：一是对市场主体的监督管理；二是对管理者的监督管理。在综合监督管理的内部，也存在着分级负责的问题，即国务院负责安全生产监督管理的部门对全国的建设工程安全生产工作实施综合监督管理，地方人民政府负责安全生产监督管理的部门对其管辖的行政区域内的建设工程安全生产工作实施综合监督管理。

国务院建设行政主管部门对全国的建设工程安全生产实施监督管理。国务院铁路、交通、水利等有关部门按照国务院规定的职责分工，负责有关专业建设工程安全生产的监督管理。

县级以上地方人民政府建设行政主管部门对本行政区域内的建设工程安全生产实施监督管理。县级以上地方人民政府交通、水利等有关部门在各自的职责范围内，负责本行政区域内的专业建设工程安全生产的监督管理。

（二）安全施工条件的审查

建设行政主管部门在审核发放施工许可证时，应当对建设工程是否有安全施工措施进行审查，对没有安全施工措施的，不得颁发施工许可证。建设行政主管部门或者其他有关部门对建设工程是否有安全施工措施进行审查时，不得收取费用。

（三）行政部门的安全生产监督管理

为了保证建设工程安全生产的监督管理正常进行，条例赋予了县级以上人民政府负有建设工程安全生产监督管理职责的部门在各自的职责范围内履行安全监督检查职责时，有权采取一系列广泛措施，主要有：

（1）获得有关文件和资料的权力。建设工程安全生产的很多工作都是需要进行文字记载的，这些文件资料是行政部门了解有关安全措施及其实施情况的重要依据，也是监督管理最基本的形式。这里的文件包括被检查单位从行政管理部门获得的有关批准文件，也包括被检查单位的内部管理的文件。这里的资料主要是指被检查单位的生产情况记载。

（2）现场检查的权力。监督检查必须到现场，否则就无法了解真实的情况。根据这些规定，检查单位可以进入施工现场进行检查，包括施工现场的办公区域和施工作业区域。可以向有关单位和人员了解情况，包括被检查单位的负责人和其他人员，也包括其他了解情况的单位和人员。

（3）纠正违法行为的权力。对施工中违反安全生产要求的行为有权利进行纠正，有些可以当场进行纠正，包括违章指挥或者违章操作及未按照要求佩戴、使用劳动防护用品等。对于难以立即纠正的，如未建立安全生产责任制，未按照要求设立安全生产管理机构、配备管理人员，安全生产资金投入不到位等，有权要求被检查单位在一定期限内纠正。同时，对于依法应当给予处罚的，还应当依据有关法律、法规的规定进行处罚。这里所说的法律、法规，不仅包括安全生产方面的法律、法规，还包括行政处罚等专门规范政府共同行政行为的法律、法规。

（4）事故隐患的处理权力。监督检查的目的之一就是要发现事故隐患并及时处理。因此，负有安全生产监督检查管理职责的部门如检查中发现事故隐患，有权并应当责令被检查单位立即采取措施，予以排除；对于重大的、有现实危险性的事故隐患，在排除前或者排除过程中无法保证安全的，有权并应当责令从危险区域内撤出作业人员或者暂时停止施工。这里的暂时停止施工，并不是行政处罚，而是一种临时性的行政强制措施。因此不需要经过行政处罚的相关程序，而应当遵守国家对行政强制措施的有关规定。

（四）监督管理应注意的事项

监督检查的目的是保证生产经营活动的正常进行，因此，监督检查不得影响被检查单位正常的生产经营活动，应当是负有安全生产监督检查管理职责的部门的一项义务。根据这一要求，负有建设工程安全生产监督管理职责的部门在履行监督检查职责时，应当注意以下几点：

（1）检查内容应当严格限制在涉及安全生产的事项上。对于被检查单位和安全生产无关的生产经营方面的其他事项不能予以干涉；同时，不得对被检查单位提出与检查无关的其他要求。

（2）检查要讲究方式、方法。

（3）作出有关处理决定时要慎重，要严格依照有关规定。特别是不能在没有根据的情况下随意作出对被检查单位的生产经营活动有重大影响的查封、扣押或者责令暂时停产停业等决定。

（五）施工现场的监督检查

建设行政主管部门或者其他有关部门可以将施工现场的监督检查委托给建设工程安全监督机构具体实施。

行政机关应当根据法律、法规的要求行使自己的权利，履行自己的义务。但是对于一些特殊的事项，比如一些专业性、技术性很强的事项，行政机关本身很难完成，行政机关也没有必要纠缠于一些技术性的工作。因此，法律、法规允许行政机关将一些特定的事项委托给专业部门完成。委托在行政法上是一个很重要的制度，行政机关不能任意委托，一般来说只能在法律、法规明确允许的情况下才能委托；被委托机关必须在委托的权限范围内行为，被委托机关并不因为委托而获得行政主体的资格，他只能以委托机关的名义行为，被委托机关行为的法律责任由委托机关承担。

委托给建设工程安全监督机构行使的行政权力只能是施工现场的监督检查，这是对于委托范围的限制性规定。行政管理从根本上来说是行政机关不可推卸的责任和义务，只有在行政机关力所难及的领域或者不宜由行政机关直接从事的工作，才可以委托其他事业组织代为履行一部分职责。具体到建设工程安全生产而言，只有那些日常的、具体的、技术性的监督检查事项，是行政机关难以凭借自身力量完成，而必须进行委托的。除此之外的其他事项，属于纯粹的行政管理事项，比如安全施工条件的审查、企业资质的评定等，只能由行政机关作出。

行政权委托以后，行政机关仍然必须履行监督管理的职责，仍然要对被委托机构的行为负责。因此，行政机关应当加强对这些安全监督机构本身的管理和监督，提高其人员的素质，规范其执法行为。

（六）淘汰有可能危及施工安全的工艺、设备、材料

国家对严重危及施工安全的工艺、设备、材料实行淘汰制度。具体目录由国务院建设行政主管部门会同国务院其他有关部门制定并公布。

严重危及施工安全的工艺、设备、材料是指不符合生产安全要求，极有可能导致生产安全事故发生，致使人民群众生命和财产安全遭受重大损失的工艺、设备和材料。只要是使用了严重危及施工安全的工艺、设备和材料，即使安全管理措施再严格，人的作用发挥得再充分，也仍然难以避免安全生产事故的发生。因此，工艺、设备和材料与建设施工安全息息相关。为了保障人民群众生命和财产安全，本条明确规定，国家对严重危及施工安全的工艺、设备和材料实行淘汰制度。这一方面有利于保障安全生产；另一方面也体现了优胜劣汰的市场经济规律，有利于提高生产经营单位的工艺水平，促进设备更新。

对严重危及施工安全的工艺、设备和材料实行淘汰制度，需要国务院建设行政主管部门会同国务院其他有关部门，在认真分析研究的基础上，确定哪些是严重危及施工安全的工艺、设备和材料，并且以明示的方法予以公布。对于已经公布的严重危及施工安全的工艺、设备和材料，建设单位和施工单位都应当严格遵守和执行，不得继续使用此类工艺和设备，也不得转让他人使用；否则，就要承担相应的法律责任。

五、水土保持工程施工安全控制

安全控制是工程建设监理的重要组成部分，是对建筑施工过程中安全生产状况所实施的监督管理。安全控制的主要任务是贯彻落实安全生产方针政策，督促施工单位按照建筑施工安全生产法规和标准组织施工，消除施工中的冒险性、盲目性和随意性，落实各项安全技术措施，有效地杜绝各类安全隐患，杜绝、控制和减少各类伤亡事故，实现安全生产。具体来说是在编制监理大纲及监理规划时，应明确安全监理目标、措施、计划和安全监理程序，并建立相关的程序文件，根据工程规模、各个分项建设项目和各分包的施工队伍，在调查研究的基础上，制定安全监理具体工作及有关程序。督促施工单位落实安全生产的组织保证体系和对工人进行安全生产教育，建立健全安全生产责任制，审查施工方案及安全技术措施。

（一）施工不安全因素分析

1. 人的不安全因素

人既是管理的对象，又是管理的动力。人的行为是安全生产的关键。人的安全行为是复杂和动态的，具有多样性、计划性、目的性、可塑性，并受安全意识水平的调节，受思维、情感、意志等心理活动的支配，同时也受道德观、人生观和世界观的影响；态度、意识、知识、认知决定人的安全行为水平，因而人的安全行为表现出差异性。人的不安全因素是人的心理和生理特点造成的，主要表现在身体缺陷、错误行为和违纪违章等三个方面。人的行为对施工安全影响极大，统计资料表明，88％的安全事故是由于人的不安全行为造成的，而人的生理和心理特点，直接影响人的行为。所以，人的生理和心理状况与安

全事故的发生有着密切的联系，主要表现在以下几个方面：

（1）生理疲劳对安全行为的影响。人的生理疲劳，表现出动作紊乱而不稳定，不能支配正常状况下所能承受的体力等，容易手脚发软，致使人或物从高处坠落等安全事故发生。

（2）心理疲劳对安全行为的影响。人由于从事单调、重复劳动时容易厌倦，或由于遭受挫折而出现身心乏力等注意力不集中的表现，均会导致操作失误。

（3）视觉、听觉对安全行为的影响。人的视角受外界亮度、色彩、距离、移动速度等因素的影响，会产生错看、漏看，人的听力易受外界声音的干扰而减弱，都会导致安全事故。

（4）人的气质对安全行为的影响。气质是人的个性的重要组成部分，它是一个人所具有的典型的、稳定的心理特征。人的意志坚定、行动准确，则安全度高；而情绪喜怒无常，或优柔寡断、行动迟缓、反应能力差的人则容易产生安全事故。气质使个人的安全行为表现出独特的个人色彩。例如，同样是积极工作，有的人表现为遵章守纪，动作及行为可靠安全；有的人则表现为蛮干、急躁，安全行为较差。

（5）人的情绪对安全行为的影响。情绪为每个人所固有，从安全行为的角度看，处于兴奋状态时，人的思维与动作较快；处于抑制状态时，思维与动作显得迟缓；处于强化阶段时，往往有反常的举动，这种情绪可能引起思维与行动不协调、动作之间不连贯，这是安全行为的忌讳。

（6）人的性格对安全行为的影响。性格是每个人所具有的、最主要的、最显著的心理特征，是对某一事物稳定和习惯的方式。人的性格表现得多种多样，有理智型、情绪型、意志型。理智型用理智来衡量一切，并支配行动；情绪型的情绪体验深刻，安全行为受情绪影响大；意志型有明确目标，行动主动，安全责任心强。

（7）环境、物的状况对人的安全行为的影响。环境、物的状况对劳动生产过程中的人也有很大的影响。环境变化会刺激人的心理，影响人的情绪，甚至打乱人的正常行动。物的运行失常及布置不当，会影响人的识别与操作，造成混乱和差错，打乱人的正常活动。

（8）人际关系对安全的影响。劳动者互相信任，彼此尊重，遵守劳动纪律和安全法规，则安全有保障；反之，上下级关系紧张，注意力不集中，则容易产生安全事故。

2. 物的不安全因素

物的不安全状态，主要表现在以下三个方面。

（1）设备、装置的缺陷。设备、装置的缺陷主要是指设备、装置的技术性能降低，强度不够、结构不良、磨损、老化、失灵、腐蚀、物理或化学性能达不到要求等。

（2）作业场所的缺陷。作业场所的缺陷主要指作业场地狭小，交通道路窄隘或机械设备拥挤等。

（3）物资和环境的危险源。物资和环境的危险源主要指使用的油料、机械倾覆、漏电、土体滑塌、地震、暴雨洪水等。

3. 环境因素

环境因素主要表现在以下两个方面：

（1）内部环境。指施工单位的管理体系，即企业的机械管理部门对机械管理的运作水平。

（2）外部环境。指施工的外界环境如水文、地质等外部的施工环境。

4. 施工中常见的不安全因素

（1）土方工程施工中的不安全因素。土方工程施工中的不安全因素，如施工机械距离沟坑边太近、开挖边坡坡度不稳定容易造成塌方等，因此，对土方开挖以及用机械碾压施工便道、取土等要留有足够的稳定边坡。水坠筑坝施工过程中，由于排水设施等的不完善容易造成坝体"鼓肚"、滑塌，因此，对造泥沟、输泥渠、冲填池、坝坡等工区都要设立安全检查员，避免造成人员伤亡和财产损失。

（2）石方工程施工中的不安全因素。在悬崖陡壁上开采石料时，不系安全绳或拉绳的木桩松动等都容易造成施工人员跌伤。在坡面上撬动石头时，石块的滚落可能砸伤下方施工人员或行人，要注意设立岗哨监视来往通行。在人工搬运石料的过程中，使用的绳索或木杠的滑落或断裂，也容易造成人员的砸伤，要注意检查所使用的工具是否完好。

（3）爆破施工中的不安全因素。在利用爆破技术开采石料或削坡时，一般多为露天爆破，容易发生安全事故。其主要原因可归结为以下几个方面：

1）由于炮位选择不当或装药量过多，放炮时飞石超过警戒线。

2）违章处理瞎炮，拉动起爆体引起爆炸伤人。

3）人员、设备未按规定撤离或爆破后人员过早进入危险区造成事故。

4）爆破时，点炮个数过多或导火索太短，点炮人员来不及撤离到安全地点而发生爆炸。

5）爆炸材料不按规定存放或警戒，管理不严，造成爆炸事故。

（4）其他方面的不安全因素。在高处施工，由于脚手架或梯子结构不牢固，施工人员安全意识差等，都容易发生坠落等事故。在机械使用方面，司机对施工机械的操作不熟练或误操作，也会造成人员或设备的伤亡或损害。违章在高压输电线路下施工或工地供电线路不符合标准等都可能引起触电事故。在汛期未达到防汛坝高的工程，防汛抢险措施不落实，如遇洪水会给工程及人员、财产的安全带来威胁。

（二）安全控制体系的建立

施工的安全控制从本质上讲是施工单位分内的工作，监理机构有责任和义务督促或协助施工单位加强安全控制。因此，施工安全控制体系，包括施工单位的安全生产体系和监理机构的安全控制（监督）体系。

（三）监理机构的安全控制及其职责

监理人员必须熟悉国家有关安全生产方针及劳动保护政策法规、标准，熟悉各项工程的施工方法和施工技术，熟悉作业安排和安全操作规程，熟悉安全控制业务。监理机构在安全控制方面的主要职责有：

（1）贯彻和执行国家的安全生产及劳动保护的政策及法规。

（2）做好安全生产的宣传教育和管理工作。

（3）审查施工单位的施工安全措施。

（4）深入现场检查安全措施的落实情况，并及时分析不安全因素。

（5）督促施工单位建立和完善安全控制组织和安全岗位责任制。

（6）进行工伤事故的统计、分析和报告，并参与安全事故的分析处理。

（7）对违章操作或其他不安全行为及时进行纠正，无效时可责成施工单位辞退违章者。

（四）施工单位的安全生产体系

施工单位的安全生产体系包括组织体系和制度体系。

1. 组织体系

建立以施工单位领导或主管领导为组长的安全生产领导小组，并在各施工队设置兼职安全员。从技术、物资、财务、后勤服务等方面落实安全保障措施，明确各施工岗位安全责任制，以形成安全生产保证体系。

2. 制度体系

施工单位安全施工的规章制度主要包括：

（1）安全生产责任制。以制度的形式明确各级各类人员在施工活动中应承担的安全责任，使责任制落到实处。

（2）安全生产奖罚制度。把安全生产与经济责任制挂起钩，做到奖罚分明。

（3）安全技术措施管理制度。其包括防止工伤事故的安全措施以及组织措施的编制、审批、实施及确认等管理制度。

（4）安全教育、培训和安全检查制度。

（5）交通安全管理制度。

（6）各工种的安全技术操作规程等。

（五）施工安全措施审核与施工现场安全控制

1. 施工安全措施审核

水土保持工程的施工安全主要涉及各类工程的土方工程、石方工程及混凝土工程等各个方面，因此，在开工前，监理机构应首先提醒施工单位考虑施工中的安全措施。施工单位在施工组织设计或技术措施中，尤其对危险工种要特别强调安全措施。施工单位的安全措施审核主要包括：

（1）安全措施要有针对性。针对不同的工程特点可能给工程施工造成的危害，针对施工特点可能给安全带来的影响，针对施工中使用的易燃、易爆物品可能给施工带来的不安全影响，针对施工现场和周围环境可能给施工人员带来的危害，从技术上采取措施，将可能影响安全的因素排除到最低限度。

（2）对施工平面布置安全技术要求审查。施工平面布置安全审查注重审核易燃、易爆物品的仓库和加工车间的位置是否符合安全要求，供电线路和设备的布置与各种水平、垂直运输线路的布置是否符合安全要求，高边坡开挖、石料的开采与石方砌筑、爆破施工、洞井的开挖是否有适当的安全措施。

（3）对施工方案中采用的新技术、新工艺、新结构、新材料、新设备等，要审核有无相应的安全技术操作规程和安全技术措施。根据有关技术规程对各工种的施工安全技术要求进行审核。

2. 施工现场安全控制

（1）施工前安全措施的落实检查。根据施工单位的施工组织设计或技术措施，对安全措施计划进行检查。由于工期、经费等原因，这些措施常常得不到落实。因此监理工程师必须在施工前到施工现场进行实地检查。检查对通过将施工平面布置、安全措施计划和安全技术状况进行比较，提出问题，并督促落实。

（2）施工过程中的安全检查。安全检查是发现施工过程中不安全行为和状态的重要途径，其检查的主要形式有：

1）一般性检查。为掌握整个施工安全管理情况及技术状况，完善安全控制计划，发现问题，并提出整改和预防措施。

2）专业性检查。如对供电、易燃、易爆品进行的专项检查等。

3）季节性检查。针对气候变化进行的检查，如汛期检查。

施工过程中安全检查的内容主要包括：

1）查思想。检查施工人员是否树立了"安全第一，预防为主"的思想，对安全施工是否有足够认识。

2）查制度。检查安全生产的规章制度是否建立、健全和落实。

3）查措施。检查安全措施是否有针对性。

4）查隐患。检查事故可能发生的隐患，发现隐患，提出整改措施。

3. 预防安全事故的方法

（1）一般方法。常采用看、听、嗅、问、查、测、验、析等方法。看现场环境和作业条件，看实物和实际操作，看记录和资料等；听汇报、介绍、反映和意见，听机械设备运转的响声等；对挥发物的气味进行辨别；对安全工作进行详细询问；查明数据，查明原因，查清问题，追查责任；测量、测试、检测；进行必要的试验与化验；分析安全事故隐患、原因。

（2）安全检查表法。通过事先拟定的安全检查明细表或清单，对安全生产进行初步诊断和控制。

六、生产安全事故报告和调查处理

为了规范生产安全事故的报告和调查处理，落实生产安全事故责任追究制度，防止和减少生产安全事故，自 2007 年 6 月 1 日起施行了《生产安全事故报告和调查处理条例》（国务院令第 493 号）。

（一）生产安全事故的等级划分

根据生产安全事故（以下简称事故）造成的人员伤亡或者直接经济损失，事故一般分为以下等级：

（1）特别重大事故，是指造成 30 人以上死亡，或者 100 人以上重伤（包括急性工业中毒），或者 1 亿元以上直接经济损失的事故。

（2）重大事故，是指造成 10 人以上 30 人以下死亡，或者 50 人以上 100 人以下重伤，或者 5000 万元以上 1 亿元以下直接经济损失的事故。

（3）较大事故，是指造成 3 人以上 10 人以下死亡，或者 10 人以上 50 人以下重伤，或者 1000 万元以上 5000 万元以下直接经济损失的事故。

（4）一般事故，是指造成 3 人以下死亡，或者 10 人以下重伤，或者 1000 万元以下直接经济损失的事故。

国务院安全生产监督管理部门可以会同国务院有关部门，制定事故等级划分的补充性规定。

事故分类中"以上"包括本数，所称的"以下"不包括本数。

（二）生产安全事故的报告制度

（1）事故发生后，事故现场有关人员应当立即向本单位负责人报告；单位负责人接到报告后，应当于 1 小时内向事故发生地县级以上人民政府安全生产监督管理部门和负有安全生产监督管理职责的有关部门报告。

情况紧急时，事故现场有关人员应直接向事故发生地县级以上人民政府安全生产监督管理部门和负有安全生产监督管理职责的有关部门报告。

（2）安全生产监督管理部门和负有安全生产监督管理职责的有关部门接到事故报告后，应当依照下列规定上报事故情况，并通知公安机关、劳动保障行政部门、工会和人民检察院：

1）特别重大事故、重大事故逐级上报至国务院安全生产监督管理部门和负有安全生产监督管理职责的有关部门。

2）较大事故逐级上报至省、自治区、直辖市人民政府安全生产监督管理部门和负有安全生产监督管理职责的有关部门。

3）一般事故上报至设区的市级人民政府安全生产监督管理部门和负有安全生产监督管理职责的有关部门。安全生产监督管理部门和负有安全生产监督管理职责的有关部门依照前款规定上报事故情况，应当同时报告本级人民政府。国务院安全生产监督管理部门和负有安全生产监督管理职责的有关部门以及省级人民政府接到发生特别重大事故、重大事故的报告后，应当立即报告国务院。

必要时，安全生产监督管理部门和负有安全生产监督管理职责的有关部门可以越级上报事故情况。

安全生产监督管理部门和负有安全生产监督管理职责的有关部门逐级上报事故情况，每级上报的时间不得超过 2 小时。

（3）报告事故应当包括下列内容：

1）事故发生单位概况。

2）事故发生的时间、地点以及事故现场情况。

3）事故的简要经过。

4）事故已经造成或者可能造成的伤亡人数（包括下落不明的人数）和初步估计的直接经济损失。

5）已经采取的措施。

6）其他应当报告的情况。

（4）事故报告后出现新情况的，应当及时补报。自事故发生之日起 30 日内，事故造成的伤亡人数发生变化的，应当及时补报。道路交通事故、火灾事故自发生之日起 7 日内，事故造成的伤亡人数发生变化的，应当及时补报。

（5）事故发生单位负责人接到事故报告后，应当立即启动事故相应应急预案，或者采取有效措施组织抢救，防止事故扩大，减少人员伤亡和财产损失。

（6）事故发生后，有关单位和人员应当妥善保护事故现场以及相关证据，任何单位和个人不得破坏事故现场、毁灭相关证据。因抢救人员、防止事故扩大以及疏通交通等原因，需要移动事故现场物件的，应当做出标志，绘制现场简图并做出书面记录，妥善保存现场重要痕迹、物证。

（三）生产安全事故调查

（1）特别重大事故由国务院或者国务院授权有关部门组织事故调查组进行调查。重大事故、较大事故、一般事故分别由事故发生地省级人民政府、设区的市级人民政府、县级人民政府负责调查。省级人民政府、设区的市级人民政府、县级人民政府可以直接组织事故调查组进行调查，也可以授权或者委托有关部门组织事故调查组进行调查。未造成人员伤亡的一般事故，县级人民政府也可以委托事故发生单位组织事故调查组进行调查。

（2）特别重大事故以下等级事故，事故发生地与事故发生单位不在同一个县级以上行政区域的，由事故发生地人民政府负责调查，事故发生单位所在地人民政府应当派人参加。

（3）根据事故的具体情况，事故调查组由有关人民政府、安全生产监督管理部门、负有安全生产监督管理职责的有关部门、监察机关、公安机关以及工会派人组成，并应当邀请人民检察院派人参加。事故调查组可以聘请有关专家参与调查。

（4）事故调查组组长由负责事故调查的人民政府指定。事故调查组组长主持事故调查组的工作。事故调查组成员应当具有事故调查所需的知识和专长，并与所调查的事故没有直接利害关系。

（5）事故调查组履行下列职责：

1）查明事故发生的经过、原因、人员伤亡情况及直接经济损失。

2）认定事故的性质和事故责任。

3）提出对事故责任者的处理建议。

4）总结事故教训，提出防范和整改措施。

5）提交事故调查报告。

（6）事故调查组有权向有关单位和个人了解与事故有关的情况，并要求其提供相关文件、资料，有关单位和个人不得拒绝。事故发生单位的负责人和有关人员在事故调查期间不得擅离职守，并应当随时接受事故调查组的询问，如实提供有关情况。事故调查中发现涉嫌犯罪的，事故调查组应当及时将有关材料或者其复印件移交司法机关处理。

（7）事故调查组应当自事故发生之日起 60 日内提交事故调查报告；特殊情况下，经负责事故调查的人民政府批准，提交事故调查报告的期限可以适当延长，但延长的期限最长不超过 60 日。

(8) 事故调查报告应当包括下列内容：

1) 事故发生单位概况。

2) 事故发生经过和事故救援情况。

3) 事故造成的人员伤亡和直接经济损失。

4) 事故发生的原因和事故性质。

5) 事故责任的认定以及对事故责任者的处理建议。

6) 事故防范和整改措施。事故调查报告应当附具有关证据材料。事故调查组成员应当在事故调查报告上签名。

(9) 事故调查报告报送负责事故调查的人民政府后，事故调查工作即告结束。事故调查的有关资料应当归档保存。

（四）生产安全事故处理

(1) 重大事故、较大事故、一般事故，负责事故调查的人民政府应当自收到事故调查报告之日起 15 日内作出批复；特别重大事故，30 日内作出批复，特殊情况下，批复时间可以适当延长，但延长的时间最长不超过 30 日。

有关机关应当按照人民政府的批复，依照法律、行政法规规定的权限和程序，对事故发生单位和有关人员进行行政处罚，对负有事故责任的国家工作人员进行处分。事故发生单位应当按照负责事故调查的人民政府的批复，对本单位负有事故责任的人员进行处理。负有事故责任的人员涉嫌犯罪的，依法追究刑事责任。

(2) 事故发生单位应当认真吸取事故教训，落实防范和整改措施，防止事故再次发生。防范和整改措施的落实情况应当接受工会和职工的监督。安全生产监督管理部门和负有安全生产监督管理职责的有关部门应当对事故发生单位落实防范和整改措施的情况进行监督检查。

(3) 事故处理的情况由负责事故调查的人民政府或者其授权的有关部门、机构向社会公布，依法应当保密的除外。

（五）法律责任

(1) 事故发生单位主要负责人有下列行为之一的，处上一年年收入 40%～80% 的罚款；属于国家工作人员的，并依法给予处分；构成犯罪的，依法追究刑事责任：

1) 不立即组织事故抢救的。

2) 迟报或者漏报事故的。

3) 在事故调查处理期间擅离职守的。

(2) 事故发生单位及其有关人员有下列行为之一的，对事故发生单位处 100 万元以上500 万元以下的罚款；对主要负责人、直接负责的主管人员和其他直接责任人员处上一年年收入 60%～100% 的罚款；属于国家工作人员的，并依法给予处分；构成违反治安管理行为的，由公安机关依法给予治安管理处罚；构成犯罪的，依法追究刑事责任：

1) 谎报或者瞒报事故的。

2) 伪造或者故意破坏事故现场的。

3）转移、隐匿资金、财产，或者销毁有关证据、资料的。

4）拒绝接受调查或者拒绝提供有关情况和资料的。

5）在事故调查中作伪证或者指使他人作伪证的。

6）事故发生后逃匿的。

（3）事故发生单位对事故发生负有责任的，依照下列规定处以罚款：

1）发生一般事故的，处10万元以上20万元以下的罚款。

2）发生较大事故的，处20万元以上50万元以下的罚款。

3）发生重大事故的，处50万元以上200万元以下的罚款。

4）发生特别重大事故的，处200万元以上500万元以下的罚款。

（4）事故发生单位主要受责人未依法履行安全生产管理职责，导致事故发生的，依照下列规定处以罚款；属于国家工作人员的，并依法给予处分；构成犯罪的，依法追究刑事责任：

1）发生一般事故的，处上一年年收入30％的罚款。

2）发生较大事故的，处上一年年收入40％的罚款。

3）发生重大事故的，处上一年年收入60％的罚款。

4）发生特别重大事故的，处上一年年收入80％的罚款。

（5）有关地方人民政府、安全生产监督管理部门和负有安全生产监督管理职责的有关部门有下列行为之一的，对直接负责的主管人员和其他直接责任人员依法给予处分；构成犯罪的，依法追究刑事责任：

1）不立即组织事故抢救的。

2）迟报、漏报、谎报或者瞒报事故的。

3）阻碍、干涉事故调查工作的。

4）在事故调查中作伪证或者指使他人作伪证的。

（6）事故发生单位对事故发生负有责任的，由有关部门依法暂扣或者吊销其有关证照；对事故发生单位负有事故责任的有关人员，依法暂停或者撤销其与安全生产有关的执业资格、岗位证书；事故发生单位主要负责人受到刑事处罚或者撤职处分的，自刑罚执行完毕或者受处分之日起，5年内不得担任任何生产经营单位的主要负责人。

为发生事故的单位提供虚假证明的中介机构，由有关部门依法暂扣或者吊销其有关证照及其相关人员的执业资格；构成犯罪的，依法追究刑事责任。

（7）参与事故调查的人员在事故调查中有下列行为之一的，依法给予处分；构成犯罪的，依法追究刑事责任：

1）对事故调查工作不负责任，致使事故调查工作有重大疏漏的。

2）包庇、袒护负有事故责任的人员或者借机打击报复的。

七、职业卫生及防治

为了预防、控制和消除职业病危害，防治职业病，保护劳动者健康及其相关权益，促进经济社会发展，根据宪法，国家制定了《中华人民共和国职业病防治法》（以下简称

《职业病防治法》)。本法是在 2001 年 10 月 27 日第九届全国人民代表大会常务委员会第二十四次会议上通过,根据 2011 年 12 月 31 日第十一届全国人民代表大会常务委员会第二十四次会议《关于修改〈中华人民共和国职业病防治法〉的决定》修正,根据 2016 年 7 月 2 日第十二届全国人民代表大会常务委员会第二十一次会议《全国人民代表大会常务委员会关于修改〈中华人民共和国节约能源法〉等六部法律的决定》第二次修正,以中华人民共和国主席令第四十八号令予以公布,自 2016 年 9 月 1 日起施行。本节对职业病防治做一简单阐述,以便于水土保持监理工程师了解职业卫生防治的有关知识。

(一)职业病危害防治基本知识

职业病,是指企业、事业单位和个体经济组织等用人单位的劳动者在职业活动中,因接触粉尘、放射性物质和其他有毒、有害因素而引起的疾病。职业病的分类和目录由国务院卫生行政部门会同国务院安全生产监督管理部门、劳动保障行政部门制定、调整并公布。职业病防治工作坚持预防为主、防治结合的方针,建立用人单位负责、行政机关监管、行业自律、职工参与和社会监督的机制,实行分类管理、综合治理。

劳动者依法享有职业卫生保护的权利。用人单位应当为劳动者创造符合国家职业卫生标准和卫生要求的工作环境和条件,并采取措施保障劳动者获得职业卫生保护。工会组织依法对职业病防治工作进行监督,维护劳动者的合法权益。用人单位制定或者修改有关职业病防治的规章制度,应当听取工会组织的意见。

用人单位应当建立、健全职业病防治责任制,加强对职业病防治的管理,提高职业病防治水平,对本单位产生的职业病危害承担责任。用人单位的主要负责人对本单位的职业病防治工作全面负责。用人单位必须依法参加工伤保险。国务院和县级以上地方人民政府劳动保障行政部门应当加强对工伤保险的监督管理,确保劳动者依法享受工伤保险待遇。

国家鼓励和支持研制、开发、推广、应用有利于职业病防治和保护劳动者健康的新技术、新工艺、新设备、新材料,加强对职业病的机理和发生规律的基础研究,提高职业病防治科学技术水平;积极采用有效的职业病防治技术、工艺、设备、材料;限制使用或者淘汰职业病危害严重的技术、工艺、设备、材料。

县级以上人民政府职业卫生监督管理部门应当加强对职业病防治的宣传教育,普及职业病防治的知识,增强用人单位的职业病防治观念,提高劳动者的职业健康意识、自我保护意识和行使职业卫生保护权利的能力。

国务院卫生行政部门应当组织开展重点职业病监测和专项调查,对职业健康风险进行评估,为制定职业卫生标准和职业病防治政策提供科学依据。县级以上地方人民政府卫生行政部门应当定期对本行政区域的职业病防治情况进行统计和调查分析。

(二)职业病类别

1. 接触粉尘

按粉尘的性质可分为以下几种:

(1)无机粉尘。无机粉尘包括矿物性粉尘,如石英、石棉、滑石、煤等;金属性粉尘,如铅、锰、铁、铍、锡、锌等及其化合物;人工无机粉尘,如金刚砂、水泥、玻璃纤维等。

（2）有机粉尘。有机粉尘包括动物性粉尘，如皮毛、丝、骨质等；植物性粉尘，如棉、麻、谷物、亚麻、甘蔗、木、茶等；人工有机粉尘，如有机染料、农药、合成树脂、橡胶、纤维等。

（3）混合性粉尘。在生产环境中，以单独一种粉尘存在的较少见，大部分情况下为两种或多种粉尘混合存在，称之为混合性粉尘。

2. 电焊作业及电焊工尘的危害

电焊工尘是指在焊接作业时，由于高温使焊药、焊条芯和被焊接材料溶化蒸发，逸散在空气中氧化物冷凝而形成的颗粒极细的气溶胶。其中 $1\mu m$ 以下的尘粒约占 90％以上。

焊接作业在建筑、矿山、机械、造船、化工、铁路、国防等工业部门被广泛应用。焊接作业的种类较多，以手把焊应用较为普遍。焊工尘肺病例绝大多数来自手把焊工。手把焊所用的电焊条种类很多，按焊药的成分分类约有百余种，常用的有酸性钛钙型、碱性低氢型和高锰型三类。上述三类焊条的焊药中均含有一定量的铁、锰、硅和硅酸盐等。在生产过程中，使用的焊条种类不同对肺组织影响也不尽相同，例如低碳钢 T423 焊条，含有二氧化硅和氟较其他焊条为高，如果长期使用危害程度较大。

因此，电焊作业的职业危害，不仅考虑粉尘的危害，还要考虑长期使用高锰焊条时的锰中毒；电焊时产生的紫外线可引起电光性眼炎；产生的氮氧化物、臭氧、一氧化碳、氟化物等的危害。

电焊工尘肺是由于长期吸入高浓度的焊接粉尘（焊接气溶胶）而引起的。近年来认为焊工尘肺是以氧化铁为主，同时混有其他成分的粉尘引起的混合性尘肺。

（三）劳动过程中的防护与管理

职业卫生是研究劳动条件对劳动者健康的影响，以及研究改善劳动条件、预防职业病的一门预防医学科学。只有创造合理的劳动工作条件，才能使所有从事劳动的人员在体格、精神、社会适应等方面都保持健康。只有防止职业病和与职业有关的疾病，才能降低病伤缺勤，提高劳动生产率。

1. 用人单位应当采取的职业病防治管理措施

（1）设置或者指定职业卫生管理机构或者组织，配备专职或者兼职的职业卫生管理人员，负责本单位的职业病防治工作。

（2）制定职业病防治计划和实施方案。

（3）建立、健全职业卫生管理制度和操作规程。

（4）建立、健全职业卫生档案和劳动者健康监护档案。

（5）建立、健全工作场所职业病危害因素监测及评价制度。

（6）建立、健全职业病危害事故应急救援预案。

用人单位应当保障职业病防治所需的资金投入，不得挤占、挪用，并对因资金投入不足导致的后果承担责任。

用人单位必须采用有效的职业病防护设施，并为劳动者提供个人使用的职业病防护用品。

用人单位为劳动者个人提供的职业病防护用品必须符合防治职业病的要求；不符合要

求的，不得使用。

用人单位应当优先采用有利于防治职业病和保护劳动者健康的新技术、新工艺、新设备、新材料，逐步替代职业病危害严重的技术、工艺、设备、材料。

产生职业病危害的用人单位，应当在醒目位置设置公告栏，公布有关职业病防治的规章制度、操作规程、职业病危害事故应急救援措施和工作场所职业病危害因素检测结果。

对产生严重职业病危害的作业岗位，应当在其醒目位置设置警示标识和中文警示说明。警示说明应当载明产生职业病危害的种类、后果、预防以及应急救治措施等内容。

对可能发生急性职业损伤的有毒、有害工作场所，用人单位应当设置报警装置，配置现场急救用品、冲洗设备、应急撤离通道和必要的泄险区。

对放射工作场所和放射性同位素的运输、储存，用人单位必须配置防护设备和报警装置，保证接触放射线的工作人员安全。

对职业病防护设备、应急救援设施和个人使用的职业病防护用品，用人单位应当进行经常性的维护、检修，定期检测其性能和效果，确保其处于正常状态，不得擅自拆除或者停止使用。

用人单位应当实施由专人负责的职业病危害因素日常监测，并确保监测系统处于正常运行状态。

用人单位应当按照国务院安全生产监督管理部门的规定，定期对工作场所进行职业病危害因素检测、评价。检测、评价结果存入用人单位职业卫生档案，定期向所在地安全生产监督管理部门报告并向劳动者公布。

职业病危害因素检测、评价由依法设立的取得国务院安全生产监督管理部门或者设区的市级以上地方人民政府安全生产监督管理部门按照职责分工给予资质认可的职业卫生技术服务机构进行。职业卫生技术服务机构所作检测、评价应当客观、真实。

发现工作场所职业病危害因素不符合国家职业卫生标准和卫生要求时，用人单位应当立即采取相应治理措施，仍然达不到国家职业卫生标准和卫生要求的，必须停止存在职业病危害因素的作业；职业病危害因素经治理后，符合国家职业卫生标准和卫生要求的，方可重新作业。

职业卫生技术服务机构依法从事职业病危害因素检测、评价工作，接受安全生产监督管理部门的监督检查。安全生产监督管理部门应当依法履行监督职责。

向用人单位提供可能产生职业病危害的设备的，应当提供中文说明书，并在设备的醒目位置设置警示标识和中文警示说明。警示说明应当载明设备性能、可能产生的职业病危害、安全操作和维护注意事项、职业病防护以及应急救治措施等内容。

向用人单位提供可能产生职业病危害的化学品、放射性同位素和含有放射性物质的材料的，应当提供中文说明书。说明书应当载明产品特性、主要成分、存在的有害因素、可能产生的危害后果、安全使用注意事项、职业病防护以及应急救治措施等内容。产品包装应当有醒目的警示标识和中文警示说明。储存上述材料的场所应当在规定的部位设置危险物品标识或者放射性警示标识。

国内首次使用或者首次进口与职业病危害有关的化学材料，使用单位或者进口单位按照国家规定经国务院有关部门批准后，应当向国务院卫生行政部门、安全生产监督管理部门报送该化学材料的毒性鉴定以及经有关部门登记注册或者批准进口的文件等资料。

进口放射性同位素、射线装置和含有放射性物质的物品的，按照国家有关规定办理。

任何单位和个人不得生产、经营、进口和使用国家明令禁止使用的可能产生职业病危害的设备或者材料。

任何单位和个人不得将产生职业病危害的作业转移给不具备职业病防护条件的单位和个人。不具备职业病防护条件的单位和个人不得接受产生职业病危害的作业。

用人单位对采用的技术、工艺、设备、材料，应当知悉其产生的职业病危害，对有职业病危害的技术、工艺、设备、材料隐瞒其危害而采用的，对所造成的职业病危害后果承担责任。

用人单位与劳动者订立劳动合同（含聘用合同，下同）时，应当将工作过程中可能产生的职业病危害及其后果、职业病防护措施和待遇等如实告知劳动者，并在劳动合同中写明，不得隐瞒或者欺骗。

劳动者在已订立劳动合同期间因工作岗位或者工作内容变更，从事与所订立劳动合同中未告知的存在职业病危害的作业时，用人单位应当依照前款规定，向劳动者履行如实告知的义务，并协商变更原劳动合同相关条款。

用人单位违反前两款规定的，劳动者有权拒绝从事存在职业病危害的作业，用人单位不得因此解除与劳动者所订立的劳动合同。

用人单位的主要负责人和职业卫生管理人员应当接受职业卫生培训，遵守职业病防治法律、法规，依法组织本单位的职业病防治工作。

用人单位应当对劳动者进行上岗前的职业卫生培训和在岗期间的定期职业卫生培训，普及职业卫生知识，督促劳动者遵守职业病防治法律、法规、规章和操作规程，指导劳动者正确使用职业病防护设备和个人使用的职业病防护用品。

劳动者应当学习和掌握相关的职业卫生知识，增强职业病防范意识，遵守职业病防治法律、法规、规章和操作规程，正确使用、维护职业病防护设备和个人使用的职业病防护用品，发现职业病危害事故隐患应当及时报告。

劳动者不履行前款规定义务的，用人单位应当对其进行教育。

对从事接触职业病危害的作业的劳动者，用人单位应当按照国务院安全生产监督管理部门、卫生行政部门的规定组织上岗前、在岗期间和离岗时的职业健康检查，并将检查结果书面告知劳动者。职业健康检查费用由用人单位承担。

用人单位不得安排未经上岗前职业健康检查的劳动者从事接触职业病危害的作业；不得安排有职业禁忌的劳动者从事其所禁忌的作业；对在职业健康检查中发现有与所从事的职业相关的健康损害的劳动者，应当调离原工作岗位，并妥善安置；对未进行离岗前职业健康检查的劳动者不得解除或者终止与其订立的劳动合同。职业健康检查应当由省级以上人民政府卫生行政部门批准的医疗卫生机构承担。

用人单位应当为劳动者建立职业健康监护档案，并按照规定的期限妥善管理。职业健康监护档案应当包括劳动者的职业史、职业病危害接触史、职业健康检查结果和职业病诊疗等有关个人健康资料。劳动者离开用人单位时，有权索取本人职业健康监护档案复印件，用人单位应当如实、无偿提供，并在所提供的复印件上签章。

发生或者可能发生急性职业病危害事故时，用人单位应当立即采取应急救援和控制措施，并及时报告所在地安全生产监督管理部门和有关部门。安全生产监督管理部门接到报告后，应当及时会同有关部门组织调查处理；必要时，可以采取临时控制措施。卫生行政部门应当组织做好医疗救治工作。

对遭受或者可能遭受急性职业病危害的劳动者，用人单位应当及时组织救治、进行健康检查和医学观察，所需费用由用人单位承担。

用人单位不得安排未成年工从事接触职业病危害的作业；不得安排孕期、哺乳期的女职工从事对本人和胎儿、婴儿有危害的作业。

2. 劳动者享有的职业卫生保护权利

（1）获得职业卫生教育、培训。

（2）获得职业健康检查、职业病诊疗、康复等职业病防治服务。

（3）了解工作场所产生或者可能产生的职业病危害因素、危害后果和应当采取的职业病防护措施。

（4）要求用人单位提供符合防治职业病要求的职业病防护设施和个人使用的职业病防护用品，改善工作条件。

（5）对违反职业病防治法律、法规以及危及生命健康的行为提出批评、检举。

（6）拒绝违章指挥和强令进行没有职业病防护措施的作业。

（7）参与用人单位职业卫生工作的民主管理，对职业病防治工作提出意见和建议。

用人单位应当保障劳动者行使前款所列权利。因劳动者依法行使正当权利而降低其工资、福利等待遇或者解除、终止与其订立的劳动合同的，其行为无效。

工会组织应当督促并协助用人单位开展职业卫生宣传教育和培训，有权对用人单位的职业病防治工作提出意见和建议，依法代表劳动者与用人单位签订劳动安全卫生专项集体合同，与用人单位就劳动者反映的有关职业病防治的问题进行协调并督促解决。

工会组织对用人单位违反职业病防治法律、法规，侵犯劳动者合法权益的行为，有权要求纠正；产生严重职业病危害时，有权要求采取防护措施，或者向政府有关部门建议采取强制性措施；发生职业病危害事故时，有权参与事故调查处理；发现危及劳动者生命健康的情形时，有权向用人单位建议组织劳动者撤离危险现场，用人单位应当立即作出处理。

用人单位按照职业病防治要求，用于预防和治理职业病危害、工作场所卫生检测、健康监护和职业卫生培训等费用，按照国家有关规定，在生产成本中据实列支。

职业卫生监督管理部门应当按照职责分工，加强对用人单位落实职业病防护管理措施情况的监督检查，依法行使职权，承担责任。

（四）法律责任

建设单位违反《职业病防治法》规定，有下列行为之一的，由安全生产监督管理部门和卫生行政部门依据职责分工给予警告，责令限期改正；逾期不改正的，处 10 万元以上

50 万元以下的罚款；情节严重的，责令停止产生职业病危害的作业，或者提请有关人民政府按照国务院规定的权限责令停建、关闭：

（1）未按照规定进行职业病危害预评价的。

（2）医疗机构可能产生放射性职业病危害的建设项目未按照规定提交放射性职业病危害预评价报告，或者放射性职业病危害预评价报告未经卫生行政部门审核同意，开工建设的。

（3）建设项目的职业病防护设施未按照规定与主体工程同时设计、同时施工、同时投入生产和使用的。

（4）建设项目的职业病防护设施设计不符合国家职业卫生标准和卫生要求，或者医疗机构放射性职业病危害严重的建设项目的防护设施设计未经卫生行政部门审查同意擅自施工的。

（5）未按照规定对职业病防护设施进行职业病危害控制效果评价的。

（6）建设项目竣工投入生产和使用前，职业病防护设施未按照规定验收合格的。

违反《职业病防治法》规定，有下列行为之一的，由安全生产监督管理部门给予警告，责令限期改正；逾期不改正的，处 10 万元以下的罚款：

（1）工作场所职业病危害因素检测、评价结果没有存档、上报、公布的。

（2）未采取本法第二十条规定的职业病防治管理措施的。

（3）未按照规定公布有关职业病防治的规章制度、操作规程、职业病危害事故应急救援措施的。

（4）未按照规定组织劳动者进行职业卫生培训，或者未对劳动者个人职业病防护采取指导、督促措施的。

（5）国内首次使用或者首次进口与职业病危害有关的化学材料，未按照规定报送毒性鉴定资料以及经有关部门登记注册或者批准进口的文件的。

用人单位违反《职业病防治法》规定，有下列行为之一的，由安全生产监督管理部门责令限期改正，给予警告，可以并处 5 万元以上 10 万元以下的罚款：

（1）未按照规定及时、如实向安全生产监督管理部门申报产生职业病危害的项目的。

（2）未实施由专人负责的职业病危害因素日常监测，或者监测系统不能正常监测的。

（3）订立或者变更劳动合同时，未告知劳动者职业病危害真实情况的。

（4）未按照规定组织职业健康检查、建立职业健康监护档案或者未将检查结果书面告知劳动者的。

（5）未依照本法规定在劳动者离开用人单位时提供职业健康监护档案复印件的。

用人单位违反《职业病防治法》规定，有下列行为之一的，由安全生产监督管理部门给予警告，责令限期改正，逾期不改正的，处 5 万元以上 20 万元以下的罚款；情节严重的，责令停止产生职业病危害的作业，或者提请有关人民政府按照国务院规定的权限责令关闭：

（1）工作场所职业病危害因素的强度或者浓度超过国家职业卫生标准的。

（2）未提供职业病防护设施和个人使用的职业病防护用品，或者提供的职业病防护设施和个人使用的职业病防护用品不符合国家职业卫生标准和卫生要求的。

（3）对职业病防护设备、应急救援设施和个人使用的职业病防护用品未按照规定进行维护、检修、检测，或者不能保持正常运行、使用状态的。

（4）未按照规定对工作场所职业病危害因素进行检测、评价的。

（5）工作场所职业病危害因素经治理仍然达不到国家职业卫生标准和卫生要求时，未停止存在职业病危害因素的作业的。

（6）未按照规定安排职业病病人、疑似职业病病人进行诊治的。

（7）发生或者可能发生急性职业病危害事故时，未立即采取应急救援和控制措施或者未按照规定及时报告的。

（8）未按照规定在产生严重职业病危害的作业岗位醒目位置设置警示标识和中文警示说明的。

（9）拒绝职业卫生监督管理部门监督检查的。

（10）隐瞒、伪造、篡改、毁损职业健康监护档案、工作场所职业病危害因素检测评价结果等相关资料，或者拒不提供职业病诊断、鉴定所需资料的。

（11）未按照规定承担职业病诊断、鉴定费用和职业病病人的医疗、生活保障费用的。

向用人单位提供可能产生职业病危害的设备、材料，未按照规定提供中文说明书或者设置警示标识和中文警示说明的，由安全生产监督管理部门责令限期改正，给予警告，并处5万元以上20万元以下的罚款。

用人单位和医疗卫生机构未按照规定报告职业病、疑似职业病的，由有关主管部门依据职责分工责令限期改正，给予警告，可以并处1万元以下的罚款；弄虚作假的，并处2万元以上5万元以下的罚款；对直接负责的主管人员和其他直接责任人员，可以依法给予降级或者撤职的处分。

违反《职业病防治法》规定，有下列情形之一的，由安全生产监督管理部门责令限期治理，并处5万元以上30万元以下的罚款；情节严重的，责令停止产生职业病危害的作业，或者提请有关人民政府按照国务院规定的权限责令关闭：

（1）隐瞒技术、工艺、设备、材料所产生的职业病危害而采用的。

（2）隐瞒本单位职业卫生真实情况的。

（3）可能发生急性职业损伤的有毒、有害工作场所、放射工作场所或者放射性同位素的运输、储存不符合本法第二十五条规定的。

（4）使用国家明令禁止使用的可能产生职业病危害的设备或者材料的。

（5）将产生职业病危害的作业转移给没有职业病防护条件的单位和个人，或者没有职业病防护条件的单位和个人接受产生职业病危害的作业的。

（6）擅自拆除、停止使用职业病防护设备或者应急救援设施。

（7）安排未经职业健康检查的劳动者、有职业禁忌的劳动者、未成年工或者孕期、哺乳期女职工从事接触职业病危害的作业或者禁忌作业的。

（8）违章指挥和强令劳动者进行没有职业病防护措施的作业的。

生产、经营或者进口国家明令禁止使用的可能产生职业病危害的设备或者材料的，依照有关法律、行政法规的规定给予处罚。

用人单位违反《职业病防治法》规定，已经对劳动者生命健康造成严重损害的，由安全生产监督管理部门责令停止产生职业病危害的作业，或者提请有关人民政府按照国务院规定的权限责令关闭，并处 10 万元以上 50 万元以下的罚款。

用人单位违反《职业病防治法》规定，造成重大职业病危害事故或者其他严重后果，构成犯罪的，对直接负责的主管人员和其他直接责任人员，依法追究刑事责任。

未取得职业卫生技术服务资质认可擅自从事职业卫生技术服务的，或者医疗卫生机构未经批准擅自从事职业健康检查、职业病诊断的，由安全生产监督管理部门和卫生行政部门依据职责分工责令立即停止违法行为，没收违法所得；违法所得 5 千元以上的，并处违法所得 2 倍以上 10 倍以下的罚款；没有违法所得或者违法所得不足 5 千元的，并处 5 千元以上 5 万元以下的罚款；情节严重的，对直接负责的主管人员和其他直接责任人员，依法给予降级、撤职或者开除的处分。

从事职业卫生技术服务的机构和承担职业健康检查、职业病诊断的医疗卫生机构违反《职业病防治法》规定，有下列行为之一的，由安全生产监督管理部门和卫生行政部门依据职责分工责令立即停止违法行为，给予警告，没收违法所得；违法所得 5 千元以上的，并处违法所得 2 倍以上 5 倍以下的罚款；没有违法所得或者违法所得不足 5 千元的，并处 5 千元以上 2 万元以下的罚款；情节严重的，由原认可或者批准机关取消其相应的资格；对直接负责的主管人员和其他直接责任人员，依法给予降级、撤职或者开除的处分；构成犯罪的，依法追究刑事责任：

（1）超出资质认可或者批准范围从事职业卫生技术服务或者职业健康检查、职业病诊断的。

（2）不按照本法规定履行法定职责的。

（3）出具虚假证明文件的。

职业病诊断鉴定委员会组成人员收受职业病诊断争议当事人的财物或者其他好处的，给予警告，没收收受的财物，可以并处 3 千元以上 5 万元以下的罚款，取消其担任职业病诊断鉴定委员会组成人员的资格，并从省、自治区、直辖市人民政府卫生行政部门设立的专家库中予以除名。

卫生行政部门、安全生产监督管理部门不按照规定报告职业病和职业病危害事故的，由上一级行政部门责令改正，通报批评，给予警告；虚报、瞒报的，对单位负责人、直接负责的主管人员和其他直接责任人员依法给予降级、撤职或者开除的处分。

县级以上地方人民政府在职业病防治工作中未依照本法履行职责，本行政区域出现重大职业病危害事故、造成严重社会影响的，依法对直接负责的主管人员和其他直接责任人员给予记大过直至开除的处分。

县级以上人民政府职业卫生监督管理部门不履行本法规定的职责，滥用职权、玩忽职守、徇私舞弊，依法对直接负责的主管人员和其他直接责任人员给予记大过或者降级的处分；造成职业病危害事故或者其他严重后果的，依法给予撤职或者开除的处分。

违反《职业病防治法》规定，构成犯罪的，依法追究刑事责任。

思 考 题

1. 监理单位的安全生产责任是什么?
2. 施工单位的安全生产责任是什么?
3. 施工单位的安全生产体系是什么?
4. 简述施工安全措施审核与施工现场安全控制的主要内容。
5. 职业病的概念和分类。

第八节 合同管理及信息管理

一、合同管理的工作范围

(1) 审批工程分包,完成对分包商的业绩、资质及分包内容的审查。

(2) 按照业主的授权,通过规定的程序,发布工程变更指令,并对工程变更进行评估,提出变更方案意见,报业主批准。

(3) 根据合同要求,合理、公正、科学、独立地处理有关工程延期和费用索赔事件,并满足监理工作程序要求。

(4) 定期向业主上报各有关合同的执行情况,包括从资金控制、进度控制、质量控制的角度分析合同执行中可能出现的风险和问题,尽量减少业主被索赔。

(5) 按有关规定程序建立合同文档管理制度,并通过监理记录和监理报告,按统一规定,对合同履行情况进行统计分析,为实现项目的总目标服务。

(6) 施工期间,公正、独立地监督施工合同有关双方有效执行施工合同。

二、合同管理方法

合同管理方法主要包括合同分析、建立合同管理程序和制度、合同文档管理、合同管理措施四个方面。

(一) 合同分析

合同分析的目的是对比分析监理委托合同、施工承包合同,清晰地确定项目监理的服务范围、监理目标,划定监理单位与业主的义务权利界限;划定业主与承包商的义务权利界限,并进行各自范围内的风险责任分析,以便在工程实施过程中进行各方面的控制和处理合同纠纷、索赔等问题。

(1) 分析各个主要的合同事件中,监理、勘测设计单位与施工承包商及业主方之间的义务及责任,各主要合同事件之间的网络关系,建立有关监理工作流程。

(2) 熟悉驻地监理部监理服务内容,并比较与通常的监理服务内容上的异同之处。针对合同专用条款中的细节问题,找出本工程监理难点和重点,并建立相应的监理工作制度。

(3) 分析监理的进度控制目标,将工期目标用图(网络图或横道图)表示出来,并对总进度控制目标进行风险分析和项目分解,找出关键线路和避免风险措施。

（4）分析监理的质量控制目标和所执行的规范标准、试验规程、验收程序，并围绕质量控制目标，制定一系列的合同管理措施。

（5）分析监理的资金控制目标。根据监理投资目标进行阶段性分解和风险分析，并对项目实施中出现的重点和难点，制定有关监理措施。

（6）参与处理业主与承包商的合同纠纷问题，包括仲裁、咨询、诉讼事宜，为业主提供有关支持性的证据。

（二）建立合同管理程序和制度

以合同为依据，本着实事求是的精神，合情合理地处理合同执行过程中的各种争议。

（1）合同管理坚持程序化，如设计变更、延期、索赔、计量支付等都按固定格式和报表填写。合同价款的增减要有根据，工程变更引起的增减、延期等按照业主制定的《合同变更管理试行办法》执行。

（2）承包方应按月或季报送完成工程量结算报表，经监理严格核实、签证后，作为结算工程款的依据报送业主，业主据此签证才可向承包方支付工程款。

（3）协助业主严格审查特殊工程与特种工程的分包单位，做好其分包控制工作。

（4）建立合同数据档案，把合同条款分门别类合理编号，采用计算机检索管理。

（5）监理工程师根据掌握的文件资料和实际情况，按照合同的有关条款，考虑综合因素，完成有关工作之后对变更费用作出评估，并报业主审批。

（6）严格控制工程分包与转让，要求承包商必须执行《工程分包报审程序》，按规定审批工程分包并办理有关手续。

（7）监理工程师根据合同有关规定，督促承包商进行保险并进行检查，掌握工程保险的原始资料及有关证据，协助业主处理好工程保险有关事务。

（三）合同文档管理

在合同文档管理中，就是要使监理工程师能迅速地掌握合同及其变化情况，做到快速便捷地查询，对合同执行过程进行动态管理，并为后期的有关合同纠纷积累原始记录。合同管理的做法如下：

（1）建立科学的文档编码系统和文档管理制度，按文件的来源和类别分类，以便于操作和查询。

（2）合同资料的快速收集与处理。通过建立监理记录和监理报告制度以及资料采集制度，对施工过程文件完成原始记录的积累和保存。

（四）合同管理措施

由于在工程实施过程中会遇到很多不可预见因素，从而出现工程变更、工程延期、费用索赔，甚至引起合同纠纷。因此，合同管理的监控实际上是一个动态过程，必须实行合同跟踪管理，主要合同管理与监控措施有以下几个方面：

（1）建立合同跟踪管理的工作程序及工作制度。通过建立工地例会和工程变更、费用索赔、计量支付等合同管理程序，保证合同顺利执行，降低合同纠纷的发生概率。

（2）对合同实施情况进行跟踪检查。驻地监理通过日常巡视和工地例会，将实际情况和合同资料进行对比分析，找出其中的偏离及其原因，并采取相应措施，使合同管理始终处于受控状态。针对合同中执行过程中出现的重大事件，及时报告业主，并进行协调，通过监理月报，定期将当月合同执行情况及风险分析和预控措施上报业主。

（3）合同变更管理。对工程变更等各种直接构成合同内容变更的信息按相应的工作程序进行处理，并对变更所带来的影响作进一步评估，并报业主审批。

（4）由于在工程变更、工程延期、费用索赔方面易引起合同纠纷，故将严格按规定的工作程序办事，以降低合同纠纷的发生概率。

（5）工程变更管理的程序与措施规定。

1）监理工程师认为有必要根据合同和《工程变更管理试行办法》有关规定，Ⅰ类工程变更时，应经有关部门批准同意。

业主认为需要而提出变更时，监理工程师应根据业主制定的有关规定办理。

设计人认为必要提出变更时，应经业主审批同意，并按合同有关规定办理。

工程变更引起的费用增减，按业主制定的《工程变更管理办法》的规定确定变更费用，报业主审批。

2）变更程序。意向通知由提议工程变更的单位按业主制定的《工程变更管理办法》的规定向指定的接受单位发出变更意向通知。内容包括：

a. 变更的工程项目、部位或合同某文件内容。

b. 变更的原因、依据及有关的文件、图纸、资料。

c. 要求承包商据此安排变更工程的施工或合同文件修订的事宜。

d. 要求承包商向监理工程师提交他认为此项变更给其费用带来影响的估价报告。

e. 资料收集。监理工程师宜指定专人受理变更。变更意向通知发出的同时，着手收集与该变更有关的一切资料，包括：变更前后的图纸（或合同、文件），工程变更洽商记录，技术研讨会记录，来自业主、承包商、监理工程师方面的文件与会商记录，行业部门涉及该变更方面的规定与文件，上级主管部门的指令性文件等。

f. 费用评估。监理工程师根据掌握的文件资料和实际情况，按照合同的有关条款，考虑综合影响，完成下列工作之后对变更费用作出评估：①审核变更工程数量或拟修改的合同文件；②确定变更工程的单价及费率或拟修改合同文件引起的费用。

以上评估结果报业主审批。

g. 签发工程变更令。变更资料齐全、变更价格确定之后，经业主代理批准的变更文件齐全或明确时，监理工程师向承包商发出工程变更令。工程变更令主要包括以下文件：①工程变更令；②工程变更说明；③工程变更费用估计表。

附件包括：变更前后的设计图纸，业主、承包商、监理方面的会议、会商记录与文件，确定工程数量及单价的证明资料等。

（6）工程变更的费用确定。

1）工程数量。监理工程师对工程数量的评审依据应是：①变更通知及变更设计图纸；②监理工程师的现场计量；③价格。

2）按各合同段中原工程量清单内相应单价和费率计算，缺项的单价按批准采用的定额、编制原则、工料价格及中标费率计算，或参考承包商预算及实际支出证明，协商一个价格，并报业主审批。

由于承包商责任造成的或承包商为方便其施工而提出的变更，所增加的费用不予补偿，所节省的费用由业主与承包商协商确定。

三、合同管理的内容

监理工程师应及时向有关单位索取合同副本，详细了解并掌握合同内容，明确各方的责、权、利。对合同进行跟踪管理，随时检查合同有关的执行情况，及时、准确地向有关部门反映合同执行过程中的信息。合同管理主要进行工程变更、工程延误、费用索赔、违约赔偿、争端与仲裁等方面的工作。检查质量、进度、投资是否按合同的要求执行。

（一）质量方面的合同管理

检查工程所采用的材料、设备、机械、半成品、构件是否满足合同规定及有关质量标准的要求，施工中严格按照合同规定的规范、规程监督核验施工单位的质量，验收隐蔽工程与分部工程。

（二）进度方面的合同管理

督促施工单位提出进度计划并审批。认真审核设计变更与技术洽商，防止因此导致工期延误与投资增加。收集进度情况，进行施工实际进度与计划进度的比较、分析，提出提前工期的合理化建议。准确及时向业主提供进度信息，定期召开落实工期会议，进行动态管理。

（三）投资方面的合同管理

严格审核月进度报表、工程变更签证。

（四）工程变更方面的合同管理

1. 工程变更的准则

按照规定的程序在授权范围内发出工程变更指令，对变更工程进行评估，测算变更工程量的比率和价格，提出方案的取舍意见，按程序经批准后实施。未经批准而实施的工程变更不得予以计量。

根据授权范围和施工合同对签证工程量必须确保数量的真实准确无误，并按有关管理规定办理手续。

2. 工程变更的评估

无论任何方面提出或要求对部分工程进行变更，包括设计人、业主、监理人或承包商，监理人将首先对任何工程变更在技术、合同费用、商务和对工期的影响等方面进行综合评估，并向业主提交评估报告：

（1）对变更工作的必要性、可行性与可靠性进行技术评估。

（2）对变更工作的工程量清单及其估价进行复核，估算变更的合同价款。

（3）分析变更工程的施工程序和施工方法对合同工程施工的总的影响，尤其是资源的平衡和可能出现的施工干扰。

（4）如果采用费用换工期的方法对工程进行变更，应评价增加的费用与提前的工期之间的合理性和经济性分析。

（5）分析变更工程的施工进度计划对中间和最终完工日期的影响。

（6）分析工程变更可能导致的索赔以及可能存在的对其他工程或承包商施工的影响而带来的潜在索赔。

（7）工程变更后的利弊得失综合分析评价。

最后，由业主或被业主授权的监理人确定是否需要变更。

3. 工程变更的程序

如果工程变更得到业主的批准，那么工程变更将按照下列程序进行：

（1）监理方向承包商发布文函，通知承包商工程变更的范围和内容以及其他实施变更工程所需的资料。

（2）针对变更的工程，监督承包商制订施工程序、施工方法和施工进度，并说明工程变更将可能对进度或完工工期的影响，并对变更的工程进行估价，包括变更工程本身的价格和可能产生的其他费用。

（3）监理人与承包商或业主就变更工程的价款进行协商。

（4）如果不能与承包商就变更的价格达成一致，监理人应会同业主，确定变更工程的价格，此价格即为监理人确定的价格。

（5）监理人发布变更令，指示承包商进行变更工程的施工。

4. 工程变更的基本原则

（1）工程变更后不应降低工程的质量标准，也不应影响工程交付使用后的运行管理或使用功能的正常发挥。

（2）变更后的工程应技术可行，安全可靠。

（3）工程变更有利于施工，尽可能不造成施工程序和施工方法的重大变化，尤其应避免因变更导致出现投标文件或技术规范中没有的施工工艺。

（4）工程变更尽量不导致合同价格的增加，费用换工期的工程变更也应经济合理。

（5）工程变更尽可能减少对后续施工或其他承包商的施工的不良影响，不应对合同控制性工期产生不良影响。

（6）工程变更不应引起承包商的高额索赔，或产生可能导致高额索赔的潜在因素和现实事实。

5. 变更工程价格的确定

变更工程的价格由监理人与业主、承包商协商确定，并将遵循下列基本原则：

（1）变更支付项目的划分上，首先应与工程量清单上已经列出的支付项目相一致或类似，在可能的情况下不要采用与清单支付项目差别很大的新增支付项目。

（2）对于工程量清单中已经列出的支付项目，并且施工方法、施工条件和设备的投入相差基本相同，建议采用工程量清单中的对应项目的单价或价格。

（3）如果在工程量清单中有相同或类似的项目，或相同项目在施工方法、施工条件和设备的投入存在一定的差别，应以工程量清单中的对应项目的单价或价格为基础，结合施工方法和施工条件进行调整，确定变更工程的单价或价格。

（4）对于在工程量清单中没有列出的支付项目，或类似项目在施工方法和条件上存在显著差别导致单价或价格明显不合理或不适用，为新增支付项目，应以有关价格为基础由监理人与承包商协商确定变更工程的单价或价格。

（5）对于工程量清单中载明但工程量发生大幅度增减（幅度达到清单工程量的30％或以上）的项目，应根据合同文件规定的方式确定单价。

如果承包商与业主和监理人不能就变更工程的单价或价格达成一致，则由监理人确定变更工作的单价或价格，并通知业主和承包商，作为变更工作支付的依据。

6.变更令的颁发

为了便于合同的管理或对变更的费用进行控制，监理人将发布变更令，确认监理人与业主和承包商就变更工程协商的成果，或记录在协商不能取得一致后监理人最终确定的变更价格，变更令应由业主和承包商的授权代表共同签字确认。

（五）工程延期方面的合同管理

应根据施工合同有关工期的约定严格控制工期，做好预防工作，审查承包人的延期申请范围、内容和对整个工程的影响程度，无论是临时的工程延期或最终的工程延期须报业主批准。

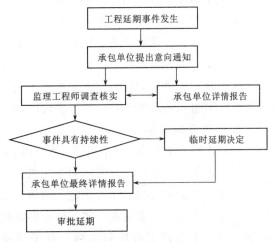

图4-1 工程延期审批程序

1.审批程序

工程延期审批程序见图4-1。

2.审批原则

合同条件：导致工期拖延的原因确实属于承包方自身以外的，否则不能批准为工程延期。这是审批工程延期的一条根本原则。

影响工期：发生延期事件的工程部位，无论其是否处在施工进度计划的关键路线上，只有当所延长的时间超过其相应的总时差而影响工期时，才能批准工程延期。

实际情况：工程延期必须符合实际情况，要对施工现场进行详细考察和分析，并做好相关记录，为合理确定工程延期时间提供可靠依据。

3.处理

拒绝签署付款凭证：当承包方施工进度落后既不执行监理工程师要求调整的指令，又不采取积极措施时，可以此来制约承包单位。

误期损失赔偿：当承包单位未能按合同规定的工期完成合同范围内的工作时对其的处罚。

取消承包资格：如果承包单位严重违反合同，又不采取补救措施，则业主为了保证合同工期有权取消其承包资格，但这种严厉处罚措施一般不轻易采用，在进度控制中最好也不要走到这一步。

（六）合同费用索赔

1.合同索赔的准则

根据合同受理或驳回承包人向业主的索赔，其主要工作内容有：在承包人提出索赔申请后，监理工程师根据合同对索赔申请的理由及各项记录进行认真客观的审核与证实。对索赔理由成立的按规定程序报告业主。

对业主向施工单位提出索赔时，项目监理机构必须公正、忠实地维护业主的利益。

2. 合同索赔的处理程序

无论是承包商向业主索赔，还是业主向承包商索赔，监理人在收到索赔报告后，将在对索赔的事实依据进行审查、复核、分析和评价的基础上，起草索赔评价报告，由总监理人审查后主持召开会议，就索赔报告的评价与业主协商，并根据业主的意见对索赔评价报告进行修改并通知承包商。

在通知双方后，总监理人将主持会议，就索赔事项与承包商和业主进行谈判或协商，如果在业主与承包商之间达成一致，监理人将拟订报告，通知业主和承包商，并在随后的中期支付中将承包商应得到的补偿费用支付给承包商，或将业主应得到的费用从给承包商的付款中扣除；如果协商未能达成一致，监理人将根据双方的申述和索赔评价报告，作出监理人决定，并连同索赔评价报告一起分别送达业主和承包商。

如果业主或承包商任何一方对监理人的决定存在质疑，应书面通知监理人，在这种情况下，索赔事项将成为争议，并按争议的解决办法进行处理。

3. 合同索赔评价

监理人将本着实事求是的原则，以合同为准绳，以事实为依据，站在公正的立场上进行索赔的评价。在索赔评价工作初步完成后，首先将与业主协商，征求业主的意见，以形成能为业主所能接受的监理人决定。然后，监理人应就索赔事件的任何疑问在业主和承包商之间友好协商，力求达成一致，使合同索赔得到公正、合理并使双方都能满意或接受的解决，以利于合同工程顺利实施。对于任何索赔报告，将按下列要求进行审查并作出评价：

（1）索赔报告是否在合同规定的时间内提出，否则监理人将确定合同索赔超过了时效而予以拒绝。

（2）造成损失或延期的事实是否真实可靠，符合工程的实际状况。

（3）合同索赔要求是否与合同条款的规定一致，确定索赔要求中按照合同文件的规定可以索赔的项目。

（4）对索赔的支持文件逐一进行调查、核实、取证、分析和论证，分析所提供的证据是否真实、合法、有效，从而确定能够支持索赔的有效证据，对其他证据的无效性提出充分的理由和证据进行论证。

（5）分析索赔事件产生的原因以及对责任或风险的分析是否正确合理，确定能够进行索赔的事实以及责任或风险的分配。

（6）对工期延长计算书中的工时工效、工期计划、关键路线分析和工期计算成果合理性进行分析和评价，提出应延长的中间或最终完工日期的初步意见。

（7）对索赔的费用计算依据、计算方法、取费标准及计算过程及其合理性逐项进行审查，提出合理赔偿费用的初步意见。

在索赔评价过程中，如果分析确定承包商的索赔要求是因下列原因提出的，应予以明确拒绝：

1）承包商在投标时低价竞争而导致亏损或价格的明显偏离。

2）承包商因设计失误、计划不周、管理不善导致工期延误或费用增加。

3）因承包商或其分包商的责任，或承包商与其分包商之间的纠纷或合同争端所导致的工期延误或费用增加。

4）因承包商采用不合格的材料、设备或质量缺陷，或因承包商的责任而导致发生的质量和安全事故，或其他违约或违规行为，被监理人指令停工、返工、重建或重置所导致的工期延误或费用增加。

5）索赔事件发生后，承包商未努力或及时采取有效的措施补救或减轻损失而导致事态扩大。

6）因承包商违反国家法律、法令或行政法规的行为而导致的工期延误或费用支出。

7）由于承包商未按开工令的指示及时开工、施工资源投入不足、准备工作不充分、施工材料供应不及时、施工组织管理不善、施工效率降低、分包人的实施不利等导致工期延误。

8）施工合同文件规定应由承包商承担的责任与风险所导致的工期延误或费用增加。

9）非关键线路上项目的工期延误但未对关键线路上的项目的工期造成影响，或合同文件中明示或隐含的不能请求延长工期的工期延误。

10）业主决定要求承包商采用加速赶工措施追回延误的工期，并决定给予经济补偿且已被承包商所接受。

在进行评价的基础上，监理人将起草索赔评价报告，作为与业主和承包商双方协商的基础。

4. 监理人决定

如果监理人在与业主或承包商协商后未能就索赔达成一致意见，监理人应以合同索赔评价报告为基础，参照在协商过程中双方陈述的意见，最终作出监理人决定，送达业主和承包商。

（七）合同争议

1. 合同争议的准则

在委托的工程范围内，业主或第三方对对方的任何意见和要求（包括索赔要求），均必须首先向监理工程师提出，由监理工程师研究处理意见，再同双方协商确定。当其双方的争议由政府建设行政主管部门或仲裁机关进行调解和仲裁时，监理工程师应当提供作证的事实材料。

对于仲裁、咨询、诉讼事宜，项目监理机构应及时了解合同争议的全部情况，包括调查取证，协助业主在开庭、仲裁、咨询之前，提供支持性的证据，并根据业主需要，为处理和执行有关的任何事件出席法庭。支持性证据应该包括足够的材料来阐明承包商控告的性质和当时的情况，以及关于该纠纷双方应承担的义务的实质内容。在项目管理日记中应该详细记载有关工程中承包人的施工情况，并包括可能涉及的设备或材料以及工程进展的情况。

2. 监理人的处理程序

在合同工程的实施过程中，如果业主和承包商之间就合同事项发生争议，监理人将充当初期裁决人或全过程调解人的角色。监理人将采用下列的程序对合同争议进行裁决或调解：

（1）施工方将请求决定的通知提交后，监理部将组成争议评价小组。

（2）起草评审大纲，分派小组成员的工作。

（3）评价对请求监理人决定的争议进行审查、分析、评价和论证，并且根据需要，要求主张方提交进一步的补充资料。

（4）监理人提出建议，由总监审查后与业主交换意见。

根据与业主交换的情况作出监理人决定，通知业主和承包商。

3. 争议的评审

对于任何合同争议，监理人将本着实事求是的态度，公正处理工程实施过程中发生的各种争议，维护双方的正当权益，以合同和事实为依据作出决定，并在合同规定的时间内发送给双方。在整个工程实施期间，只要争议没有得到最终解决，无论该争议是否已经提交给了争议评审专家或专家小组，还是是否已经提交仲裁或诉讼，监理人应寻找一切有利的时机与业主和承包商进行协商，在双方之间斡旋，促使争议的友好解决。

监理人将在合同规定的时间内对请求监理人决定的事项进行评审。

（1）主张方请求监理人决定的事项所依据的合同条款是否正确。

（2）对支持主张方立场的文件逐一进行调查、核实、取证、分析和认证，分析提供的证据是否真实、合法、有效，是否能够证明请求内容成立。

（3）通过对争议事项的历史调查，分析争议事项产生的原因、风险或责任在合同双方的分配。

（4）对请求监理人决定中的有关费用计算的依据、计算方法、取费标准及计算过程及其合理性逐项进行审查。

（5）对请求监理人决定中的有关工期延长计算书中的工时工效、工期计划、关键路线分析和工期计算成果合理性进行分析审查。

在上述评审完成后形成监理人的争议评审报告，在监理人与业主就争议评审报告交换意见后，作出监理人决定，并通知业主和承包商。

4. 争议的后期裁决

如果合同的任何一方将争议的事项提交给争议评审专家或专家小组，或者提交仲裁或诉讼，监理人将根据业主的要求进行下列工作：

（1）收集任何与争议事项有关的资料和证据，从中选择支持业主立场的资料和证据，协助业主起草听证会的立场报告。

（2）准备与争议事件有关的充分的资料、监理人的记录或证据，出席听证会并应听证人员的安排或业主的要求提供证据。

（3）在业主与承包商之间寻找一切机会，尽任何可能的努力，传达双方的任何和解的意向或信息，说服双方均作出可能的让步，促使争端的友好解决。

（八）违约事件

如果按照施工合同文件的规定，因承包商的无能、疏忽、失职、故意行为导致违约，监理人将根据工程施工合同的规定采取下列措施进行处理：

（1）在及时进行查证和认定事实的基础上，对违约事件的后果作出判断。

（2）发出书面指示，指令承包商尽快予以弥补和纠正。

（3）发出口头或书面违规警告，责令承包商限期改正，避免引发更严重的无法挽回的后果或损失。

（4）确定因承包商违约对业主造成的损失，办理合同规定的对承包商的经济处罚或业主对承包商的合同索赔支付。

（5）如果承包商无能力进行或不愿意进行应由承包商完成的紧急或补救工作，业主雇佣他人去进行时，应向承包商索回这项费用。

（6）经与业主协商后，对承包商违约采取重大行动，协助业主进入进驻现场并接管工程，终止与承包商的合同，指示承包商向业主转让合同利益，办理并签发或部分中止合同的支付。

四、信息管理概述

在建设监理工作中，信息是实施监理目标控制的基础，是监理决策的依据，也是监理工程师做好协调组织工作的重要媒介。信息管理的目的是通过有组织的信息流通，使决策者能及时、准确地获得相应的信息，以作出科学的决策。信息管理主要有下列内容。

（一）监理工作中的信息流程

信息流程反映了工程项目建设中各参加部门、各单位间的关系。为了保证监理工作顺利进行，必须使信息在工程项目管理的上下级之间、内部组织与外部环境之间流动。建设工程参建各方信息关系流程图，如图4-2所示。

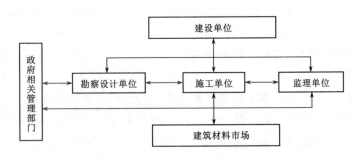

图4-2 建设工程参建各方信息关系流程图

在信息管理中，一方面应使指令具有唯一性和对等性，另一方面又应层次精简、信息灵通、管理高效。

（二）收集监理信息

信息管理工作的质量好坏，很大程度上取决于原始资料的全面性和可靠性。因此，施工监理应有一套完善的信息收集制度，保证信息采集及时、全面和可靠。

1. 建立项目监理的记录

包括现场监理人员的日报表，每日的天气记录，工地各专业监理人员日志、巡视记录、旁站监理记录，监理月报，监理工程师对施工单位的指示，工程照片、电子文件，材料设备质量证明文件、样本记录等。

2. 会议制度

按照要求，由总监理工程师定期主持召开工地协调会议，并根据工作需要，不定期地召开工地会议，完善会议制度，便于信息的收集、传递。

3. 报表制度

项目监理部信息管理工程师和专业监理工程师完成各类报表信息的分类、整理、收集、汇总、存储以及传递工作，并按照信息的不同来源和不同的目标建立信息管理系统。

4. 保密制度

（1）为保守国家秘密，维护国家、业主的安全和利益，保障工程建设顺利进行，依照《保密法》结合公司具体情况制定。保守国家秘密，是监理公司的一项重要任务，也是全体员工应尽的义务。

（2）监理公司及现场监理加强对保密工作的领导和管理，广泛开展保密法规教育，提高全体员工对保密工作的认识，树立保密观念和法制观念，防止泄密事件发生，确保国家、公司、业主及相关单位的秘密安全。

（3）图纸、文件、资料由项目部做好收发、登记、分类、归档工作。

（4）秘密文件、资料在传递过程中，必须履行交接签字手续，阅办文件应在办公室，不准带回家或公共场所，阅办完毕后及时退还。

（5）对涉及本工程的资料（包括拟文、摄影、录像、编辑、审核、签发、打印、复印、校对、发行等）有关人员应严审保密纪律，不准扩散。凡涉密资料，不准公开张贴、张挂，不准放在办公桌上或无锁的抽屉内，不准扩大保密范围公开使用。

（6）监理机构人员调整时，应对秘密文件、资料办理交接手续。必须将承办、使用和保存的秘密文件、资料及保密手册全部清退，个人不得带走。

（7）需要处理和销毁的文件，如图纸资料、内部刊物、各类账目、报表等送保密部门统一使用碎纸机粉碎。

（8）会议保密。召开涉及本工程秘密的会议，会场必须具备保密条件，专人履职保密工作，规定秘密纪律，严禁无关人员进入会场，召开涉及本工程秘密的会议严禁使用无线话筒或私自录音。会议记录、录音应确定专人妥善保管。参加会议人员使用保密手册记录，并严守秘密，任何个人不得外传或向亲戚朋友和家属子女透露。

（9）宣传报道中的保密。宣传报道工作必须从国家、业主及相关单位的利益出发，既要搞好宣传工作，又要确保秘密安全。不准在公开发行的报刊、书籍、电视、广播、电视、录像、展览中宣传报道秘密事项和工作内部保密事项。项目部的重大决策、管理制度、工程情况等事项，在对外发表、交流、介绍、展览前须报项目总监审查批准，国内新闻记者来工程项目部采访撰写的稿件、录音、录像等，项目部必须进行保密审查，把住泄密的关口。

（10）通信保密。不准在无保密措施的通信设备上传递信息。使用电话，网络或其他通信工具时，要采取严格保密措施。

（11）电子计算机信息的保密，凡存储有秘密事项的电子计算机应专人管理，并加设密码，其他人员不准接触或调用计算机存储的内容。加强对计算机数据载体（磁介质和打印纸张）的管理，不准携带或邮寄出去。使用电子计算机时，凡秘密数据的传输和存储应采取相应的保密措施。严格遵守计算机系统口令使用规定。

（12）保密查处。坚持保密检查，查秘密文件、资料管理以及防范措施。发生泄密案件及时报告有关领导，有关领导接到报告应立即查处。对发生泄密案件故意隐匿不报或延误报告时间，以致影响查处工程的正常进行，或者影响采取补救措施的，根据其造成损失的情况，要严肃追究经办人和有关领导的责任。

（三）信息的分析和处理

对于工程信息，重在分析、处理，加以利用，以便指导施工，改善和加强工程管理，项目监理部对工程信息采取分析和处理的方法包括：

（1）分析收集到的信息的真实性、准确性、全面性。

（2）对工程信息资料归类整理，作数理统计和回归分析。

（3）对工程信息资料进行前后对比，作纵横向比较分析。

（4）对经过分析确认准确有效的信息资料，及时反馈，指导施工，充分总结信息处理的经验和教训，结合预测，做好施工技术方案的优化改进。

（5）对反馈的处理信息，仍要跟踪监测、检查其对施工指导的实效性。

（6）对信息分析、处理的过程实现制度化、程序化，特别注重时效性。

（7）严格规范信息分析和处理的全过程。

五、文件资料管理

工程监理资料是监理单位在工程项目实施监理过程中形成的各种原始记录，它是监理工作中各项控制与管理工作的依据和凭证，反映监理人员的素质和项目监理部的管理能力和管理水平。

完整、准确、真实和及时是监理资料收集工作的四个要点，管好工程项目的监理资料，并将它整理成一套监理工作档案，是项目监理部的一项重要任务，也是每一位监理人员的基本职责。

项目监理部总监理工程师在施工监理交底会上，应向承包单位交待如何执行《建设工程监理规范》关于监理资料的报审，明确各种监理资料的报验程序，各种报表的报送日期、内容填写要求等，并要求承包单位严格遵照执行。

（一）资料管理责任、分工

（1）项目监理部的资料管理工作由项目总监理工程师负总责，各专业监理工程师分工负责，由总监理工程师指定人员专任资料管理员，负责实际管理工作。

（2）项目监理部应随着工程的进展不断积累监理资料，并随时进行整理和编审。工程竣工后一个月内由总监理工程师组织项目监理部门人员对监理资料进行整理、编审和装订工作，由总监理工程师签字后移交公司档案资料部门保管备查。

（二）监理表格的使用、填写与审批

监理工作中使用的表格共分为以下几种：

（1）水利工程建设监理规程规范中使用的表格。

（2）水土保持工程验收规范中使用的表格。

（3）《水土保持工程建设监理规范》（SL 523—2011）中使用的表格，具体包括：

1）施工单位用表目录，应包括下列内容：①SG1 工程开工报审表；②SG2 工程复工报审表；③SG3 施工组织设计报审表；④SG4 材料/苗木、籽种/设备报审表；⑤SG5 监理通知回复单；⑥SG6 工程报验申请表；⑦SG7 工程款支付申请表；⑧SG8 索赔申请表；⑨SG9 变更申请表；⑩SG10 工程竣工报验申请表；⑪SG11 水土保持综合治理工程量报审表；⑫SG12 骨干坝工程量报审表。

2）监理机构用表目录，应包括下列内容：①JL1 工程开工令；②JL2 监理通知；③JL3 工程暂行施工通知；④JL4 工程款支付证书；⑤JL5 索赔审批表；⑥JL6 工程验收单；⑦JL7 监理工作联系单；⑧JL8 监理日记；⑨JL9 水土保持综合治理工程监理表；⑩JL10 骨干坝监理表；⑪JL11 治理面积现场核实记录表；⑫JL12 林草措施成活保存率核查表；⑬JL13 监理资料移交清单；⑭JL14 会议纪要。

（三）监理资料的归档管理

单位工程竣工后，项目监理部按《建设工程文件归档管理规范》（GB/T 50328—2019）的规定进行资料整理、组卷，准备办理归档移交手续。

归档资料的内容包括：

（1）监理委托合同。

（2）工程项目监理机构（项目监理部）及负责人名单。

（3）监理规划及监理实施细则。

（4）月报中的有关质量问题。

（5）监理会议纪要中的有关质量问题。

（6）进度控制。

1）工程开工/复工审批表。

2）工程开工/复工暂停令。

（7）质量控制。

1）不合格项目通知。

2）质量事故报告及处理意见。

（8）监理通知。

1）有关进度控制的监理通知。

2）有关质量控制的监理通知。

3）有关造价控制的监理通知。

（9）合同与其他事项管理。

1）工程延期报告及审批。

2）费用索赔报告及审批。

3）合同争议、违约报告及处理意见。

4）合同变更材料。

（10）监理工作总结。

1）专题总结。

2）月报总结。

3）工程竣工总结。

4）质量评价意见报告。

各项归档资料均应填写目录

归档资料移交应有移交手续。交建设单位2套普通文字资料、2套电子资料。

六、项目监理内部资料的管理

水土保持监理单位应按照项目竣工验收备案制度的文件要求，完成监理内部和与项目有关的资料收集、整理和审查工作。

（一）监理内业资料的管理

（1）监理内业资料内容。具体包括：

1）前期内业：包括承包合同、施工组织设计、工程预算、施工许可证、开工报告、管理人员名单和分工、安全施工许可证。

2）轴线和标高的测量交接资料。

3）各种材料、设备和构配件的出厂合格证、试验报告、进场验收登记表。

4）设计图会审纪要及工程变更文件。

5）施工方案和技术质量交底书、方案材料核查表、钢筋抽检表。

6）原材料试验检验报告，施工记录和弯沉测试记录报告，分批质量评定表，必要的现场试验报告。

7）分部工程质量评定表和隐蔽验收检查证。

8）承包单位对监理联系通知单的书面回答。

9）安全交底书和安全问题处理记录，安全和质量事故报告及处理意见。

10）竣工图、竣工报告、验收和各项记录报表、验收证明、保修合同。

11）甲乙双方来往文件及其他。

12）工程质量评估报告。

（2）承包单位应有专人整理内业，在工地分类建册，随时备查。

（3）施工内业应做到及时、准确、完整，不得后补、编造和缺项，各级责任人要签字负责。监理工程师在核验各单元工程时，应先检查内业合格再检查外业，内外业均合格方可签字认可。

（4）监理工程师应随时检查施工单位的内业，各专业监理工程师根据工程进度，最少每月检查一次内业，总监理工程师应每月抽查一次内业。检查内业所发现的问题应立即书面通知承包单位，督促承包单位及时改进或补齐。

（二）工程项目竣工验收资料的管理

1. 工程项目竣工验收资料审查的内容

（1）工程项目开工报告。

（2）工程项目竣工报告。

（3）分部工程和单位工程技术人员名单。

（4）图纸会审和设计交底记录。

（5）设计变更核定单。

（6）技术变更核定单。

（7）工程质量事故发生后调查和处理资料。

（8）水准点位置、定位测量记录、沉降及位移观测记录。

（9）材料、设备、构件的质量合格证明资料。

（10）试验、检验报告。

（11）隐蔽验收记录及施工日记。

（12）竣工图及设计变更通知单。

（13）质量检验评定资料。

（14）工程竣工验收报告。

2. 工程项目竣工验收资料的审核

（1）材料、设备、构件的质量合格证明材料。这些证明材料必须如实地反映实际情况，不得擅自修改伪造和事后补作。

（2）试验检验材料。各种材料的试验检验资料必须根据规范要求制作试件或取样，进行规定数量的试验。

（3）检查隐蔽工程记录及施工记录，隐蔽工程必须按规定程序办理验收签证。

（4）审查竣工图。

1）监理工程师必须对竣工图绘制基本要求进行审核。

2）审查承包单位提交的竣工图是否与实际情况相符。

3）竣工图是否整洁，字迹是否清楚，是否用圆珠笔或其他易于褪色的墨水绘制，若是则必须要求承包单位按要求重新绘制。

4）审查时发现竣工图不准确或短缺时，及时要求承包单位采取措施修改和补充。

3. 工程项目竣工验收资料的签证

专业监理工程师审查承包单位提交的竣工资料之后，认为工程符合合同及有关规定，且准确完整真实，总监理工程师便可签证同意竣工验收的意见。

思 考 题

1. 工程竣工验收资料审查的内容主要有哪些？

2. 工程监理资料归档的内容是什么？

3. 工程合同管理的方式有哪些？

4. 监理机构的信息管理制度有哪些？

5. 工程信息管理的方式有哪些？

6. 监理日志应符合哪些规定？

7. 档案管理应符合哪些规定？

8. 监理人应有哪些合同管理义务？

第九节 组 织 协 调

水土保持工程项目内部的组织关系是由业主、施工单位（含分包单位）、设计单位、监理单位等组成。由于工程各方的分工任务不同和相互利益制约关系，在实施过程中难免产生分歧和合同纠纷。从项目外部关系来看，由于施工对周边环境影响较大，同时存在管线与障碍物、交通疏导等问题，因此与上级政府主管监督部门、规划部门、水管部门、公用事业部门、市政部门以及周边相邻单位存在着协调控制、监督、支持和帮助的关系。监理项目部在工程施工阶段进行的协调工作，主要是指当工程施工过程中在各个施工阶段以及在各个专业之间出现各种矛盾时，还有当工程项目与周边环境以及与工程外部相关单位出现矛盾时，主持或协助业主进行各种各样的协调工作，以保障工程能按照合同规定顺利竣工。

一、组织协调的方法

由于在工程项目监理过程中协调工作内容贯穿于各个阶段、各个层次和各个系统，且有的无章可循，这就使监理工程师在协调的方法上要因人、因地、因条件等不同因素采用不同的协调方法。在工程开工前，监理机构应依据监理合同和施工合同，建立协调制度，明确协调的程序、方式、内容和责任。

一般常用的方法有下列几种：

（一）会议协调法

会议协调法是工程建设监理过程中协调最常用的重要方法。凡涉及协调工作的人员或单位，在一起开会共同协商，在充分讨论的基础上取得一致，使问题得到解决。运用这种方法应提高会议的效率，善于化解阻碍会议成功的行为，调动促进会议成功的因素。一旦形成协调结果，大家彼此互为监督，协调效果明显。

协调监理部内部关系，由总监定期或不定期召开碰头会，解决交叉问题和相互矛盾是有效的办法。一个较大项目的监理机构往往由数十名人员组成，且每个人专业、年龄、性格、经历、习惯均不相同，对某一问题的认识和尺度掌握也不一样，且很多是专业交叉作业，这就要求监理内部首先要统一、要协调，否则会导致工程无法顺利进行，同时也损害监理单位的形象。如每天班前或班后会，解决难点问题，每周监理例会前召开准备会，交流情况，布置工作，对有关问题进行协商，统一内部意见和认识，向有关单位提出明确的要求和意见，决定会议的主要内容及会议程序。

在协调各有关单位的关系上，可视不同工程、不同进展情况促成相关单位间的协调会，应于会前明确主持单位和主持人，若与会各方均要求监理方主持，总监应掌握各方的期望目标，预期其成果，明确自己被授权和认可的范围。

监理项目部在本工程建设监理中，将积极协助业主建立例会制度，及时召开工程会议，协助业主协调好工程建设各方关系，解决建设中各种问题，使工程建设能顺利进行。监理机构应建立会议制度，协调会议包括第一次工地会议、例会和专题会议。总监理工程师一般应主持建设各方工作协调会。

（1）第一次工地会议。第一次工地会议是在工程开工前，就工程开工准备情况进行检查，介绍各方负责人及其授权人和授权内容，沟通相关信息。第一次工地会议的具体内容可由有关各方会前约定。由总监理工程师或总监理工程师与建设单位负责人联合主持召开。

（2）例会。总监理工程师应定期主持召开由参建各方有关人员参加的会议，通报工程进展状况，分析当前存在的问题，提出问题的解决方案，并检查上次例会中有关决定的执行情况。

（3）专题会议。总监理工程师应根据需要，主持召开专题会议，以研究解决施工中出现的技术问题和涉及索赔、工程变更、争议等问题。

总监理工程师应编写各种协调会的会议纪要，在有关各方签字生效后，监督实施。

会议的形式与内容如下：

1. 第一次工地会议

（1）会议的组织。会议在建设工程尚未全面展开前由建设单位主持召开，这是履约各方相互认识、确定联络方式的会议。会议参加人员有监理单位、总承包的授权代表参加，也可邀请分包单位参加，必要时邀请有关设计单位人员参加。此次会议可以检查开工前各项准备工作是否就绪并明确监理程序。

（2）会议内容。介绍工程各方现场职能机构、职责范围、主要人员名单、分工及联系方式；业主方代表根据监理合同宣布对总监理工程师的授权；业主方代表介绍工程开工准备情况；承包人介绍施工准备情况；业主方和总监理工程师对施工准备情况提出意见；总监理工程师介绍监理规划，监理部组成与监理职责；研究确定参加工地例会的主要人员及召开例会的周期。

2. 工地例会

（1）会议的组织。工程开工后，每周召开一次；会议由总监或其委托人主持；会议参加人员有业主代表、承包人及分包人项目经理及其他有关人员、项目有关的监理人员，需要时，还可邀请其他有关单位代表参加。

（2）会议的主要议题。对上次会议存在问题的解决和纪要的执行情况进行检查；工程进展情况；对下月（或下周）的进度预测及其落实措施；施工质量、加工订货、材料质量与供应情况；质量改进措施；有关的技术问题；索赔及工程款支付情况；需要协调的有关事宜。

（3）会议纪要。由项目监理机构起草，经与会各方代表会签后分发给有关单位。

3. 专业性监理会议

（1）根据实际需要召开。

（2）会议由监理工程师主持。

（3）根据会议需要来决定参加会议的人员。

（二）交谈协调法

在工程实践中，并不是所有问题都需要开会来解决，有时可以采用"交谈"这一方法。交谈包括面对面的交谈和电话交谈两种形式。无论是内部协调还是外部协调，这种方法使用频率都极高，其作用在于：

（1）保持信息畅通。由于交谈本身没有合同效力，并具有方便性和及时性，所以建设工程各方之间及监理机构内部都愿意采用这一方法进行。

（2）寻求协作和帮助。在寻求别人帮助和协作时，往往要及时了解对方的反应和意见，以便采取相应的对策。另外，相对于书面寻求协作，人们更难拒绝面对面的请求。因此，采用交谈方式请求协作和帮助比采用书面方法实现的可能性要大。

（3）及时发布工程指令。在实践中，监理工程师一般都采用交谈方式先发布口头指令。这样，一方面可以使对方及时地执行指令，另一方面可以和对方进行交流，了解对方是否正确理解了指令。随后，再经书面形式加以确认。

（三）书面协调法

当会议或者交谈不方便或不需要时，或者需要精确地表达自己的意见时，就会用到书面协调的方法。书面协调方法的特点是具有合同效力，一般常用于以下几方面：

（1）不需要双方直接交流的书面报告、报表、指令和通知等。

（2）需要以书面形式向各方提供详细信息和情况通报的报告、信函和备忘录等。

（3）事后对会议记录、交谈内容或口头指令的书面确认。

（四）访问协调法

访问协调法主要用于外部协调中。监理工程师在建设工程施工前或施工过程中，可以用走访的形式对与工程施工有关的各政府部门、公共事业机构或工程毗邻单位进行访问，向他们解释工程的情况，了解他们的意见。另外，监理工程师还可以邀请上述各单位及业主代表到施工现场对工程进行指导性巡视，了解现场工作。因为在大多数情况下，这些有关方面并不了解工程，不清楚现场的实际情况，如果进行一些不恰当的干预，会对工程产生不利影响。这个时候，采用访问法可能是一个相当有效的协调方法。

（五）情况介绍法

情况介绍法通常是与其他协调方法紧密结合在一起的，它可能是在一次会议前，或是一次交谈前，或是一次走访前向对方进行情况介绍。形式上主要是口头的，有时也伴有书面的。介绍往往作为其他协调的引导，目的是使别人首先了解情况。因此，监理工程师应重视任何场合下的每一次介绍，要使其他人能够理解介绍的内容、问题和困难和想得到的协助等。

总之，组织艺术是一种管理艺术和技巧，监理工程师尤其是总监理工程师需要掌握领导科学、心理学、行为科学方面的知识和技能，如激励、交际、表扬和批评的艺术、开会的艺术、谈话的艺术、谈判的技巧等。只有这样，监理工程师才能进行有效的协调。

协调的方法有很多，监理工程师应掌握如下几个协调的基本原则：

（1）坚持以合同为依据，分清责任，使双方在新的基础上达到工作上的协调一致。

（2）站在公正的立场上，以理服人。

（3）决策果敢，抓大放小，有权威性，不怕影响关系。

（4）双方本着有利于工程建设的原则做出一定的让步才能达到新的协调。

监理工程师要作合作协调的表率，冷静地考虑自己在矛盾中的各种行为，如自己原因应及时地予以纠正，主动向有关方面和人员说明情况，取得对方的谅解和信任，若对方有问题，应有豁达大度的素质，不计小事，从而保障工程项目监理任务的完成，达到预期目标。

二、内部组织协调的措施

（1）在驻地监理部明确驻地总监理工程师负责制。由驻地总监明确内部各级监理人员的岗位职责和控制目标，做到事事有人管，人人有专责，并以规章制度的形式做出明文规定。

（2）驻地监理内部在人员分工上量才录用，做到人尽其才，防止不胜任和忙闲不均的现象。

（3）驻地总监要实事求是评价各级监理人员，并恰如其分地处理内部矛盾，保持驻地监理内部团结、和谐的气氛。

（4）建立监理内部信息沟通制度。通过内部的每周工作例会、业务碰头会，以发会议纪要和采用工作流程图的方式沟通信息。

（5）驻地总监根据工程实施的不同阶段，调整内部人、财、物的需求，通过抓关键和主要矛盾来实现各专业人员间的调度配合。

三、外部组织的协调的措施

（1）以工程建设大局为重，以系统的观点和方法统筹兼顾，全面协调安排本工程监理工作，配合、支持和促进工程建设。

（2）本着实事求是的精神，采取以诚相待态度，在互相尊重、互相配合、互相支持的原则下，公平合理协商解决各种关系问题。

（3）发扬热情服务、刻苦勤劳的工作作风，积极参与，不断努力，采取灵活多变的方式和策略，通过主观努力实现各种关系问题的顺利及时解决。

（4）施工准备阶段，通过调查、研究，反复知会、洽谈、商议等方式，由驻地总监协助业主落实开工前的各项准备工作，并取得政府各职能部门的支持。

（5）施工阶段，通过工程监理例会等方式，协调好业主与承包商之间关于进度、质量、支付、工程变更、合同纠纷等一系列问题，并使协调工作制度化、规范化。

（6）在施工过程，通过完成对分包商的审查和工作内容的界定，协调好总承包商和分包商的关系，并调解其间的纠纷。

（7）协调好设计单位与现场施工的关系，充分尊重设计者的意见，及时反馈有关工程进展情况，促使其按质、按量、按期供图。同时，在技术细节上，认真听取设计者对图纸技术交底、工程验收和质量缺陷的处理意见。

（8）坚持抓好工地例会制度，充分发挥工程例会的协调功能。驻地总监和各工点监理组长通过定期工地例会，及时协调施工过程中造成不利因素的各类问题，理顺各自责任，保证控制目标的实现。对于重大协调问题和紧急事件，将根据需要随时召开，邀请各有关单位主管领导予以协调解决。

（9）交工验收阶段，协调好业主和承包商对工程竣工验收、竣工结算和费用索赔上的关系协调，特别是在合同纠纷的调解上，为业主提供有关支持性证据。

（10）因水土保持工程选定承包商和监理单位的时间至开工的时间间隔经常十分短暂。因此监理单位中标后，应由总监牵头协调解决紧急问题，分工跟踪各项工作的协调和落实。急需协调的问题有：

1）协助业主落实前期管线、房屋迁改、拆除手续，进而协调承包商人员、设备进场；协助业主、承包商完成施工用电、用水使用手续并实现通电、通水。

2）催促施工图纸及早发放及测量控制点交接工作、开工前完成测量放线、定桩位工作。

3）督促承包商完成施工现场围蔽。

4）与外部相关部门加强信息沟通，及时完成有关改迁工作，保证工作提前进行，以免影响工程施工。

四、协调程序

当监理人所管理的合同工程之间发生施工干扰时，监理人在首先对现场的情况以及引起干扰的因素进行调查和分析的基础上，先在两个承包商之间进行一轮独立的磋商，摸清双方的想法和意图后，再召开两个承包商共同进行协调磋商会议，讨论解决干扰的问题以及减轻或消除干扰的措施和方法，并力争在两个承包商之间达成一致。若不能达成一致，监理人将做出对整个工程的进度有利的决策，给予其中一个承包商施工优先权。但是，除非万不得已，监理人将促使两个承包商分别进行一定程度的让步，或者在引起干扰的部位轮流做出让步。

在协调决定做出后，监理人将对两个承包商在干扰部位的作业情况进行检查和监督。如果协调决定停止或放慢施工作业活动的承包商继续按原计划或加速施工，或决定具有优先权的承包商没有采取实际的行动增加资源投入或加快作业的进程，监理人将采取必要的措施，包括停止不具备优先权的承包商的施工作业，或者收回承包商的施工优先权，重新进行协调，确定另外一个承包商的施工优先权。

监理人将定期召开服务范围内的协调会议，把未来干扰尽可能早地解决或淡化，做到未雨绸缪。一旦发生合同工程之间的施工干扰，监理人将随时召集并主持协调会议，与两个承包商就现场施工干扰的问题进行讨论和磋商，如果需要则邀请业主的代表参加。在会议上，监理人将充分听取两个承包商的充分陈述，在对各自合同工程的进度及其对整个工程的进度影响的基础上，决定协调的措施和某个承包商施工的优先权，对另一个承包商则依据施工合同，同时做出处置（给予工期延长、给予费用补偿或是承包商的自担风险），此后，监理人监督两个承包商执行协调结果。

第十节　工程质量评定及工程验收阶段的监理工作

一、水土保持工程质量评定

水土保持工程质量是指国家和行业的有关法律、法规、技术标准、设计文件和合同中，对水土保持工程的安全、适用、经济、美观等特性的综合要求。为加强水土保持工程的质量管理，保证工程施工质量，统一质量检验及评定方法，实现施工质量评定标准化、规范化，水利部 2006 年 3 月 31 日颁发了《水土保持工程质量验收规程》（SL 336—2006）水利行业标准，并于 2006 年 7 月 1 日实施。本标准适用于由中央投资、地方投资、利用外资的水土保持生态建设工程及生产建设项目水土保持工程质量评定。水土保持工程的质量等级分为"合格""优良"两级。群众出资和社会出资的水土保持工程质量评定可参照执行。

（一）水土保持工程质量评定的项目划分

水土保持工程质量评定应划分为单位工程、分部工程、单元工程 3 个等级。质量评定时工程项目划分应在工程开工前完成，由工程监理单位、设计与施工单位、建设单位等共同研究确定。生产建设项目水土保持工程的项目划分应与主体工程的项目划分相衔接，当主体工程对水土保持工程项目划分不能满足水土保持工程质量评定要求时，应以《水土保持工程质量验收规程》（SL 336—2006）为主进行划分。

按建设程序单独批准立项的水土保持生态建设工程，可将一条小流域或若干条小流域的综合治理工程视为一个工程项目。在单位工程、分部工程、单元工程质量评定基础上，对于只有一条小流域的工程项目应直接进行项目质量评定；对于包括若干条小流域的工程项目，应在各条小流域质量评定的基础上，进行项目的质量评定。生产建设项目水土保持工程应与主体工程同步实施，单独进行质量评定，以作为水土保持设施竣工验收的重要依据。

水土保持工程的单元工程划分和工程关键部位、重要隐蔽工程的确定，应由建设单位或委托监理单位组织设计及施工单位于工程开工前共同研究确定，并将划分结果送工程质量监督机构备案。对于具有水土保持功能的生产建设项目的主体及附属工程，还应会同设计、施工单位研究确定。

1. 单位工程划分

单位工程应按照工程类别和便于质量管理等原则进行划分。

（1）水土保持生态建设工程单位工程划分：

1）大型淤地坝或骨干坝，以每座工程作为一个单位工程。

2）基本农田、农业耕作与技术措施、造林、种草、生态修复、封禁治理、道路、南方坡面水系、泥石流防治等分别作为一个单位工程。

3）小型水利水土保持工程如谷坊、拦沙坝等，统一作为一个单位工程。

（2）生产建设项目水土保持工程划分为拦渣、斜坡防护、土地整治、防洪排导、降水蓄渗、临时防护、植被建设、防风固沙等八类单位工程。

2．分部工程划分

分部工程可按照功能相对独立、工程类别相同的原则划分。

（1）水土保持生态工程的各项单位工程可划分为以下分部工程：

1）大型淤地坝或骨干坝划分为地基开挖与处理、坝体填筑、坝体与坝坡排水防护、溢洪道砌护、放水工程等分部工程。

2）基本农田划分为水平梯（条）田、水浇地、水田、引洪漫地等分部工程。

3）农业耕作与技术措施以措施类别划分分部工程。

4）造林划分为乔木林、灌木林、经济林、果园、苗圃等分部工程。

5）生态修复工程按照流域或行政区域划分分部工程。

6）封禁治理主要以区域或片划分分部工程。

7）道路（含施工便道）工程划分为路面、路基边坡、排水等分部工程。

8）小型水利水保工程划分为沟头防护、小型淤地坝、拦沙坝、谷坊、水窖、渠系工程、塘堰、沟道整治等分部工程。

9）南方坡面水系工程划分为截（排）水沟、蓄水池、沉沙池、引水与灌水渠等分部工程。

10）泥石流防治工程划分为泥石流形成区、流通区、堆积区等分部工程。

（2）生产建设项目水土保持工程的各项单位工程可划分为以下分部工程：

1）拦渣工程划分为基础开挖与处理、坝（墙、堤）体、防洪排水等分部工程。

2）斜坡防护工程划分为工程护坡、植物护坡、截（排）水等分部工程。

3）土地整治工程划分为场地整治、防洪排水、土地恢复等分部工程。

4）防洪排导工程划分为基础开挖与处理、坝（墙、堤）体、排洪导流设施等分部工程。

5）降水蓄渗工程划分为降水蓄渗、径流拦蓄等分部工程。

6）临时防护工程划分为拦挡、沉沙、排水、覆盖等分部工程。

7）植被建设工程划分为点片状植被、线网状植被等分部工程。

8）防风固沙工程划分为植被固沙、工程固沙等分部工程。

3．单元工程划分

单元工程应按照施工方法相同、工程量相近，便于进行质量控制和考核的原则划分。不同工程应按下列原则划分单元工程：

（1）土石方开挖工程按段、块划分。

（2）土方填筑按层、段划分。

（3）砌筑、浇筑、安装工程按施工段或方量划分。

（4）植物措施按图斑划分。

（5）小型工程按单个建筑物划分。

（二）水土保持工程质量评定的依据

水土保持工程质量评定的主要依据有：

（1）国家及行业有关施工技术标准。

（2）《水土保持工程质量评定规程》。

（3）经批准的设计文件、施工图纸、设计变更通知书、厂家提供的说明书及有关技术文件。

（4）工程承发包合同中采用的技术标准。

（5）工程试运行期的试验和观测分析成果。

（6）原材料和中间产品的质量检验证明或出厂合格证、检疫证。

(三) 水土保持工程质量评定的组织与管理

（1）单元工程质量应由施工单位质检部门组织自评，监理单位核定。需要强调的是，在水土保持工程质量评定过程中，单元工程应由施工单位全检、监理单位抽检。监理单位抽检比例或数量，在单元工程质量评定标准中未作具体规定的，监理单位应按全检执行。

（2）重要隐蔽工程及工程关键部位的质量应在施工单位自评合格后，由监理单位复核，建设单位核定。

（3）分部工程质量评定应在施工单位质检部门自评的基础上，由监理单位复核，建设单位核定。

（4）单位工程质量评定应在施工单位自评的基础上，由建设单位、监理单位复核，报质量监督单位核定。

（5）工程项目的质量等级应由该项目质量监督机构在单位工程质量评定的基础上进行核定。

（6）质量事故处理后应按处理方案的质量要求，重新进行工程质量检测和评定。

(四) 水土保持工程质量评定标准

1. 单元工程质量评定

（1）单元工程质量等级标准按相关技术标准规定执行。

（2）单元工程质量达不到合格标准时，应及时处理。处理后其质量等级应按下列规定确定：

1）全部返工重做的，可重新评定质量等级。

2）经加固补强并经鉴定能达到设计要求的，其质量可按合格处理。

3）经鉴定达不到设计要求，但建设单位、监理单位认为能基本满足防御标准和使用要求的，可不加固补强，其质量可按合格处理，所在分部工程、单位工程不应评优；或经加固补强后，改变断面尺寸或造成永久性缺陷的，经建设单位、监理单位认为基本满足设计要求，其质量可按合格处理，所在分部工程、单位工程不应评优。

（3）建设单位或监理单位在核定单元工程质量时，除应检查工程现场外，还应对单元工程的施工原始记录、质量检验记录等资料进行查验，确认单元工程质量评定表所填写的数据、内容的真实性和完整性，必要时可进行抽检。同时，应在单元工程质量评定表中明确记载质量等级的核定意见。

2. 分部工程质量评定

（1）同时符合下列条件的分部工程可确定为合格：

1）单元工程质量全部合格。

2）中间产品质量及原材料质量全部合格。

（2）同时符合下列条件的分部工程可确定为优良：

1）单元工程质量全部合格，其中有50％以上达到优良，主要单元工程、重要隐蔽工程及关键部位的单元工程质量优良，且未发生过质量事故。

2）中间产品质量及原材料质量全部合格。

3. 单位工程质量评定

（1）同时符合下列条件的单位工程可确定为合格：

1）分部工程质量全部合格。

2）中间产品质量及原材料质量全部合格。

3）大中型工程外观质量得分率达到70％以上。

4）施工质量检验资料基本齐全。

（2）同时符合下列条件的单位工程可确定为优良：

1）分部工程质量全部合格，其中有50％以上达到优良，主要分部工程质量优良，且施工中未发生过重大质量事故。

2）中间产品质量及原材料质量全部合格。

3）大中型工程外观质量得分率达到85％以上。

4）施工质量检验资料基本齐全。

4. 工程项目质量评定

（1）单位工程质量全部合格的，工程项目可评为合格。

（2）单位工程质量全部合格，其中有50％以上的单位工程质量优良，且主要单位工程质量优良，工程项目可评为优良。

二、水土保持工程验收

工程验收是在工程质量评定的基础上，依据一个既定的验收标准，采取一定的手段，来检验工程产品是否满足验收标准的过程。水土保持工程分为水土保持生态工程和生产建设项目水土保持工程两种，而水土保持生态工程和生产建设项目水土保持工程验收又各有不同的要求。水土保持生态工程验收包括单项措施验收、阶段验收和竣工验收；生产建设项目水土保持工程验收包括自查初验、技术评估、行政验收。

（一）水土保持工程验收的目的

（1）检查工程施工是否达到批准的设计要求。

（2）检查工程施工中有何缺陷或问题，如何处理。

（3）检查工程是否具有使用条件。

（4）检查设计提出的管理手段是否具备。

（5）总结经验教训，为管理和技术进步服务。

（6）可否办理有关交接手续。

（二）水土保持工程验收的依据

在合同条件下，水土保持工程验收的依据是依法订立的施工承包合同，具体的验收依据主要包括：

（1）有关施工合同或协议条款。

（2）批准的设计文件和图纸。

（3）批准的工程变更和相应文件。

（4）应用的各种技术规范、标准和规定。

（5）项目实施计划和年度实施计划。

（三）水土保持工程验收的一般规定

1. 水土保持生态工程验收〔按照《水土保持综合治理验收规范》（GB/T 15773—2008）规定编写〕

水土保持生态工程验收包括单项措施验收、阶段验收与竣工验收。

（1）单项措施验收与阶段验收。单项措施验收是按设计和合同（或协议）完成某一项治理措施或部分治理任务时进行的验收。如水窖、谷坊、沟头防护工程等进行的验收；春季造林，完成工程整地、苗木定植后进行的验收，秋季针对苗木成活率达到要求后所进行的验收等。阶段验收主要指其某一治理阶段结束所进行的验收，一般按年度实施计划，在每年年终，对当年按实施计划完成的治理任务进行检查验收，对年度治理成果作出评价。单项措施验收与阶段验收，多以小流域为单元，按照年度实施计划的要求，结合工程特点以及其实施的季节安排等因素，在施工单位自检的基础上，向监理机构提交验收申请，并按要求附以下资料：

1）验收工程所在的小流域设计图与自验图。

2）已完成工程的单项设计、典型设计或标准设计文件以及施工的要求。

3）按照项目计划与年度实施计划，已完和未完工程的清单。

4）实施组织、安排计划及与有关乡、村签订的合同或协议文件等。

5）施工记录以及质量检查、试验、测量、观测记录等。

6）已完工单项工程实际耗用的投资及主要材料数量和规格，耗用劳力情况。

监理机构在收到验收申请后，经审查符合验收条件，应立即组织有关人员，与施工单位负责人一起，按照有关质量要求、测定方法，逐项按图斑、地块具体进行验收，验收的内容包括项目涉及的各项治理措施（如坡耕地、荒地、沟壑、风沙等治理措施），完成一项，验收一项，验收的重点是质量和数量。对不符合质量标准的，不予验收；对经过返工达到质量要求的可重新验收，补记其数量。

在验收过程中，监理工程师对验收合格的措施填写验收单，验收单的填写内容包括流域名称、措施名称、位置、数量、质量、实施时间、验收时间等，监理工程师与施工单位负责人分别在验收单上签字。

特别注意的是，水土保持治沟骨干工程验收，应严格按照水利部发布的《水土保持治沟骨干工程技术规范》（SL 289—2003）执行。

（2）竣工验收。竣工验收是指按照计划或合同文件的要求，基本完成施工内容，经自验质量符合要求，具备投产和运行条件，可以正式办理工程移交前进行的一次全面验收。

施工单位按照合同（或计划）的要求全面完成各项治理任务，经自验认为质量和数量均达到合同和设计要求，各项治理措施经过汛期暴雨的考验基本完好，造林、种草的成活率、保存率符合规定要求，资料齐全，可向项目建设单位（监理机构）提出《竣工验收申请报告》。同时应提供有关资料。

1）综合治理包括以下内容：①水土保持综合治理竣工总结报告；②以小流域为单元的竣工验收图、验收表；③项目实施机构及人员组成名单，包括行政负责人和技术人员；④单项措施验收和阶段验收记录及相关资料；⑤工程量检查核实单；⑥有关水土保持综合治理措施实施合同、协议等；⑦材料（苗木）等质量检验资料及工程质量事故处理资料；⑧有关规范规定的其他资料。

2）骨干坝包括以下内容：①工程竣工报告（包括设计与施工）；②竣工图纸及竣工项目清单（隐蔽工程应标明位置、高程）；③竣工决算及经济效益分析，投资分析；④竣工记录和质量检验记录；⑤阶段验收和单项工程验收鉴定书；⑥工程施工合同；⑦工程建设大事记和主要会议记录；⑧全部工程设计文件及设计变更以及有关批准文件；⑨有关迁建赔偿协议和批准文件；⑩工程质量事故处理资料；⑪工程使用管护制度等其他有关文件、资料。

监理机构在接到施工单位的竣工验收资料，应组织对资料进行详细审查，要求所提供的资料不得擅自修改或做补救，必须如实反映综合治理的实际情况。审查通过按照有关标准、规范的要求，结合项目的实施计划、前阶段验收资料和工程核实单，对竣工图、表、报告与设计图、表、报告的对照检查，做到资料齐全，相互之间没有矛盾。

资料审查结束后，项目提出单位应组织有关单位的人员，对各项水土保持治理成果进行正式验收，验收过程中，根据治理程度、质量和效益等，对治理的成果作出评价。对存在的问题，提出整改意见。

2. 生产建设项目水土保持工程验收

按照《开发建设项目水土保持设施验收技术规程》（GB/T 22490—2008 和 SL 387—2007），生产建设项目水土保持工程验收包括自查初验、技术评估和行政验收。

（1）自查初验。自查初验是指建设单位或其委托监理单位在水土保持设施建设的过程中组织开展的水土保持设施验收，主要包括分部工程的自查初验和单位工程的自查初验，是行政验收的基础。

1）分部工程的自查初验的程序与内容。分部工程的自查初验应由建设单位或其委托监理单位主持，设计、施工、监理、监测和质量监督单位参加，并应根据建设项目及其水土保持设施运行管理的实际情况决定运行管理体制单位是否参加。分部工程自查初验应填写《分部工程验收签证》，作为单位工程自查初验资料的组成部分。参加自查初验的成员应在签证上签字，分送各参加单位。归档资料中还应补充遗留问题的处理情况并有相关责任单位的代表签字。

分部工程自查初验的内容包括：①鉴定水土保持设施是否达到国家强制性标准以及合

同约定的标准；②按《水土保持工程质量评定规程》（SL 336—2006）和国家相关技术标准，评定分部工程质量等级；③检查水土保持设施是否具备运行或进行下一阶段建设的条件；④确认水土保持设施的工程量及投资；⑤对遗留问题提出处理意见。

2）单位工程的自查初验的程序与内容。单位工程的自查初验应由建设单位或其委托监理单位主持，设计、施工、监理、监测、质量监督、运行管理单位参加。重要的单位工程应邀请地方水行政主管部门参加。形成的《单位工程验收鉴定书》应分送参加验收的相关单位，并应预留技术评估机构和运行管理单位各一份。

单位工程自查初验的内容包括：①对照批准的水土保持方案及其设计文件，检查水土保持设施是否完成；②鉴定水土保持设施的质量并评定等级，对工程缺陷提出处理要求；③检查水土保持效果及管护责任落实情况，确认是否具备安全运行条件；④确认水土保持工程量的投资；⑤遗留问题提出处理要求。

（2）技术评估。技术评估是指建设单位委托的水土保持设施验收技术评估机构对建设项目中的水土保持设施的数量、质量、进度及水土保持效果等进行的全面评估。

1）技术评估的程序为：①熟悉项目基本情况并进行现场巡查，拟定技术评估的工作方案；②走访当地居民和水行政主管部门，收集督查等相关资料，调查施工期间水土流失及其危害情况、防治情况和防治效果；③组织不同专业的专家进行现场查勘与技术评估；④讨论并草拟总体评估意见，提出行政验收前需要解决的主要问题并督促落实；⑤征求当地水行政主管部门及建设单位意见；⑥核实行政验收前需解决的主要问题的落实情况，完成技术评估报告。

2）技术评估的主要内容包括：①评价建设单位对水土流失防治工作的组织管理；②评价水土保持方案后续设计及实施情况；③评价施工单位制定和遵守相关水土保持工作管理制度情况，调查施工过程中采取的水土保持临时防护措施的种类、数量和防治效果；④抽查核实水土保持设施的数量；⑤对重要单位工程进行核实和评价检查，评价其施工质量，检查工程存在的质量缺陷是否影响工程使用寿命的安全运行；⑥评价水土保持监理、监测工作；⑦判别建设项目的水土流失治理度、土壤流失控制比、渣土防护率、表土保护率、林草植被恢复率、林草覆盖率等指标是否满足建设项目水土流失防治标准，分析能否达到批复同意的水土流失防治目标，检查水土流失防治效果与生态环境恢复和改善情况，调查施工过程中水土流失防治效果，分析评价水土保持设施试运行的效果及水土保持设施运行管理维护责任落实情况；⑧根据水土保持质量监督部门或监理单位的工程质量评定报告或评价鉴定意见，评估工程质量等级或质量情况；⑨分析评价水土保持投资完成情况；⑩开展公众调查，了解当地群众对建设项目水土保持工作的满意程度，总结成功经验和不足之处，总结水土流失防治技术、管理的经验和教训；⑪提出行政验收前、后需要解决的主要问题。

（3）行政验收。行政验收是指由水行政主管部门在水土保持设施建成后主持开展的水土保持设施验收，是主体工程验收（含阶段验收）前的专项验收。为深入贯彻《国务院关于取消一批行政许可事项的决定》（国发〔2017〕46 号），水利部颁发了《关于加强事中事后监管规范生产建设项目水土保持设施自主验收的通知》（水保〔2017〕365 号），按照要求，取消了各级水行政主管部门实施的生产建设项目水土保持设施验收审批行政许可事项，转为生产建设单位按照有关要求自主开展水土保持设施验收。

1）组织第三方机构编制水土保持设施验收报告。依法编制水土保持方案报告书的生产建设项目投产使用前，生产建设单位应当根据水土保持方案及其审批决定等，组织第三方机构编制水土保持设施验收报告。第三方机构是指具有独立承担民事责任能力且具有相应水土保持技术条件的企业法人、事业单位法人或其他组织。各级水行政主管部门和流域管理机构不得以任何形式推荐、建议和要求生产建设单位委托特定第三方机构提供水土保持设施验收报告编制服务。

2）明确验收结论。水土保持设施验收报告编制完成后，生产建设单位应当按照水土保持法律法规、标准规范、水土保持方案及其审批决定、水土保持后续设计等，组织水土保持设施验收工作，形成水土保持设施验收鉴定书，明确水土保持设施验收合格的结论。水土保持设施验收合格后，生产建设项目方可通过竣工验收和投产使用。

3）公开验收情况。除按照国家规定需要保密的情形外，生产建设单位应当在水土保持设施验收合格后，通过其官方网站或者其他便于公众知悉的方式向社会公开水土保持设施验收鉴定书、水土保持设施验收报告和水土保持监测总结报告。对于公众反映的主要问题和意见，生产建设单位应当及时给予处理或者回应。

4）报备验收材料。生产建设单位应在向社会公开水土保持设施验收材料后、生产建设项目投产使用前，向水土保持方案审批机关报备水土保持设施验收材料。报备材料包括水土保持设施验收鉴定书、水土保持设施验收报告和水土保持监测总结报告。生产建设单位、第三方机构和水土保持监测机构分别对水土保持设施验收鉴定书、水土保持设施验收报告和水土保持监测总结报告等材料的真实性负责。

同时要求，严格执行水土保持设施验收标准和条件，确保人为水土流失得到有效防治。生产建设单位自主验收水土保持设施，要严格执行水土保持标准、规范、规程确定的验收标准和条件，对存在下列情形之一的，不得通过水土保持设施验收：①未依法依规履行水土保持方案及重大变更的编报审批程序的；②未依法依规开展水土保持监测的；③废弃土石渣未堆放在经批准的水土保持方案确定的专门存放地的；④水土保持措施体系、等级和标准未按经批准的水土保持方案要求落实的；⑤水土流失防治指标未达到经批准的水土保持方案要求的；⑥水土保持分部工程和单位工程未经验收或验收不合格的；⑦水土保持设施验收报告、水土保持监测总结报告等材料弄虚作假或存在重大技术问题的；⑧未依法依规缴纳水土保持补偿费的；⑨存在其他不符合相关法律法规规定情形的。

三、水土保持工程验收中监理主要工作

（一）水土保持生态工程

按照《水土保持综合治理验收规范》（GB/T 15773—2008）、《水土保持治沟骨干工程技术规范》（SL 289—2003）的规定，水土保持生态工程验收分为单项措施验收、阶段验收与竣工验收三类。

1. 单项措施验收

在水土保持生态工程实施过程中，施工承包单位按合同完成了某单项措施时，由监理

机构与项目主持实施单位组织进行验收，评定其质量及数量，对骨干坝的某项分部工程（如土坝、溢洪道、泄水洞）或隐蔽工程，监理机构也应按规定进行验收。

（1）验收条件。施工单位按规划、设计及施工合同，完成某一单项治理措施或重点工程的某一分部工程施工任务，施工现场整理就绪，施工单位自验合格，施工质量、数量符合设计及规范要求，并按规定完成了质量评定工作。

（2）验收内容及重点。按《水土保持综合治理验收规范》（GB/T 15773—2008）和《水土保持治沟骨干工程技术规范》（SL 289—2003）第 6.2 款规定执行。

（3）验收程序要求。施工单位向监理机构提交单项措施验收申请，监理机构应按设计及施工方提交的验收申请，组织有关各方人员进行验收。验收结束后，对合格工程签发《验收合格证书》，对不合格工程签发指令要求施工单位整改完善，直到验收合格为止。

2. 阶段验收

每年年终，施工单位完成了年度计划下达的治理任务，由项目建设单位组织监理和有关单位参加，进行检查验收。

（1）验收条件。

1）施工单位按年度计划完成了各项治理措施任务。

2）施工单位自查初验合格，工程质量设计及有关技术规范要求、完成数量都符合本年度下达计划，提出阶段验收申请报告，阶段验收申请报告应附首年的《年度任务完成工作总结》。

3）监理机构提交《年度监理报告》。

（2）验收内容。按《水土保持综合治理验收规范》（GB/T 15773—2008）的规定执行。

（3）验收程序要求。按《水土保持综合治理验收规范》（GB/T 15773—2008）的规定执行。

3. 竣工验收

建设单位按设计全面完成了各项任务，提出验收申请报告，项目建设主管部门组织全面验收，并评价治理成果等级。

（1）验收条件。应符合《水土保持综合治理验收规范》（GB/T 15773—2008）的规定。

（2）验收内容。按《水土保持综合治理验收规范》（GB/T 15773—2008）的规定执行。

（3）验收程序要求。按《水土保持综合治理验收规范》（GB/T 15773—2008）的规定执行。

（二）生产建设项目水土保持工程

按照《生产建设项目水土保持设施验收技术规程》（SL 387—2007）要求的验收内容与程序已在上一节作过介绍。这里仅就监理机构在履行合同中进行的施工过程验收作阐述，主要包括单元工程验收、分部工程验收、单位工程验收、合同项目完工验收。

验收的依据是：施工合同、经建设单位或监理机构审核签发的施工设计文件（包括施工图纸、设计说明书、技术要求以及变更文件等)、国家或行业现行设计、施工和验收规程、规范、工程质量检验和评定标准以及工程建设管理法规等有关文件。

各阶段验收均以前阶段签证为基础,互相衔接,不重复进行。对已签订的工程,除有特殊要求需抽样复查外,不再复验。监理工程师应按合同约定及建设单位的授权,做好相应阶段的监理工作。

1. 单元工程验收

单元工程一般由现场监理工程师进行验收,施工单位完成某一单元工程的施工并经自检合格后,应填报《单元工程报验表》,报送监理工程师进行检查验收。经监理工程师检查检验合格后,签发《单元工程验收书》《单元工程质量合格证》。

2. 分部工程验收

分部工程验收由建设单位或委托监理机构主持,设计、施工、监理、监测和质量监督等单位参加。验收成果为分部工程验收签证。其验收程序要求为:施工单位完成了某项分部工程后,经自检,工程质量及完成工程量符合合同、设计及有关技术规范要求,施工资料完备,提交验收申请报告,监理机构应组织对分部工程的完成进行检查,并审核施工单位提交的分部工程验收资料,对发现的问题、缺陷要求施工单位尽快修整、补充和完善。分部工程通过验收后,监理机构或协助建设单位签署《分部工程验收证》。

3. 单位工程验收

按照《水土保持工程质量评定规程》(SL 336—2006)项目划分,生产建设水土保持工程单位工程主要有拦渣工程、斜坡防护工程、土地整治、防洪排导工程、降水蓄渗工程、临时防护工程、植被建设工程、防风固沙工程等。具体应根据水土保持工程设计文件确定。

(1) 单位工程验收的条件。当某一单位工程在合同工程竣工前已经完建,具备独立发挥效益的条件,并经过一段时间的试运行后,可进行单位工程验收。验收合格后继续由施工单位管护。若建设单位要求提前启用,则可不经过试运行提前验收,并办理提前启用和单位工程移交手续。

(2) 施工单位应提交的资料。进行单位工程验收前,监理机构应督促施工单位提交单位工程验收申请报告,并随同报告提交准备下列主要验收文件:

1) 竣工图纸。包括基础竣工地形图、工程竣工图、工程监测仪埋设图、设计变更、施工变更和施工技术要求。

2) 施工报告。包括工程概况,施工组织与施工资源投入,合同工期和实际开工、完工日期,合同工程量和实际完成工程量,分部工程施工和变更情况,施工质量检验、安全与质量事故处理、重大质量缺陷处理,以及施工过程中的违规、违约、停工、返工记录等。

3) 试验、质量检验、施工期测量成果,以及按合同要求必须进行的调试与试运行成果。

4) 隐蔽工程、岩石基础工程、基础灌浆工程或重要单元、分部工程的检查记录和照片,以及按施工合同文件规定必须提交的工程摄像资料。

5）单元、分部工程验收签证和质量等级评定表。

6）基础处理资料。

7）已完建报验的工程项目清单。

8）质量与安全事故记录、分析资料及其处理结果。

9）施工大事记和施工原始记录。

10）项目建设单位根据合同文件规定要求报送的其他资料。

上述内容中，除1）、2）、6）、7）、8）、10）项必须随同验收申请报告报送监理机构预审外，其他文件由施工单位准备，通过监理机构预验后供工程验收组备查。

（3）监理机构应提交的资料。单位工程验收，监理机构监理报告、分部工程验收、隐蔽工程、关键部位（工序）、材料抽检验收以及有关指示、指令文件等。

（4）单位工程的验收。监理机构接受施工单位报送的单位工程验收申请报告后，应在施工合同规定的期限内完成对验收文件的预审预验，并在通过监理机构预审预验后及时报告项目建设单位。单位工程验收由建设单位或其委托的监理单位主持，设计、施工、监理、监测、质量监督、运行管理等单位参加。重要的单位工程还应邀请地方水行政主管部门参加。单位工程验收通过后，由验收组签发《单位工程验收鉴定证书》，监理机构应按合同约定，签发单位工程移交证书。

（5）需要指出，分部工程验收、单位工程验收可和建设单位对水土保持设施的自查初验结合进行。

4. 合同工程完工验收

合同工程完工验收一般由建设单位主持，设计、施工、监理、监测、质量监督、运行管理等单位参加。

（1）合同工程完工验收的条件。合同工程完工项目全部完建，并具备完工验收条件后，根据施工单位的申请，监理机构应及时提请建设单位组织合同项目完工验收。并通过工程完工验收后，由监理机构签发合同项目移交证书。合同工程完工验收应具备的条件包括：

1）工程已按合同规定和设计文件要求完建。

2）单位工程及阶段验收合格，以前验收中的遗留问题已基本处理完毕并符合合同文件规定和设计的要求。

3）各项独立运行或运用的工程已具备运行或运用条件，能正常运行或运用，并已通过设计条件的检验。

4）完工验收要求的报告、资料已经整理就绪，并经监理机构预审预验通过。

（2）合同项目完工验收的监理工作。

1）监理机构在验收前，按合同约定或有关规定整编资料，提交合同项目完工验收监理工作报告。

2）检查前述阶段、单位工程验收后尾工项目的实施质量缺陷的修补情况。

3）审核拟在保修期实施的尾工项目清单。

4）督促施工单位整编全部合同项目的归档资料，并进行审核。

5）督促施工单位提交针对已完工工程中存在的质量缺陷和遗留问题的处理方案和实施计划。

6）验收通过后，监理机构按合同约定签发合同项目工程移交证书。

（3）验收工作内容与程序。

1）听取施工单位、设计、监理及其他有关单位的工作报告。

2）对工程是否满足施工合同文件规定和设计要求作出全面的评价。

3）对合同工程质量等级作出评定。

4）确定工程能否正式移交、投产、运用和运行。

5）确定尾工项目清单、合同完工期限和缺陷责任期。

6）讨论并通过合同工程完工验收鉴定书。

（三）监理资料的归档和移交

竣工资料是施工活动的真实记录，应确保真实性，不得后补，也不得超前，更不能编造。技术数据必须准确，不得弄虚作假，随意修改。竣工资料必须与工程实际相符，要在工程建设由汇集和形成并与工程建设同步进行，竣工资料的审核责任制签字手续必须完备。

1．监理资料归档组卷要求

（1）水土保持生态工程的主要监理资料有监理规划、监理实施细则、监理报告，其中监理报告中附有各种现场指令文件、各阶段验收签证文件、变更文件等。其归档组卷尚无统一要求。一般情况下，在竣工验收前，按要求份数向项目主管单位提交监理报告。

（2）生产建设项目水土保持工程的监理资料归档要求，一般由建设单位提供，并在合同中予以明确，由于生产建设项目行业种类较多，各行业对资料管理要求不同，监理机构应按照建设单位的资料管理、组卷、归档要求，对施工资料进行整理完善、归档。

2．监理资料的验收、移交

（1）由总监理工程师负责组织监理资料的归档整理工作，并负责复核、签字验收。

（2）由总监现工程师负责将整理归档资料按建设单位的要求规定，在委托监理合同工程项目完成或监理服务期满后，移交建设单位。

3．向监理公司上交的档案资料内容

（1）按建设单位要求的监理组卷资料复印件一套，原件移交建设单位。

（2）监理日记（志）以及监理人员考勤表。

（3）其他相关资料。

附录　相关法律法规、部门规章及规范性文件

附录一　《中华人民共和国水土保持法》

中华人民共和国水土保持法

(1991年6月29日第七届全国人民代表大会常务委员会第二十次会议通过，2010年12月25日第十一届全国人民代表大会常务委员会第十八次会议修订，2010年12月25日中华人民共和国主席令第三十九号公布，自2011年3月1日起施行)

第一章　总　　则

第一条　为了预防和治理水土流失，保护和合理利用水土资源，减轻水、旱、风沙灾害，改善生态环境，保障经济社会可持续发展，制定本法。

第二条　在中华人民共和国境内从事水土保持活动，应当遵守本法。

本法所称水土保持，是指对自然因素和人为活动造成水土流失所采取的预防和治理措施。

第三条　水土保持工作实行预防为主、保护优先、全面规划、综合治理、因地制宜、突出重点、科学管理、注重效益的方针。

第四条　县级以上人民政府应当加强对水土保持工作的统一领导，将水土保持工作纳入本级国民经济和社会发展规划，对水土保持规划确定的任务，安排专项资金，并组织实施。

国家在水土流失重点预防区和重点治理区，实行地方各级人民政府水土保持目标责任制和考核奖惩制度。

第五条　国务院水行政主管部门主管全国的水土保持工作。

国务院水行政主管部门在国家确定的重要江河、湖泊设立的流域管理机构（以下简称流域管理机构），在所管辖范围内依法承担水土保持监督管理职责。

县级以上地方人民政府水行政主管部门主管本行政区域的水土保持工作。

县级以上人民政府林业、农业、国土资源等有关部门按照各自职责，做好有关的水土流失预防和治理工作。

第六条　各级人民政府及其有关部门应当加强水土保持宣传和教育工作，普及水土保持科学知识，增强公众的水土保持意识。

第七条　国家鼓励和支持水土保持科学技术研究，提高水土保持科学技术水平，推广先进的水土保持技术，培养水土保持科学技术人才。

第八条　任何单位和个人都有保护水土资源、预防和治理水土流失的义务，并有权对破坏水土资源、造成水土流失的行为进行举报。

第九条　国家鼓励和支持社会力量参与水土保持工作。

对水土保持工作中成绩显著的单位和个人，由县级以上人民政府给予表彰和奖励。

第二章　规　划

第十条　水土保持规划应当在水土流失调查结果及水土流失重点预防区和重点治理区划定的基础上，遵循统筹协调、分类指导的原则编制。

第十一条　国务院水行政主管部门应当定期组织全国水土流失调查并公告调查结果。

省、自治区、直辖市人民政府水行政主管部门负责本行政区域的水土流失调查并公告调查结果，公告前应当将调查结果报国务院水行政主管部门备案。

第十二条　县级以上人民政府应当依据水土流失调查结果划定并公告水土流失重点预防区和重点治理区。

对水土流失潜在危险较大的区域，应当划定为水土流失重点预防区；对水土流失严重的区域，应当划定为水土流失重点治理区。

第十三条　水土保持规划的内容应当包括水土流失状况、水土流失类型区划分、水土流失防治目标、任务和措施等。

水土保持规划包括对流域或者区域预防和治理水土流失、保护和合理利用水土资源作出的整体部署，以及根据整体部署对水土保持专项工作或者特定区域预防和治理水土流失作出的专项部署。

水土保持规划应当与土地利用总体规划、水资源规划、城乡规划和环境保护规划等相协调。

编制水土保持规划，应当征求专家和公众的意见。

第十四条　县级以上人民政府水行政主管部门会同同级人民政府有关部门编制水土保持规划，报本级人民政府或者其授权的部门批准后，由水行政主管部门组织实施。

水土保持规划一经批准，应当严格执行；经批准的规划根据实际情况需要修改的，应当按照规划编制程序报原批准机关批准。

第十五条　有关基础设施建设、矿产资源开发、城镇建设、公共服务设施建设等方面的规划，在实施过程中可能造成水土流失的，规划的组织编制机关应当在规划中提出水土流失预防和治理的对策和措施，并在规划报请审批前征求本级人民政府水行政主管部门的意见。

第三章　预　防

第十六条　地方各级人民政府应当按照水土保持规划，采取封育保护、自然修复等措施，组织单位和个人植树种草，扩大林草覆盖面积，涵养水源，预防和减轻水土流失。

第十七条　地方各级人民政府应当加强对取土、挖砂、采石等活动的管理，预防和减轻水土流失。

禁止在崩塌、滑坡危险区和泥石流易发区从事取土、挖砂、采石等可能造成水土流失的活动。崩塌、滑坡危险区和泥石流易发区的范围，由县级以上地方人民政府划定并公告。崩塌、滑坡危险区和泥石流易发区的划定，应当与地质灾害防治规划确定的地质灾害易发区、重点防治区相衔接。

第十八条 水土流失严重、生态脆弱的地区，应当限制或者禁止可能造成水土流失的生产建设活动，严格保护植物、沙壳、结皮、地衣等。

在侵蚀沟的沟坡和沟岸、河流的两岸以及湖泊和水库的周边，土地所有权人、使用权人或者有关管理单位应当营造植物保护带。禁止开垦、开发植物保护带。

第十九条 水土保持设施的所有权人或者使用权人应当加强对水土保持设施的管理与维护，落实管护责任，保障其功能正常发挥。

第二十条 禁止在二十五度以上陡坡地开垦种植农作物。在二十五度以上陡坡地种植经济林的，应当科学选择树种，合理确定规模，采取水土保持措施，防止造成水土流失。

省、自治区、直辖市根据本行政区域的实际情况，可以规定小于二十五度的禁止开垦坡度。禁止开垦的陡坡地的范围由当地县级人民政府划定并公告。

第二十一条 禁止毁林、毁草开垦和采集发菜。禁止在水土流失重点预防区和重点治理区铲草皮、挖树兜或者滥挖虫草、甘草、麻黄等。

第二十二条 林木采伐应当采用合理方式，严格控制皆伐；对水源涵养林、水土保持林、防风固沙林等防护林只能进行抚育和更新性质的采伐；对采伐区和集材道应当采取防止水土流失的措施，并在采伐后及时更新造林。

在林区采伐林木的，采伐方案中应当有水土保持措施。采伐方案经林业主管部门批准后，由林业主管部门和水行政主管部门监督实施。

第二十三条 在五度以上坡地植树造林、抚育幼林、种植中药材等，应当采取水土保持措施。

在禁止开垦坡度以下、五度以上的荒坡地开垦种植农作物，应当采取水土保持措施。具体办法由省、自治区、直辖市根据本行政区域的实际情况规定。

第二十四条 生产建设项目选址、选线应当避让水土流失重点预防区和重点治理区；无法避让的，应当提高防治标准，优化施工工艺，减少地表扰动和植被损坏范围，有效控制可能造成的水土流失。

第二十五条 在山区、丘陵区、风沙区以及水土保持规划确定的容易发生水土流失的其他区域开办可能造成水土流失的生产建设项目，生产建设单位应当编制水土保持方案，报县级以上人民政府水行政主管部门审批，并按照经批准的水土保持方案，采取水土流失预防和治理措施。没有能力编制水土保持方案的，应当委托具备相应技术条件的机构编制。

水土保持方案应当包括水土流失预防和治理的范围、目标、措施和投资等内容。

水土保持方案经批准后，生产建设项目的地点、规模发生重大变化的，应当补充或者修改水土保持方案并报原审批机关批准。水土保持方案实施过程中，水土保持措施需要作出重大变更的，应当经原审批机关批准。

生产建设项目水土保持方案的编制和审批办法，由国务院水行政主管部门制定。

第二十六条 依法应当编制水土保持方案的生产建设项目，生产建设单位未编制水土保持方案或者水土保持方案未经水行政主管部门批准的，生产建设项目不得开工建设。

第二十七条 依法应当编制水土保持方案的生产建设项目中的水土保持设施，应当与主体工程同时设计、同时施工、同时投产使用；生产建设项目竣工验收，应当验收水土保持设施；水土保持设施未经验收或者验收不合格的，生产建设项目不得投产使用。

第二十八条 依法应当编制水土保持方案的生产建设项目，其生产建设活动中排弃的砂、石、土、矸石、尾矿、废渣等应当综合利用；不能综合利用，确需废弃的，应当堆放在水土保持方案确定的专门存放地，并采取措施保证不产生新的危害。

第二十九条 县级以上人民政府水行政主管部门、流域管理机构，应当对生产建设项目水土保持方案的实施情况进行跟踪检查，发现问题及时处理。

第四章 治 理

第三十条 国家加强水土流失重点预防区和重点治理区的坡耕地改梯田、淤地坝等水土保持重点工程建设，加大生态修复力度。

县级以上人民政府水行政主管部门应当加强对水土保持重点工程的建设管理，建立和完善运行管护制度。

第三十一条 国家加强江河源头区、饮用水水源保护区和水源涵养区水土流失的预防和治理工作，多渠道筹集资金，将水土保持生态效益补偿纳入国家建立的生态效益补偿制度。

第三十二条 开办生产建设项目或者从事其他生产建设活动造成水土流失的，应当进行治理。

在山区、丘陵区、风沙区以及水土保持规划确定的容易发生水土流失的其他区域开办生产建设项目或者从事其他生产建设活动，损坏水土保持设施、地貌植被，不能恢复原有水土保持功能的，应当缴纳水土保持补偿费，专项用于水土流失预防和治理。专项水土流失预防和治理由水行政主管部门负责组织实施。水土保持补偿费的收取使用管理办法由国务院财政部门、国务院价格主管部门会同国务院水行政主管部门制定。

生产建设项目在建设过程中和生产过程中发生的水土保持费用，按照国家统一的财务会计制度处理。

第三十三条 国家鼓励单位和个人按照水土保持规划参与水土流失治理，并在资金、技术、税收等方面予以扶持。

第三十四条 国家鼓励和支持承包治理荒山、荒沟、荒丘、荒滩，防治水土流失，保护和改善生态环境，促进土地资源的合理开发和可持续利用，并依法保护土地承包合同当事人的合法权益。

承包治理荒山、荒沟、荒丘、荒滩和承包水土流失严重地区农村土地的，在依法签订的土地承包合同中应当包括预防和治理水土流失责任的内容。

第三十五条 在水力侵蚀地区，地方各级人民政府及其有关部门应当组织单位和个人，以天然沟壑及其两侧山坡地形成的小流域为单元，因地制宜地采取工程措施、植物措施和保护性耕作等措施，进行坡耕地和沟道水土流失综合治理。

在风力侵蚀地区，地方各级人民政府及其有关部门应当组织单位和个人，因地制宜地采取轮封轮牧、植树种草、设置人工沙障和网格林带等措施，建立防风固沙防护体系。

在重力侵蚀地区，地方各级人民政府及其有关部门应当组织单位和个人，采取监测、径流排导、削坡减载、支挡固坡、修建拦挡工程等措施，建立监测、预报、预警体系。

第三十六条 在饮用水水源保护区，地方各级人民政府及其有关部门应当组织单位和个人，采取预防保护、自然修复和综合治理措施，配套建设植物过滤带，积极推广沼气，开展清洁小流域建设，严格控制化肥和农药的使用，减少水土流失引起的面源污染，保护饮用水水源。

第三十七条 已在禁止开垦的陡坡地上开垦种植农作物的，应当按照国家有关规定退耕，植树种草；耕地短缺、退耕确有困难的，应当修建梯田或者采取其他水土保持措施。

在禁止开垦坡度以下的坡耕地上开垦种植农作物的，应当根据不同情况，采取修建梯田、坡面水系整治、蓄水保土耕作或者退耕等措施。

第三十八条 对生产建设活动所占用土地的地表土应当进行分层剥离、保存和利用，做到土石方挖填平衡，减少地表扰动范围；对废弃的砂、石、土、矸石、尾矿、废渣等存放地，应当采取拦挡、坡面防护、防洪排导等措施。生产建设活动结束后，应当及时在取土场、开挖面和存放地的裸露土地上植树种草、恢复植被，对闭库的尾矿库进行复垦。

在干旱缺水地区从事生产建设活动，应当采取防止风力侵蚀措施，设置降水蓄渗设施，充分利用降水资源。

第三十九条 国家鼓励和支持在山区、丘陵区、风沙区以及容易发生水土流失的其他区域，采取下列有利于水土保持的措施：

（一）免耕、等高耕作、轮耕轮作、草田轮作、间作套种等；

（二）封禁抚育、轮封轮牧、舍饲圈养；

（三）发展沼气、节柴灶，利用太阳能、风能和水能，以煤、电、气代替薪柴等；

（四）从生态脆弱地区向外移民；

（五）其他有利于水土保持的措施。

第五章 监测和监督

第四十条 县级以上人民政府水行政主管部门应当加强水土保持监测工作，发挥水土保持监测工作在政府决策、经济社会发展和社会公众服务中的作用。县级以上人民政府应当保障水土保持监测工作经费。

国务院水行政主管部门应当完善全国水土保持监测网络，对全国水土流失进行动态监测。

第四十一条 对可能造成严重水土流失的大中型生产建设项目，生产建设单位应当自行或者委托具备水土保持监测资质的机构，对生产建设活动造成的水土流失进行监测，并将监测情况定期上报当地水行政主管部门。

从事水土保持监测活动应当遵守国家有关技术标准、规范和规程，保证监测质量。

第四十二条 国务院水行政主管部门和省、自治区、直辖市人民政府水行政主管部门应当根据水土保持监测情况，定期对下列事项进行公告：

（一）水土流失类型、面积、强度、分布状况和变化趋势；

（二）水土流失造成的危害；

（三）水土流失预防和治理情况。

第四十三条 县级以上人民政府水行政主管部门负责对水土保持情况进行监督检查。流域管理机构在其管辖范围内可以行使国务院水行政主管部门的监督检查职权。

第四十四条 水政监督检查人员依法履行监督检查职责时，有权采取下列措施：

（一）要求被检查单位或者个人提供有关文件、证照、资料；

（二）要求被检查单位或者个人就预防和治理水土流失的有关情况作出说明；

（三）进入现场进行调查、取证。

被检查单位或者个人拒不停止违法行为，造成严重水土流失的，报经水行政主管部门批准，可以查封、扣押实施违法行为的工具及施工机械、设备等。

第四十五条 水政监督检查人员依法履行监督检查职责时，应当出示执法证件。被检查单位或者个人对水土保持监督检查工作应当给予配合，如实报告情况，提供有关文件、证照、资料；不得拒绝或者阻碍水政监督检查人员依法执行公务。

第四十六条 不同行政区域之间发生水土流失纠纷应当协商解决；协商不成的，由共同的上一级人民政府裁决。

第六章 法 律 责 任

第四十七条 水行政主管部门或者其他依照本法规定行使监督管理权的部门，不依法作出行政许可决定或者办理批准文件的，发现违法行为或者接到对违法行为的举报不予查处的，或者有其他未依照本法规定履行职责的行为的，对直接负责的主管人员和其他直接责任人员依法给予处分。

第四十八条 违反本法规定，在崩塌、滑坡危险区或者泥石流易发区从事取土、挖砂、采石等可能造成水土流失的活动的，由县级以上地方人民政府水行政主管部门责令停止违法行为，没收违法所得，对个人处一千元以上一万元以下的罚款，对单位处二万元以上二十万元以下的罚款。

第四十九条 违反本法规定，在禁止开垦坡度以上陡坡地开垦种植农作物，或者在禁止开垦、开发的植物保护带内开垦、开发的，由县级以上地方人民政府水行政主管部门责令停止违法行为，采取退耕、恢复植被等补救措施；按照开垦或者开发面积，可以对个人处每平方米二元以下的罚款、对单位处每平方米十元以下的罚款。

第五十条 违反本法规定，毁林、毁草开垦的，依照《中华人民共和国森林法》《中华人民共和国草原法》的有关规定处罚。

第五十一条 违反本法规定，采集发菜，或者在水土流失重点预防区和重点治理区铲草皮、挖树兜、滥挖虫草、甘草、麻黄等的，由县级以上地方人民政府水行政主管部门责令停止违法行为，采取补救措施，没收违法所得，并处违法所得一倍以上五倍以下的罚款；没有违法所得的，可以处五万元以下的罚款。

在草原地区有前款规定违法行为的，依照《中华人民共和国草原法》的有关规定处罚。

第五十二条 在林区采伐林木不依法采取防止水土流失措施的，由县级以上地方人民政府林业主管部门、水行政主管部门责令限期改正，采取补救措施；造成水土流失的，由水行政主管部门按照造成水土流失的面积处每平方米二元以上十元以下的罚款。

第五十三条 违反本法规定，有下列行为之一的，由县级以上人民政府水行政主管部门责令停止违法行为，限期补办手续；逾期不补办手续的，处五万元以上五十万元以下的罚款；对生产建设单位直接负责的主管人员和其他直接责任人员依法给予处分：

（一）依法应当编制水土保持方案的生产建设项目，未编制水土保持方案或者编制的水土保持方案未经批准而开工建设的；

（二）生产建设项目的地点、规模发生重大变化，未补充、修改水土保持方案或者补充、修改的水土保持方案未经原审批机关批准的；

（三）水土保持方案实施过程中，未经原审批机关批准，对水土保持措施作出重大变更的。

第五十四条 违反本法规定，水土保持设施未经验收或者验收不合格将生产建设项目投产使用的，由县级以上人民政府水行政主管部门责令停止生产或者使用，直至验收合格，并处五万元以上五十万元以下的罚款。

第五十五条 违反本法规定，在水土保持方案确定的专门存放地以外的区域倾倒砂、石、土、矸石、尾矿、废渣等的，由县级以上地方人民政府水行政主管部门责令停止违法行为，限期清理，按照倾倒数量处每立方米十元以上二十元以下的罚款；逾期仍不清理的，县级以上地方人民政府水行政主管部门可以指定有清理能力的单位代为清理，所需费用由违法行为人承担。

第五十六条 违反本法规定，开办生产建设项目或者从事其他生产建设活动造成水土流失，不进行治理的，由县级以上人民政府水行政主管部门责令限期治理；逾期仍不治理的，县级以上人民政府水行政主管部门可以指定有治理能力的单位代为治理，所需费用由违法行为人承担。

第五十七条 违反本法规定，拒不缴纳水土保持补偿费的，由县级以上人民政府水行政主管部门责令限期缴纳；逾期不缴纳的，自滞纳之日起按日加收滞纳部分万分之五的滞纳金，可以处应缴水土保持补偿费三倍以下的罚款。

第五十八条 违反本法规定，造成水土流失危害的，依法承担民事责任；构成违反治安管理行为的，由公安机关依法给予治安管理处罚；构成犯罪的，依法追究刑事责任。

第七章 附　则

第五十九条 县级以上地方人民政府根据当地实际情况确定的负责水土保持工作的机构，行使本法规定的水行政主管部门水土保持工作的职责。

第六十条 本法自 2011 年 3 月 1 日起施行。

附录二 《中华人民共和国水土保持实施条例》

中华人民共和国水土保持法实施条例

（1993 年 8 月 1 日中华人民共和国国务院令第 120 号发布，2010 年 12 月 29 日国务院

第 138 次常务会议修改，2011 年 1 月 8 日中华人民共和国国务院令第 588 号公布，自公布之日起施行）

第一章 总 则

第一条 根据《中华人民共和国水土保持法》（以下简称《水土保持法》）的规定，制定本条例。

第二条 一切单位和个人都有权对有下列破坏水土资源、造成水土流失的行为之一的单位和个人，向县级以上人民政府水行政主管部门或者其他有关部门进行检举：

（一）违法毁林或者毁草场开荒，破坏植被的；

（二）违法开垦荒坡地的；

（三）向江河、湖泊、水库和专门存放地以外的沟渠倾倒废弃砂、石、土或者尾矿废渣的；

（四）破坏水土保持设施的；

（五）有破坏水土资源、造成水土流失的其他行为的。

第三条 水土流失防治区的地方人民政府应当实行水土流失防治目标责任制。

第四条 地方人民政府根据当地实际情况设立的水土保持机构，可以行使《水土保持法》和本条例规定的水行政主管部门对水土保持工作的职权。

第五条 县级以上人民政府应当将批准的水土保持规划确定的任务，纳入国民经济和社会发展计划，安排专项资金，组织实施，并可以按照有关规定，安排水土流失地区的部分扶贫资金、以工代赈资金和农业发展基金等资金，用于水土保持。

第六条 水土流失重点防治区按国家、省、县三级划分，具体范围由县级以上人民政府水行政主管部门提出，报同级人民政府批准并公告。

水土流失重点防治区可以分为重点预防保护区、重点监督区和重点治理区。

第七条 水土流失严重的省、自治区、直辖市，可以根据需要，设置水土保持中等专业学校或者在有关院校开设水土保持专业。中小学的有关课程，应当包含水土保持方面的内容。

第二章 预 防

第八条 山区、丘陵区、风沙区的地方人民政府，对从事挖药材、养柞蚕、烧木炭、烧砖瓦等副业生产的单位和个人，必须根据水土保持的要求，加强管理，采取水土保持措施，防止水土流失和生态环境恶化。

第九条 在水土流失严重、草场少的地区，地方人民政府及其有关主管部门应当采取措施，推行舍饲，改变野外放牧习惯。

第十条 地方人民政府及其有关主管部门应当因地制宜，组织营造薪炭林，发展小水电、风力发电，发展沼气，利用太阳能，推广节能灶。

第十一条 《水土保持法》施行前已在禁止开垦的陡坡地上开垦种植农作物的，应当在平地或者缓坡地建设基本农田，提高单位面积产量，将已开垦的陡坡耕地逐步退耕，植树种草；退耕确有困难的，由县级人民政府限期修成梯田，或者采取其他水土保持措施。

第十二条 依法申请开垦荒坡地的，必须同时提出防止水土流失的措施，报县级人民政府水行政主管部门或者其所属的水土保持监督管理机构批准。

第十三条 在林区采伐林木的，采伐方案中必须有采伐区水土保持措施。林业行政主管部门批准采伐方案后，应当将采伐方案抄送水行政主管部门，共同监督实施采伐区水土保持措施。

第十四条 在山区、丘陵区、风沙区修建铁路、公路、水工程，开办矿山企业、电力企业和其他大中型工业企业，其环境影响报告书中的水土保持方案，必须先经水行政主管部门审查同意。

在山区、丘陵区、风沙区依法开办乡镇集体矿山企业和个体申请采矿，必须填写"水土保持方案报告表"，经县级以上地方人民政府水行政主管部门批准后，方可申请办理采矿批准手续。

建设工程中的水土保持设施竣工验收，应当有水行政主管部门参加并签署意见。水土保持设施经验收不合格的，建设工程不得投产使用。

水土保持方案的具体报批办法，由国务院水行政主管部门会同国务院有关主管部门制定。

第十五条 《水土保持法》施行前已建或者在建并造成水土流失的生产建设项目，生产建设单位必须向县级以上地方人民政府水行政主管部门提出水土流失防治措施。

第三章 治 理

第十六条 县级以上地方人民政府应当组织国有农场、林场、牧场和农业集体经济组织及农民，在禁止开垦坡度以下的坡耕地，按照水土保持规划，修筑水平梯田和蓄水保土工程，整治排水系统，治理水土流失。

第十七条 水土流失地区的集体所有的土地承包给个人使用的，应当将治理水土流失的责任列入承包合同。当地乡、民族乡、镇的人民政府和农业集体经济组织应当监督承包合同的履行。

第十八条 荒山、荒沟、荒丘、荒滩的水土流失，可以由农民个人、联户或者专业队承包治理，也可以由企业事业单位或者个人投资投劳入股治理。

实行承包治理的，发包方和承包方应当签订承包治理合同。在承包期内，承包方经发包方同意，可以将承包治理合同转让给第三者。

第十九条 企业事业单位在建设和生产过程中造成水土流失的，应当负责治理。因技术等原因无力自行治理的，可以交纳防治费，由水行政主管部门组织治理。防治费的收取标准和使用管理办法由省级以上人民政府财政部门、主管物价的部门会同水行政主管部门制定。

第二十条 对水行政主管部门投资营造的水土保持林、水源涵养林和防风固沙林进行抚育和更新性质的采伐时，所提取的育林基金应当用于营造水土保持林、水源涵养林和防风固沙林。

第二十一条 建成的水土保持设施和种植的林草，应当按照国家技术标准进行检查验收；验收合格的，应当建立档案，设立标志，落实管护责任制。

任何单位和个人不得破坏或者侵占水土保持设施。企业事业单位在建设和生产过程中损坏水土保持设施的，应当给予补偿。

第四章 监 督

第二十二条 《水土保持法》第二十九条所称水土保持监测网络，是指全国水土保持监测中心，大江大河流域水土保持中心站，省、自治区、直辖市水土保持监测站以及省、自治区、直辖市重点防治区水土保持监测分站。

水土保持监测网络的具体管理办法，由国务院水行政主管部门制定。

第二十三条 国务院水行政主管部门和省、自治区、直辖市人民政府水行政主管部门应当定期分别公告水土保持监测情况。公告应当包括下列事项：

（一）水土流失的面积、分布状况和流失程度；

（二）水土流失造成的危害及其发展趋势；

（三）水土流失防治情况及其效益。

第二十四条 有水土流失防治任务的企业事业单位，应当定期向县级以上地方人民政府水行政主管部门通报本单位水土流失防治工作的情况。

第二十五条 县级以上地方人民政府水行政主管部门及其所属的水土保持监督管理机构，应当对《水土保持法》和本条例的执行情况实施监督检查。水土保持监督人员依法执行公务时，应当持有县级以上人民政府颁发的水土保持监督检查证件。

第五章 法 律 责 任

第二十六条 依照《水土保持法》第三十二条的规定处以罚款的，罚款幅度为非法开垦的陡坡地每平方米1元至2元。

第二十七条 依照《水土保持法》第三十三条的规定处以罚款的，罚款幅度为擅自开垦的荒坡地每平方米0.5元至1元。

第二十八条 依照《水土保持法》第三十四条的规定处以罚款的，罚款幅度为500元以上、5000元以下。

第二十九条 依照《水土保持法》第三十五条的规定处以罚款的，罚款幅度为造成的水土流失面积每平方米2元至5元。

第三十条 依照《水土保持法》第三十六条的规定处以罚款的，罚款幅度为1000元以上、1万元以下。

第三十一条 破坏水土保持设施，尚不够刑事处罚的，由公安机关依照《中华人民共和国治安管理处罚法》的有关规定予以处罚。

第三十二条 依照《水土保持法》第三十九条第二款的规定，请求水行政主管部门处理赔偿责任和赔偿金额纠纷的，应当提出申请报告。申请报告应当包括下列事项：

（一）当事人的基本情况；

（二）受到水土流失危害的时间、地点、范围；

（三）损失清单；

（四）证据。

第三十三条 由于发生不可抗拒的自然灾害而造成水土流失时，有关单位和个人应当向水行政主管部门报告不可抗拒的自然灾害的种类、程度、时间和已采取的措施等情况，经水行政主管部门查实并作出"不能避免造成水土流失危害"认定的，免予承担责任。

第六章 附 则

第三十四条 本条例由国务院水行政主管部门负责解释。

第三十五条 本条例自发布之日起施行。

附录三 《水利部关于加强大中型生产建设项目水土保持监理工作的通知》

水利部关于加强大中型生产建设项目水土保持监理工作的通知

水保〔2003〕89号

各流域机构，各省、自治区、直辖市水利（水务）厅（局），各计划单列市水利（水务）局，新疆生产建设兵团水利局：

为认真贯彻落实水土保持"三同时"制度，切实防治因生产建设活动造成的水土流失，根据国家环境保护总局等六部、局、公司《关于在重点建设项目中开展工程环境监理试点的通知》（环发〔2002〕141号）的文件精神，现就进一步加强生产建设项目的水土保持监理工作通知如下：

一、凡水利部批准的水土保持方案，在其实施过程中必须进行水土保持监理，其监理成果是生产建设项目水土保持设施验收的基础和验收报告必备的专项报告。地方各级水行政主管部门审批的水土保持方案，其项目的水土保持监理工作可参照本通知执行。

二、承担水土保持监理工作的单位及人员根据国家建设监理的有关规定和技术规范、批准的水土保持方案及工程设计文件，以及工程施工合同、监理合同，开展监理工作。从事水土保持监理工作的人员必须取得水土保持监理工程师证书或监理资格培训结业证书；建设项目的水土保持投资在3000万元以上（含主体工程中已列的水土保持投资）的，承担水土保持工程监理工作的单位还必须具有水土保持监理资质。

三、水土保持监理实行总监理工程师负责制，根据项目特点设立现场监理机构，配备各专业监理人员，对水土保持设施建设进行质量、进度和资金控制。监理单位在监理过程中，应对水土保持设施的单元工程、分部工程、单位工程提出质量评定意见，作为水土保持设施评估及验收的基础。

四、承担水土保持监理工作的单位，由建设单位通过招标方式确定，并向水土保持方案批准单位备案。承担水土保持监理工作的单位要定期将监理报告向建设单位和有关水行政主管部门报告。同时，其监理报告的质量将作为考核监理单位的依据。

二〇〇三年三月五日

附录四 《水利部关于印发国家水土保持重点建设工程管理办法的通知》

水利部关于印发国家水土保持重点建设工程管理办法的通知

水保〔2013〕442 号

有关省（自治区、直辖市）水利（水务）厅（局）：

为进一步加强和规范国家水土保持重点建设工程建设管理，保证工程建设质量，提高投资使用效益，根据财政部、水利部联合印发的《中央财政小型农田水利设施建设和国家水土保持重点建设工程补助专项资金管理办法》（财农〔2009〕335 号）的有关规定，我部组织对《国家水土保持重点建设工程管理办法》（办水保〔2005〕67 号，以下简称《管理办法》）进行了修订。现将修订后的《管理办法》印发给你们，请遵照执行。在执行中如有问题和意见，请及时反馈我部水土保持司。

水利部

2013 年 11 月 15 日

附件：

国家水土保持重点建设工程管理办法

第一章 总 则

第一条 为进一步加强和规范国家水土保持重点建设工程建设管理，提高工程建设质量和资金使用效益，依据财政部、水利部联合印发的《中央财政小型农田水利设施建设和国家水土保持重点建设工程补助专项资金管理办法》（财农〔2009〕335 号），结合水土保持工程特点，制定本办法。

第二条 本办法适用于由中央财政预算安排的水土保持专项资金实施的国家水土保持重点建设工程。

第三条 国家水土保持重点建设工程的建设区域以水土流失严重的革命老区为重点，兼顾其他水土流失严重地区。工程建设目标是治理水土流失，改善农业生产条件和生态环境，提高人民群众生活水平，促进治理区农村产业结构调整和区域经济社会可持续发展。

第四条 各级水利水保部门应建立有效工作机制，强化领导、落实责任、细化管理，认真做好国家水土保持重点建设工程的指导和组织实施工作。

第二章 前 期 工 作

第五条 国家水土保持重点建设工程分期规划、分期实施，每期五年。

第六条 国家水土保持重点建设工程前期工作分为工程实施规划和项目实施方案两个阶段，项目实施方案应按照批准的工程实施规划编制。

第七条 水利部、财政部根据国家有关政策和水土流失治理阶段目标，确定分期工程建设范围和标准。各省（自治区、直辖市）根据水利部、财政部要求，组织编制省级水土保持重点建设工程五年实施规划。省级五年实施规划应落实到项目县、项目区，并明确各项目区水土流失治理任务及涉及的小流域（片）名称。

第八条 项目县选择须符合下列条件：

（一）以水土流失严重的革命老区为重点，兼顾其他水土流失严重地区；

（二）县级人民政府对水土保持工作重视，水土保持工作列入当地政府目标考核范围；

（三）水土保持机构健全，技术力量较强，能满足工程实施的需要。

第九条 项目区选择须符合下列条件：

（一）水土流失严重，治理程度低；

（二）项目相对集中连片，形成规模。每个项目区水土流失治理面积原则上不小于 50 平方公里，每个项目县项目区数量原则上不超过 3 个；

（三）群众要求迫切，自愿投工投劳参与工程建设；

（四）与其他水土保持重点工程项目区无重叠。

第十条 省级五年实施规划经省级水利部门会同财政部门初审后，联合上报水利部、财政部。水利部、财政部在组织专家对各省（自治区、直辖市）上报的省级五年实施规划进行审查的基础上批复。

第十一条 项目实施县依据批复的省级五年实施规划确定的项目区、其建设任务及投资规模，以小流域（片）为单元编制项目实施方案。项目实施方案应依据水土保持工程初步设计技术规范编制，达到初步设计深度，满足施工要求。项目实施方案承担单位应由具有相应规划设计或水土保持方案编制资质的单位承担。

第十二条 项目实施方案应充分征求项目区群众对工程建设内容、组织实施与管护等方面的意见。

第十三条 项目实施方案由省级水利部门商同级财政部门负责审查批复，批复文件报水利部备案，抄送流域机构。县级有关部门在报送项目实施方案时，应同时提供项目区所在乡（镇）政府出具的群众投劳承诺文件，以及落实工程建后管护责任的相关文件。

第三章 计 划 管 理

第十四条 水利部、财政部依据年度中央财政资金预算规模、批复的省级五年实施规划和上一年度工程绩效评价结果，确定分省中央财政补助资金和年度建设任务控制指标，并联合下达省级水利、财政部门。

第十五条 省级水利、财政部门依据当年中央财政补助资金和年度建设任务控制指标，编制年度建设任务和资金申请文件，将年度建设任务和资金落实到项目县和项目区，并联合报送水利部、财政部。财政部根据水利部审核、批复的省级年度治理任务计划，向省级财政部门拨付资金。省级水利、财政部门应依据水利部批复的治理任务计划，在一个月内将治理任务计划分解下达至项目实施县和项目区，同时报水利部备案，抄送流域机构。

第十六条 年度建设任务计划一经下达，应严格执行。因特殊情况确需进行调整的，应履行有关变更审批手续。对涉及建设地点、建设规模、措施类别变化等重大设计变更，须经原审批部门批准；对不涉及投资和治理面积，不降低工程质量和功能的一般性变更，须报省级水利部门备案。

第四章 组 织 实 施

第十七条 工程建设实行项目责任主体负责制。县级水利水保部门为国家水土保持重点建设工程的责任主体，对工程建设的全过程负责。地方各级水利水保部门应加强对工程建设的技术指导和监督检查，及时研究解决工程实施中出现的问题，保证工程顺利实施。县级水利水保部门应积极配合有关部门做好审计、稽查等工作。

第十八条 根据水土保持工程特点，国家水土保持重点建设工程可直接组织项目受益区群众或选择专业队实施。要健全和完善工程建设管理各项制度，创新建设管理机制。根据建设项目招标投标的有关规定，工程中由受益群众投工投劳实施属于以工代赈性质的部分，经批准可不进行招标投标；采用公开招标方式的费用占项目合同金额的比例过大的建设项目，经批准可进行邀请招标。施工单项合同估算价以及苗木等材料采购单项合同估算价在规定限额以上的，应通过公开招标方式择优选择施工或材料供货单位。

第十九条 工程建设实行监理制。监理服务采购单项合同估算价在规定限额以上的，应通过公开招标方式选择监理单位。监理单位须具有水土保持工程施工监理资质。

第二十条 工程建设实行公示制。工程施工前和竣工自验后，项目责任主体应将项目建设情况向受益区群众公示，接受群众监督。公示内容包括工程实施范围、建设内容、资金使用、筹资筹劳、管护责任等。

第二十一条 工程建设过程中应充分征求群众意见，尊重群众意愿，调动群众参与积极性。有条件的地方可探索采取直补的方式组织群众参与工程建设。

第二十二条 加强工程效益监测工作和科技推广工作。县级水保部门应结合工程实施有计划、有重点地开展工程效益监测工作和科技推广工作，提高工程建设成效。监测工作须由具有水土保持监测资质的单位承担。

第二十三条 工程建成后，应明确管护主体，及时办理移交手续，建立健全管护制度，确保工程长期发挥效益。

第二十四条 加强档案管理。县级水利水保部门应根据档案管理有关规定及时进行收集、整理、归档、保管，确保档案资料的真实性、完整性。

第二十五条 各级水利水保部门应按照有关规定和要求及时报送工程实施有关信息及统计报表。各级水利水保部门应建立包括工程基本情况、前期工作、建设管理、检查验收和资金管理等方面内容的重点工程管理信息系统。

第五章 资 金 管 理

第二十六条 国家水土保持重点建设工程以政府投入为主。在中央财政增加投入的同时，省、市财政也应切实增加投入。规划治理区水利、财政部门要采取措施，按照筹资筹劳的有关规定，鼓励受益农户参与工程建设。

第二十七条 各省（自治区、直辖市）国家水土保持重点建设工程中央财政资金补助规模依据年度治理任务、每平方公里水土流失综合治理单价以及中央补助比例进行分配。

中央财政补助比例不超过全省项目投资总额的 70%。具体项目的补助比例由各省（自治区、直辖市）水利、财政部门确定。

第二十八条 国家水土保持重点建设工程中央财政资金主要用于规划治理区内的坡改梯、淤地坝、小型水利水保工程以及营造水保林草和经果林等项目补助支出，主要包括工程建设的材料费、设备费、技工及机械施工费、种籽苗木费、苗圃基础设施建设费、监理监测费、封禁治理费等。

第二十九条 工程建设资金使用应严格按照国家有关财务、会计制度进行管理。要建立和健全资金监管体系，加强对专项资金的使用管理和监督检查，确保专款专用，严禁截留、挤占和挪用。要大力推行县级报账制，统一资金拨借、统一会计核算、统一报账管理，严格执行政府采购等有关规定，具备条件的地方应积极实行国库直接支付制度。

第三十条 资金使用要公开透明，实行公示制。项目责任主体要采取适当的形式，将项目建设情况在当地进行公示，资金使用、筹资筹劳等情况应及时向受益区群众张榜公布，接受监督。

第三十一条 对资金使用管理中违反财政资金拨付和预算管理规定的，依照《财政违法行为处罚处分条例》及有关法律、法规给予处罚、处分。对资金使用不规范、项目建设管理混乱，存在违法违纪问题被省级以上审计机关、财政部驻各省财政监察专员办事处检查处理和通报，以及被媒体曝光并核实的，将核减以后年度中央对省专项资金分配额度，并取消相关实施县资格，三年内不予安排。

第三十二条 省级水利、财政部门应于每年 3 月底前联合向水利部、财政部报送上年工程实施和资金使用情况报告。报告主要内容包括项目基本情况、建设资金落实和使用情况、工程进度、投资完成、建设管理情况、存在问题和改进建议等。

第六章 检查验收与绩效评价

第三十三条 国家水土保持重点建设工程实行年度验收、竣工验收和绩效评价相结合的工程检查验收制度。

第三十四条 年度验收指年度任务计划执行结束后，对所开展的工程进行的验收。年度验收由实施方案审批单位负责组织，在县级有关部门对工程进行自验的基础上，根据水土保持工程有关验收规范进行。年度验收内容主要包括当年治理任务的完成情况、工程质量状况、工程管护责任落实情况及资金到位使用等情况。

第三十五条 竣工验收指工程五年规划实施期满后进行的工程验收。竣工验收由省级水利部门会同省级财政部门组织，在县级自验的基础上进行。

竣工验收内容主要包括：

（一）项目建设任务及投资是否按计划完成；

（二）各项建设内容的质量是否符合设计要求，达到规定建设标准；

（三）工程建设资金是否及时足额到位，资金使用是否符合资金管理的有关要求；

（四）工程效益指标是否达到设计要求；

（五）档案资料是否完整；

（六）工程管护责任是否落实。

第三十六条　竣工验收时项目所在县应提供如下资料：

（一）工程建设竣工自验总结报告，竣工图以及相应的数据资料；

（二）工程监理、监测报告；

（三）项目实施方案报告；

（四）竣工财务决算报告、资金审计报告；

（五）工程管理、管护落实情况的有关文件。

未进行工程财务决算和资金审计的项目，不通过年度验收和竣工验收。

第三十七条　国家水土保持重点建设工程实行绩效评价制度，中央对省级进行评价，省级对县级进行评价。

第三十八条　国家水土保持重点建设工程实行动态管理。上级有关部门根据年度绩效评价情况，按照奖优罚劣、有进有出的原则，对工作严重滞后，绩效评价结果不合格的项目省、项目县，可暂停安排建设任务，直至取消其资格。省级在递补项目县时，从已批复的省级五年实施规划储备县中选取。

第七章　附　则

第三十九条　各省（自治区、直辖市）可根据本办法制定实施细则。

第四十条　本办法由水利部负责解释。

第四十一条　本办法自 2013 年 11 月 1 日起执行，原水利部办公厅印发的《国家水土保持重点建设工程管理办法》（办水保〔2005〕67 号）同时废止。

附录五　《水土保持工程建设管理办法》

国家发展改革委水土保持工程建设管理办法

2011 年 7 月，国家发展改革委、水利部关于下达水土保持工程 2011 年中央预算内投资计划的通知（发改投资〔2011〕1703 号）中印发修订稿

第一章　总　则

第一条　为加强和规范中央补助地方水土保持工程建设管理，确保工程质量和充分发挥投资效益，根据《国家发展改革委关于改进和完善中央补助地方投资项目管理的通知》（发改投资〔2009〕1242 号）、《国家发展改革委、水利部关于改进中央补助地方小型水利项目投资管理方式的通知》（发改农经〔2009〕1981 号）等有关规定，结合水土保持工程特点，制定本办法。

第二条　本办法适用于中央预算内投资补助地方水土保持工程项目。

第三条　水土保持工程根据经批准的规划，按照因地制宜、突出重点、集中连片、规模治理、强化管护的原则，区分轻重缓急，统筹安排实施。

第四条　水土保持工程建设投入由中央、地方和受益区群众共同承担。各地应按要求及时足额落实地方建设资金，并根据国家有关政策组织受益区群众投劳参与工程建设。要进一步深化改革，完善政策，创新机制，广泛吸引社会资金投入工程建设。

第五条 各级发展改革和水利部门要按照职能分工，各负其责，密切配合，加强对水土保持工程建设和管理的组织、指导和协调，共同做好各项工作。

对中央补助地方点多、面广、单项资金少的小型水土保持项目，实行中央切块下达投资规模计划、地方分解安排具体项目的管理办法，发展改革部门负责牵头做好工程建设规划衔接平衡、项目审批、投资计划审核下达和建设管理综合监督等工作；水利部门负责牵头做好工程建设规划编制、项目前期工作文件审查、工程建设行业管理和监督检查等工作，具体组织和指导项目实施，有关流域机构做好技术指导、监督检查等工作。

第六条 水土保持工程应严格按照批准的前期工作文件组织实施，符合有关技术标准和规程规范。

第二章 前 期 工 作

第七条 中央补助地方小型水土保持项目（主要包括小流域综合治理、坡耕地水土流失综合治理等，下同）前期工作一般分为规划和项目实施方案两个阶段，实施方案由可行性研究和初步设计合并而成，达到初步设计深度；其中，库容 10 万立方米以上的淤地坝工程前期工作分为规划、坝系工程可行性研究和单坝工程初步设计三个阶段。

地方重大水土保持项目前期工作阶段按现行建设程序有关规定执行。

第八条 水利部会同国家发展改革委等部门组织编制全国水土保持规划，明确水土流失类型划分、水土流失防治目标、任务和措施等内容。各地根据全国水土保持规划确定的总体任务和要求，组织编制省级水土保持规划，重点明确近期建设任务、布局和措施等。并按规定报水利部和国家发展改革委核备。

根据需要，国家发展改革委、水利部可组织编制水土保持专项工程建设规划或总体方案。

第九条 各地根据批准的水土保持规划或总体方案，以及《中央预算内投资补助和贴息项目管理办法》（国家发展改革委第 31 号令）的有关要求，按项目区编制项目实施方案或按坝系编制淤地坝工程可行性研究报告、单坝工程初步设计。

项目前期工作文件应由具备相应资质的机构编制。

第十条 水土保持工程项目区和淤地坝选择应符合以下原则：水土流失严重，亟待进行治理；水土保持机构健全，技术力量有保证；当地政府重视，群众积极性高，投劳有保障。其中，坡耕地水土流失综合治理应重点安排人地矛盾突出、坡度 5～15 度（东北黑土区 3～10 度）尚在耕种的缓坡耕地，严禁在退耕还林（草）地块实施坡改梯和陡坡开荒；淤地坝工程建设要合理布局，小流域治理程度低于 30% 且近期未纳入水土保持重点治理的，原则上不得在沟道安排淤地坝建设，新建大型淤地坝库容应控制在 100 万立方米以内并确保下游居民点、学校、工矿、交通等重要设施安全。

第十一条 中央补助地方小型水土保持项目实施方案经水利部门提出审查意见后由发展改革部门审批，具体审批权限和程序由各地省级发展改革部门会同省级水利部门按照精简、高效的原则进一步明确。其中，对库容 10 万立方米以上的淤地坝工程，其坝系工程可行性研究报告经省级水利部门提出审查意见后由省级发展改革部门审批；单坝工程初步设计由省级水利部门商省级发展改革部门审批。项目建设涉及占地和需要开展环境影响评价等工作的，由各地按照有关规定办理。

地方重大水土保持项目审批按现行建设程序有关规定执行。

第十二条 有关项目申报单位在向项目审核审批机关报送项目实施方案或可行性研究、初步设计报告时，应按规定附送项目区所在乡（镇）政府出具的群众投劳承诺，以及落实工程建后管护责任的文件。

第十三条 为促进落实水土保持项目前期工作经费，各地可按规定在水土保持工程省级建设投资中提取不超过工程总投资 2％的项目管理经费，用于审查论证、技术推广、人员培训、检查评估、竣工验收等前期工作和管理支出，不足部分由各地另行安排。

第三章 投资计划和资金管理

第十四条 根据规划的建设任务、各项目前期工作情况和年度申报要求，各省级发展改革、水利部门向国家发展改革委和水利部报送地方水土保持项目年度中央补助投资建议计划（资金申请报告，下同）。

第十五条 各地应积极引入竞争立项、公开评选等方式遴选项目，列入年度中央补助投资建议计划的项目，应完成前期工作，落实各项建设条件。各省级发展改革和水利部门要加强审查，并对审查结果和申报材料的真实性负责。

第十六条 国家发展改革委会同水利部对各省（区、市）提出的建议计划进行审核和综合平衡后，分省（区、市）切块下达中央补助地方小型水土保持项目年度投资规模计划。

中央投资规模计划下达后，省级发展改革部门应按要求及时会同省级水利部门分解落实具体投资计划，并将计划下达文件抄报国家发展改革委、水利部及相关流域机构审核备案。省有分解投资计划应明确项目建设内容、建设期限、建设地点、总投资、年度投资、资金来源及工作要求等事项，明确各级地方政府出资及其他资金来源责任，并确保纳入计划的项目已按规定履行完成各项建设管理程序。省级发展改革部门将中央投资分解安排到具体项目的权限原则上不得下放。在中央下达建设总任务和补助投资总规模内，各具体项目的政府投资补助额度由各省级发展改革和水利部门根据实际情况确定。

地方重大水土保持项目中央投资计划按项目申报和下达。

第十七条 中央补助地方水土保持项目投资为定额补助性质，由地方按规定包干使用、超支不补。

第十八条 水土保持项目中央补助投资优先安排地方投资落实、建后管护到位、群众积极性高、由村级集体经济组织自主建设管理的项目，并根据相关检查和考核评价结果实施奖惩。

第十九条 水土保持工程年度中央投资项目计划一经下达，原则上不再调整。执行过程中确需调整的，由省级发展改革部门会同省级水利部门作出调整决定并报国家发展改革委、水利部备案，重大调整需要按程序报国家发展改革委、水利部审核同意。

第二十条 水土保持建设资金要严格按照批准的工程建设内容和规模使用，专款专用，严禁截留、挤占和挪用。推广实行资金使用县级报账制，项目开工建设后，可向承建单位拨付一定比例的预付资金，其余资金根据工程建设进度与质量，经监理工程师审核签认和验收合格后分期拨付。

第四章 建 设 管 理

第二十一条 根据水土保持项目特点，水土保持工程可直接组织受益群众或选择专业化的项目建设单位实施。要健全和完善工程建设管理各项制度，创新建设管理机制，实行先建机制、后建工程。

按照《中华人民共和国招标投标法》、《工程建设项目施工招标投标办法》、《工程建设项目招标范围和规模标准规定》、《水利工程建设项目招标投标管理规定》等有关规定，水土保持工程由受益群众投工投劳实施属于以工代赈性质的部分，经批准可不进行施工招标；拟公开招标的费用与项目的价值相比不值得的，经批准可进行邀请招标。

第二十二条 工程建设应充分尊重群众意愿，推行受益农户全过程参与的工作机制，实行群众投劳承诺制、群众质量监督员制和工程建设公示制。

鼓励采取受益村级集体经济组织自主建设管理模式，投资、任务、责任全部到村，由村民民主产生项目理事会作为项目建设主体组织村民自建，项目建设资金管理实行公示制和报账制。

对受益群众直接实施的项目，县级水利水保部门应加强技术指导。

第二十三条 水土保持项目实施应因地制宜采用新技术、新工艺和新材料，着力提高工程建设的科技含量和效益。

第二十四条 各省级水利部门统一组织开展区域水土保持工程实施效益监测。具体监测工作由具有水土保持监测资质的单位承担，监测成果应及时报送有关水利、发展改革部门。

第二十五条 各级水利部门和有关项目单位要加强水土保持工程档案管理，按规定收集整理和归档保存从项目前期、施工组织、工程监理到竣工验收等建设管理全过程的相关文件资料。

第二十六条 水土保持工程竣工验收后，要及时办理移交手续，明晰产权，落实管护主体和责任，确保工程长期发挥效益。

第二十七条 淤地坝防汛工作参照小型水库防汛安全的程度和要求，纳入当地防汛管理体系，实行行政首长负责制，明确各级、各部门责任，确保安全运行。库容10万立方米以上的淤地坝工程要逐坝落实防汛行政和技术责任人，并在当地媒体上进行公示，接受社会监督。

第二十八条 各省级发展改革、水利部门应于每年7月和下年1月分两次将本地区上半年和上年度水土保持工程建设情况汇总报国家发展改革委和水利部有关司，并抄送相关流域机构。报送信息的主要内容包括项目基本情况、资金落实和使用情况、工程进度、投资完成、建设管理情况、存在问题和改进建议等。

第五章 检 查 和 验 收

第二十九条 各省级发展改革和水利部门全面负责对本省水土保持工程的监督检查，检查任务原则上每年安排不少于1次。检查内容包括组织领导、前期工作、投资落实、建设管理、项目进度、工程质量、资金使用、运行管护情况等。

水利部和国家发展改革委对各地水土保持工程实施情况进行指导和监督检查，项目所在地流域机构负责督导、抽查的相关具体工作。检查结果将适时进行通报，并作为中央补助投资安排的重要依据之一。

第三十条 水土保持项目建设完成后，原则上应在3个月内组织竣工验收。验收按有关规程规范执行，对验收不合格的项目，要限期整改，并进行核验。

中央补助地方小型水土保持项目竣工验收由省级水利部门会同同级发展改革部门组织，并将结果报水利部（水土保持司）备核。其中，淤地坝工程竣工验收包括单坝验收和坝系工程整体验收两个环节，坝系工程整体验收应在坝系内所有单坝完成竣工验收后3个月内完成。各地的具体验收管理办法由省级发展改革部门商水利部门进一步制定完善，并报国家发展改革委和水利部备案。

地方重大水土保持项目竣工验收按现行建设程序有关规定执行。

第三十一条 在各省（区、市）竣工验收的基础上，国家发展改革委和水利部组织随机对验收结果进行抽查和考核评估。

第六章 附 则

第三十二条 本办法由国家发展改革委商水利部解释。

第三十三条 地方自行安排投资实施的水土保持项目可参照本办执行。

第三十四条 本办法自发布之日起施行，原《水土保持工程建设管理办法》（发改投资〔2007〕1686号）和《国家发展改革委办公厅、水利部办公厅关于做好丹江口库区及上游水土保持项目前期期工作的通知》（发改农经〔2007〕514号）同时废止。

附录六 《水利部关于加强水土保持工程验收管理的指导意见》

水利部关于加强水土保持工程验收管理的指导意见

水保〔2016〕245号

各流域机构，各省、自治区、直辖市水利（水务）厅（局），各计划单列市水利（水务）局，新疆生产建设兵团水利局，黑龙江省农垦总局水务局：

为加强中央补助资金安排地方实施的水土保持工程（简称水土保持工程）验收管理，明确验收责任，规范验收行为，保证验收质量，根据《水利工程建设项目验收管理规定》（水利部令第30号）、《水土保持综合治理 验收规范》（GB/T 15773—2008）、《水利水电建设工程验收规程》（SL 223—2008）以及水土保持工程管理有关规定，结合水土保持工程特点，制定本指导意见，请结合实际贯彻落实。

一、验收管理责任及依据

（一）地方各级水行政主管部门依权限负责本行政区域内水土保持工程验收管理工作。

（二）水土保持工程验收依据：

1. 水土保持有关法律、法规、规章和技术标准；

2. 水土保持工程相关管理制度；

3. 实施方案、初步设计、设计变更文件以及有关批复文件；

4. 计划下达、资金拨付文件；

5. 项目法人、设计、施工、监理、材料及苗木供货等单位出具的工作报告或技术文件，以及建设过程中形成的其他有效文件等；

6. 其他相关资料。

二、验收组织形式

（三）水土保持工程验收分为法人验收和政府验收。法人验收是政府验收的基础。

（四）法人验收是指在项目建设过程中由项目法人组织进行的验收，法人验收根据批复的实施方案（或初步设计）进行。

水土保持工程的法人验收应按照相关技术标准和合同约定，对完成的各项建设内容逐项进行验收。项目法人、施工单位、监理单位应对水土保持林草措施的苗木与种子质量进行验收。

（五）政府验收是指由水行政主管部门或其他有关部门组织进行的验收。政府验收分为初步验收和竣工验收。初步验收是竣工验收的前提。

水土保持工程初步验收由县级水行政主管部门组织，竣工验收由实施方案（或初步设计）审批部门组织。对于审批权限已下放到县级的工程，可将初步验收和竣工验收合并。

三、法人验收

（六）施工单位在完成合同约定的每项建设内容后，应向项目法人提出验收申请。项目法人应在收到验收申请之日起 10 个工作日内决定是否同意进行验收。项目法人认为建设项目具备验收条件的，应在 20 个工作日内组织验收。

（七）法人验收由项目法人主持。验收工作组由项目法人、设计、施工、监理、材料及苗木供应等单位的代表组成。

项目法人可以委托监理单位主持非关键和非重点部位的分部工程验收。淤地坝工程坝体（包括基础处理、坝体填筑等）、放水建筑物、泄洪建筑物等工程的关键部位和隐蔽工程法人验收必须由法人负责组织。

（八）法人验收的主要内容：

1. 现场检查工程完成情况及质量；

2. 检查工程是否满足设计要求或合同约定；

3. 检查是否按批准的设计内容和施工合同完成；

4. 检查设计、施工、监理及质量检验评定等相关档案资料；

5. 检查工程设计变更及履行程序情况；

6. 评定工程施工质量；

7. 对发现的问题提出处理意见。

（九）项目法人应在法人验收通过之日起 20 个工作日内，将验收单印发施工单位。验收单应明确验收的工程、位置、数量、质量、验收时间和验收人员。

（十）采取村民自建的水土保持工程，县级水行政主管部门应指导监督村民理事会组织开展法人验收。

四、政府验收

（十一）项目法人在项目完工且完成所有单位工程验收后 1 个月内，应向县级水行政主管部门提交初步验收申请。县级水行政主管部门认为具备验收条件的，应在 1 个月内组织验收。

（十二）初步验收由县级水行政主管部门主持。验收组成员由验收主持单位、财政、发改等有关部门以及项目所涉及乡镇政府等单位代表和专家组成。

（十三）初步验收的主要内容：

1. 全面检查实施方案（或初步设计）批复的内容与任务是否完成；

2. 检查法人验收程序的规范性和验收结论的真实性；

3. 检查设计变更是否履行程序；

4. 检查资金到位及使用情况；

5. 检查各项管理制度落实情况；

6. 检查是否建立和落实项目法人负责、监理单位控制、施工单位保证的质量保证体系，鉴定工程质量是否合格；

7. 检查工程档案；

8. 检查建后管护责任落实情况；

9. 检查法人验收遗留问题处理；

10. 对发现的问题提出处理意见。

（十四）县级水行政主管部门应在初步验收通过之日起 20 个工作日内将初步验收意见印发项目法人。

（十五）项目法人应在通过初步验收并将遗留问题处理完成后 20 个工作日内，将竣工财务决算报县级财政、审计部门进行财务审查和审计。

（十六）项目法人应在完成竣工财务决算审查和审计后 10 个工作日内，提出竣工验收申请。

县级水行政主管部门审核后，在 10 个工作日内将竣工验收申请及初步验收意见报送竣工验收主持单位。

（十七）竣工验收时，项目法人应提供以下资料：

1. 工程建设、施工、监理等总结报告；

2. 竣工财务决算报告及审计报告等其他相关文件；

3. 竣工图及相关验收表格；

4. 工程建设管理及财务管理等有关档案资料。

（十八）竣工验收由实施方案审批部门主持，邀请相关部门参加。

（十九）竣工验收在初步验收的基础上进行，按现场抽查、内业资料检查、召开验收会议的程序进行。

现场抽查采取随机抽查方式，重点检查各项措施完成及保存情况、质量。抽查比例由各省（自治区、直辖市）根据有关技术标准结合实际情况确定。

内业资料重点检查法人验收和初步验收材料，工程档案资料以及财务资料。

（二十）竣工验收主持单位应在自竣工验收通过之日起30个工作日内，制作竣工验收鉴定书，印发有关单位。

（二十一）初步验收和竣工验收合并的，应在竣工验收前完成竣工决算财务审查和审计。竣工验收时必须全面检查各项计划任务完成情况。

（二十二）工程通过竣工验收后，项目法人应及时与管护责任主体办理移交。

五、其他

（二十三）本指导意见由水利部负责解释。

（二十四）各省（自治区、直辖市）应结合本地实际情况制定验收管理办法。

水利部

2016年7月13日

附录七 《水利部关于加强事中事后监管规范生产建设项目水土保持设施自主验收的通知》

水利部关于加强事中事后监管规范生产建设项目水土保持设施自主验收的通知

水保〔2017〕365号

各流域机构，各省、自治区、直辖市水利（水务）厅（局），各计划单列市水利（水务）局，新疆生产建设兵团水利局，各有关单位：

2017年9月，《国务院关于取消一批行政许可事项的决定》（国发〔2017〕46号）取消了各级水行政主管部门实施的生产建设项目水土保持设施验收审批行政许可事项，转为生产建设单位按照有关要求自主开展水土保持设施验收。为贯彻落实国务院决定精神，规范生产建设项目水土保持设施自主验收的程序和标准，切实加强事中事后监管，现就有关事项通知如下：

一、坚决贯彻国务院决定精神，全面停止生产建设项目水土保持设施验收审批

各级水行政主管部门要坚决贯彻落实国务院决定精神，不得以任何形式保留或变相开展生产建设项目水土保持设施验收审批，确保取消到位、令行禁止。自国务院决定发布之日起，各级水行政主管部门一律不得新受理生产建设项目水土保持设施验收审批申请。对国务院决定发布之前已受理的生产建设项目水土保持设施验收审批申请，终止审查程序，向申请人作出说明。

二、落实生产建设单位主体责任，规范生产建设项目水土保持设施自主验收

（一）组织第三方机构编制水土保持设施验收报告。依法编制水土保持方案报告书的生产建设项目投产使用前，生产建设单位应当根据水土保持方案及其审批决定等，组织第三方机构编制水土保持设施验收报告（水土保持设施验收报告示范文本见附件1）。第三方

机构是指具有独立承担民事责任能力且具有相应水土保持技术条件的企业法人、事业单位法人或其他组织。各级水行政主管部门和流域管理机构不得以任何形式推荐、建议和要求生产建设单位委托特定第三方机构提供水土保持设施验收报告编制服务。

（二）明确验收结论。水土保持设施验收报告编制完成后，生产建设单位应当按照水土保持法律法规、标准规范、水土保持方案及其审批决定、水土保持后续设计等，组织水土保持设施验收工作，形成水土保持设施验收鉴定书，明确水土保持设施验收合格的结论（水土保持设施验收鉴定书式样见附件2）。水土保持设施验收合格后，生产建设项目方可通过竣工验收和投产使用。

（三）公开验收情况。除按照国家规定需要保密的情形外，生产建设单位应当在水土保持设施验收合格后，通过其官方网站或者其他便于公众知悉的方式向社会公开水土保持设施验收鉴定书、水土保持设施验收报告和水土保持监测总结报告。对于公众反映的主要问题和意见，生产建设单位应当及时给予处理或者回应。

（四）报备验收材料。生产建设单位应在向社会公开水土保持设施验收材料后、生产建设项目投产使用前，向水土保持方案审批机关报备水土保持设施验收材料。报备材料包括水土保持设施验收鉴定书、水土保持设施验收报告和水土保持监测总结报告。生产建设单位、第三方机构和水土保持监测机构分别对水土保持设施验收鉴定书、水土保持设施验收报告和水土保持监测总结报告等材料的真实性负责。

对编制水土保持方案报告表的生产建设项目，其水土保持设施验收及报备的程序和要求，各省级水行政主管部门可根据当地实际适当简化。

三、严格执行水土保持设施验收标准和条件，确保人为水土流失得到有效防治

生产建设单位自主验收水土保持设施，要严格执行水土保持标准、规范、规程确定的验收标准和条件，对存在下列情形之一的，不得通过水土保持设施验收：

（一）未依法依规履行水土保持方案及重大变更的编报审批程序的。

（二）未依法依规开展水土保持监测的。

（三）废弃土石渣未堆放在经批准的水土保持方案确定的专门存放地的。

（四）水土保持措施体系、等级和标准未按经批准的水土保持方案要求落实的。

（五）水土流失防治指标未达到经批准的水土保持方案要求的。

（六）水土保持分部工程和单位工程未经验收或验收不合格的。

（七）水土保持设施验收报告、水土保持监测总结报告等材料弄虚作假或存在重大技术问题的。

（八）未依法依规缴纳水土保持补偿费的。

（九）存在其他不符合相关法律法规规定情形的。

四、强化生产建设项目水土保持事中事后监管，做好对生产建设项目水土流失防治情况的监督检查

（一）做好报备管理。对生产建设单位报备的水土保持设施验收材料完整、符合格式要求且已向社会公开的，各级水行政主管部门应当在5个工作日内出具水土保持设施验收报备证明，并在门户网站进行公告。对报备材料不完整或者不符合相应格式要求的，应当

在 5 个工作日内一次性告知生产建设单位予以补充。水利部审批水土保持方案的生产建设项目（水利部水保〔2016〕310 号文件已下放审批权限的除外），生产建设单位应向水利部进行报备。

（二）严格水土保持方案审批。各级水行政主管部门要扎实推进"放管服"改革，规范高效提供水土保持方案审批服务；要依法严格水土保持方案审批，对不符合法律法规和标准规范规定的项目坚决不予批准，严守生态红线。要充分发挥技术服务机构和专家作用，提高水土保持方案审批的科学化水平。要严格水土保持方案变更管理，坚持重大变更范围和条件，避免随意扩大变更范围，对存在违法违规行为的要先行进行查处。

（三）加强监督检查。各级水行政主管部门要切实履行法定职责，进一步做好水土保持方案实施情况的跟踪检查，要严格规范检查程序和行为，突出检查重点，强化检查效果，督促生产建设单位落实各项水土流失防治措施。要加强对水土保持设施自主验收的监管，以自主验收是否履行水土保持设施验收规定程序、是否满足水土保持设施验收标准和条件为重点，开展对自主验收的核查，落实生产建设单位水土保持设施验收和管理维护主体责任。

（四）依法查处违法违规行为。县级以上人民政府水行政主管部门对跟踪检查中发现的未依法依规办理水土保持方案变更手续、在水土保持方案确定的弃渣场以外倾倒废弃土石渣、不按规定缴纳水土保持补偿费等违法违规行为，要依法严肃查处。生产建设单位未按规定取得水土保持方案审批机关报备证明的，视同为生产建设项目水土保持设施未经验收。对核查中发现的弄虚作假、不满足水土保持设施验收标准和条件而通过验收的，视同为水土保持设施验收不合格，县级以上人民政府水行政主管部门和流域管理机构应以书面形式告知生产建设单位，并责令其依法依规履行水土流失防治责任，达到验收标准和条件后重新组织水土保持设施验收。对水土保持设施未经验收或验收不合格，且生产建设单位将生产建设项目投产使用的，要按照水土保持法第五十四条的规定进行处罚。

（五）实行联合惩戒。各级水行政主管部门要加快建立完善生产建设单位和技术服务机构水土保持信用评价制度，将监督检查发现、查处的水土保持违法违规信息纳入全国水利建设市场信用信息平台，并报送国家统一的信用信息平台、记入诚信档案，实行联合惩戒。

各省级水行政主管部门可按照职责权限，参照本通知要求，制定具体实施意见，切实推进和规范生产建设项目水土保持设施自主验收工作。

本通知自发布之日起实施，水利部发布的生产建设项目水土保持设施验收有关规定与本通知不一致的，依照本通知执行。

附件（略）：1. 生产建设项目水土保持设施验收报告示范文本
　　　　　　2. 生产建设项目水土保持设施验收鉴定书（式样）

水利部
2017 年 11 月 13 日

附录八　《水利部生产建设项目水土保持方案变更管理规定（试行）》

水利部办公厅关于印发《水利部生产建设项目水土保持方案变更管理规定（试行）》的通知

办水保〔2016〕65号

各流域机构，各省、自治区、直辖市水利（水务）厅（局），各计划单列市水利（水务）局，新疆生产建设兵团水利局，各有关单位：

为落实国务院简政放权放管结合优化服务的行政审批制度改革精神，进一步加强和规范生产建设项目水土保持方案变更管理，根据《中华人民共和国水土保持法》，我部制定了《水利部生产建设项目水土保持方案变更管理规定（试行）》。现印发你们，请遵照执行。

水利部办公厅

2016年3月24日

水利部生产建设项目水土保持方案变更管理规定（试行）

第一条　为落实国务院简政放权放管结合优化服务的行政审批制度改革精神，进一步加强和规范生产建设项目水土保持方案变更管理，根据《中华人民共和国水土保持法》和《生产建设项目水土保持方案编报审批管理规定》，制定本规定。

第二条　本规定适用于水利部审批的生产建设项目水土保持方案的变更管理。

县级以上地方人民政府水行政主管部门审批的生产建设项目水土保持方案的变更管理可参照执行。

第三条　水土保持方案经批准后，生产建设项目地点、规模发生重大变化，有下列情形之一的，生产建设单位应当补充或者修改水土保持方案，报水利部审批。

（一）涉及国家级和省级水土流失重点预防区或者重点治理区的；

（二）水土流失防治责任范围增加30％以上的；

（三）开挖填筑土石方总量增加30％以上的；

（四）线型工程山区、丘陵区部分横向位移超过300米的长度累计达到该部分线路长度的20％以上的；

（五）施工道路或者伴行道路等长度增加20％以上的；

（六）桥梁改路堤或者隧道改路堑累计长度20公里以上的。

第四条　水土保持方案实施过程中，水土保持措施发生下列重大变更之一的，生产建设单位应当补充或者修改水土保持方案，报水利部审批。

（一）表土剥离量减少30％以上的；

（二）植物措施总面积减少30％以上的；

（三）水土保持重要单位工程措施体系发生变化，可能导致水土保持功能显著降低或

· 221 ·

丧失的。

第五条 在水土保持方案确定的废弃砂、石、土、矸石、尾矿、废渣等专门存放地（以下简称"弃渣场"）外新设弃渣场的，或者需要提高弃渣场堆渣量达到20%以上的，生产建设单位应当在弃渣前编制水土保持方案（弃渣场补充）报告书，报水利部审批。

其中，新设弃渣场占地面积不足1公顷且最大堆渣高度不高于10米的，生产建设单位可先征得所在地县级人民政府水行政主管部门同意，并纳入验收管理。

渣场上述变化涉及稳定安全问题的，生产建设单位应组织开展相应的技术论证工作，按规定程序审查审批。

第六条 其他变化纳入水土保持设施验收管理，并符合水土保持方案批复和水土保持标准、规范的要求。

第七条 生产建设单位应当按照批准的水土保持方案，与主体工程同步开展水土保持初步设计（后续设计），加强水土保持组织管理，严格控制重大变更。

第八条 县级以上人民政府水行政主管部门、流域管理机构，应当进一步加强对生产建设项目水土保持方案变更、初步设计落实情况的监督检查，发现问题及时提出处理意见。

第九条 违反本规定第三条、第四条规定，县级以上人民政府水行政主管部门应当按照《水土保持法》第五十三条的规定处理。

违反本规定第五条规定，生产建设单位在水土保持方案确定的弃渣场以外区域弃渣的，县级以上地方人民政府水行政主管部门应当按照水土保持法第五十五条的规定处理。

第十条 本规定自发布之日起施行。

参 考 文 献

[1] 李飞，郜风涛，周英，等. 中华人民共和国水土保持法释义 [M]. 北京：法律出版社，2011.

[2] 水利部建设与管理司，中国水利协会. 水土保持工程监理工程师必读 [M]. 北京：中国水利水电出版社，2010.

[3] SL 523—2011 水土保持工程施工监理规范 [S].

[4] 刘震. 中国的水土保持现状及今后发展方向 [J]. 水土保持科技情报，2004 (1)：1-4.

[5] 杨光，丁国栋，屈志强. 中国水土保持发展综述 [J]. 北京林业大学学报（社会科学版），2006 (S1)：20-26.

[6] 张超，王治国，王秀茹. 我国水土保持区划的回顾与思考 [J]. 中国水土保持科学，2008 (4)：100-104.

[7] 邵建荣，张坤，周祖煜. 关于我国水土保持事业发展的思考 [J]. 安徽农业科学，2013 (6)：2629-2630.

[8] 姜德文. 贯彻十九大精神 推进新时代水土保持发展 [N]. 中国水土保持，2018-01.